高职高专电子信息类专业课改教材

电子测量仪器实用教程

李江雪　主　编

西安电子科技大学出版社

内 容 简 介

本书介绍了稳压电源、万用表、信号源、电压表与失真度仪、示波器、计数器、扫频仪、网络分析仪、频谱分析仪等仪器设备的使用，并详细阐述了各种仪器的技术指标，使操作者明确仪器的适用范围。本书采用一体化的方式对各类仪器的工作原理进行了阐述、渗透，以加强对操作者使用仪器的指导。

本书可作为高等职业院校电子信息类专业、通信工程专业、质量检验专业等学生的教材，也可作为学生进行各类电类实验的仪器操作指导书，还可作为电子产品制造企业质检员工的培训教材。

图书在版编目(CIP)数据

电子测量仪器实用教程/李江雪主编. —西安：西安电子科技大学出版社，2012.8
(2023.8 重印)
ISBN 978-7-5606-2836-3

Ⅰ. ①电…　Ⅱ. ①李…　Ⅲ. ①电子测量设备—高等职业教育—教材　Ⅳ. ①TM93

中国版本图书馆 CIP 数据核字(2012)第 135094 号

策　　划　邵汉平
责任编辑　张　玮　邵汉平
出版发行　西安电子科技大学出版社(西安市太白南路 2 号)
电　　话　(029)88202421　88201467　　邮　　编　710071
网　　址　www.xduph.com　　电子邮箱　xdupfxb001@163.com
经　　销　新华书店
印刷单位　陕西天意印务有限责任公司
版　　次　2012 年 8 月第 1 版　2023 年 8 月第 7 次印刷
开　　本　787 毫米×1092 毫米　1/16　印　张　14
字　　数　329 千字
印　　数　10001～12000 册
定　　价　29.00 元
ISBN 978-7-5606-2836-3/TM
XDUP　3128001-7

前　　言

本书在编写上注重内容的实用性、新颖性和可操作性，注重培养学生的实际动手能力、综合应用能力和适应能力。全书具有以下特点：

(1) 突出“学以致用”的教学理念，并以此为出发点，打破理论课程的系统性和整体性，保留实用性的知识点；注重对学生职业能力的培养，注重过程实践实训的培养。因此，本书的每个章节都是先从使用入手，再进行理论强化。

(2) 采用案例模式编写，努力体现教材的高职教育特色。电子测量仪器的种类、型号很多，应用很广泛，本书精心挑选了基本的、通用的仪器设备进行重点讲解，同时也注意覆盖较新仪器的种类与型号，旨在对学生基本测量能力的全面培养，又能保证内容的新颖性。

(3) 内容独到。本书着重强化了各类仪器的操作，不仅讲述了仪器的操作规范，还通过实例操作进行了更详细的指导。

(4) 利用各种图片、图表和实例来说明仪器的内部构造、面板结构及各部分的功能，图文并茂，直观、实用。

(5) 每章前均设置学习目标，指导读者学习重点内容。

本书由南京信息职业技术学院李江雪担任主编，南京信息职业技术学院教师王康美、严莉莉担任参编。严莉莉编写第1章、第4章，王康美编写第8章，李江雪编写第2章、第3章、第5章、第6章、第7章、第9章，并负责统稿。

虽然编者多年从事电子测量和专业实践课程的教学工作，积累了一定的经验，但是本书的编写毕竟是一种创新，加之电子测量技术飞速发展，新仪器不断出现，仪器种类、型号的选取受到一定限制，因此书中难免有不妥之处，敬请读者批评指正。

编　者

2012年4月

目　　录

绪论　电子测量的基本知识

0.1　测量的基本概念

0.1.1　测量的概念

测量是为了确定被测对象的量值而进行的实验过程，是人们认识自然和改造自然的一种不可缺少的手段。在自然界中，对于任何被研究的对象，若要定量地进行评价，则必须通过测量去实现。

通常测量结果的量值由两部分组成：数值(大小及符号)和相应的单位名称。当然测量的结果也可以用一组数据、曲线或图形等方式表示出来，但它们同样包含着具体的数值与单位。没有单位的量值是没有意义的。

测量科学主要包含如下三个方面的内容：

(1) 建立测量的单位制。

(2) 测量仪器和测量方法的研究、设计与应用。

(3) 测量数据的解释和分析，具有重要意义的信息的导出。

0.1.2　计量的基本内容

计量学是研究测量、保证测量统一和准确的科学。计量工作主要是把未知量与经过准确确定并经过国家计量部门认可的基准或标准相比较来加以测定，也就是通过建立基准和标准，进行量值的传递。但是，计量学也包含了达到测量统一和准确一致所进行的全部活动，例如统一的单位、基准和标准的建立，计量监督管理、测量方法及其手段的研究等。

计量是国民经济的一项重要的技术基础。计量工作在国民经济建设中占有十分重要的地位，对于改善企业管理、提高产品质量、节约能源以及实现标准化、自动化提供科学数据等方面都起着重要的作用。同样道理，计量科学技术的水平标志着一个国家科学技术发展的水平。

计量工作对电子产品的质量管理尤为重要，产品出厂前要经过严格的计量检定。为保证检定质量，各种测量仪器仪表在使用过程中要定期进行检验和校准，以确保测量的准确性。

计量与测量不同，但二者又有密切的联系。测量是用已知的标准单位量与同类物质进行比较，以获得该物质数量的过程，这时认为被测量的真实数值是客观存在的，其误差是由测量仪器和测量方法等引起的。而计量则认为使用的仪器是标准的，误差是由受检仪器引起的，它的任务是确定测量结果的可靠性。计量学把测量技术和测量理论加以完善和发展，对测量起着推动作用。例如，原子频率基准具有极高的精确度，因而使频率测量的精确度随之大为提高。反之，随着测量技术的发展，各种新的计量仪器也在不断出现，它们都推动了计量学的发展。

凡是以直接或间接方式测出被测对象量值的量具、计量仪器和计量装置都统称为计量器具。计量器具按用途可分为计量基准、计量标准和工作用计量器具三类。

1．计量基准

计量基准是计量基准器具的简称，是在特定计量领域内复现和保存计量单位(也可是其倍数或分数)，并且有最高计量特性的计量器具，是统一量值的最高依据。

经国家正式确认，具有当代或本国科学技术所能达到的最高计量特性的计量基准，称为国家计量基准(简称国家基准)，是给定量的所有其他计量器具在国内定度的最高依据。

经国际协议公认，具有当代科学技术所能达到的最高计量特性的计量基准，称为国际计量基准(简称国际基准)，是给定量的所有其他计量器具在国际上定度的最高依据。

计量基准通常可分为主基准、副基准和工作基准。

主基准(国家基准)：这是用来复现和保存的计量单位，具有现代科学技术所能达到的最高精确度的计量器具，经国家鉴定并批准，作为统一全国计量单位量值的最高依据。主基准一般不轻易使用，只用于对副基准、工作基准的定度或校准，不直接用于日常计量。主基准通常简称为基准。

副基准：通过直接或间接与主基准比对来确定其量值并经国家鉴定批准的计量器具，它在全国作为复现计量单位的地位仅次于主基准。副基准主要是为了维护主基准而设的，一般亦不用于日常计量。

工作基准：经与主基准或副基准校准或比对，并经国家鉴定，实际用以检定的计量器具。它在全国作为复现计量单位的地位仅在主基准及副基准之下。设立工作基准的目的是不使主基准由于使用频繁而丧失其应有的精确度或遭到破坏。

2．计量标准

计量标准是按国家规定的精确度等级，作为检定依据用的计量器具或物质，它的量值是由工作基准传递来的，并将基准所复现的单位量值通过检定逐级传递到工作用计量器具，以保证后者量值的准确和一致。计量标准有两类：一类是标准器具，另一类是标准物质。

3．工作用计量器具

只用于日常测量的计量器具称为工作用计量器具。工作用计量器具要定期用计量标准来检定，即由计量标准来评定它的计量性能(准确度、稳定度、灵敏度等)是否合格。

除了计量器具外，单位的统一也是非常重要的。必须采用公认的而且是固定不变的单位，只有这样，测量才有意义。

计量单位是有明确定义和名称并命其数值为 1 的固定的量。例如，1 m、1 s 等。

单位制是经过国际或国家计量部门以法律形式规定的。国际单位制(代号 SI)中包括了整个自然科学的各种物理量的单位，经 1960 年第 11 届国际计量大会(CGPM)通过，并经 1971 年第 14 届 CGPM 修订。

目前，世界上越来越多的国家采用国际单位制，以促进和保证世界范围内测量的统一。国际单位制(SI)中，SI 单位分为基本单位和导出单位两类。基本单位是七个具有严格定义的并在量纲上彼此独立的单位：米(m)、千克(kg)、秒(s)、安培(A)、开尔文(K)、摩尔(mol)、坎德拉(cd)。导出单位是可以按照选定的代数式由基本单位组成的单位。

0.2 电子测量的内容和特点

0.2.1 电子测量的内容

从广义来讲，凡是利用电子技术进行的测量都叫电子测量。电子测量涉及在宽广频率范围内的所有电量、磁量以及各种非电量的测量，广泛应用于科学研究、实验测试、通信、医疗及军事等领域。如今，电子测量已经成为一门发展迅速、应用广泛、精确度愈来愈高的独立学科，对现代科学技术的发展起着巨大的推动作用。

从狭义来讲，电子测量是在电子学中测量有关电的量值。即使在这个范围内，电子测量所包含的内容也相当广泛，通常包括以下几个方面：

(1) 电能量的测量，即测量电流、电压及电功率等。

(2) 元件和电路参数的测量，例如电阻、电感、电容、电子器件(电子管、晶体管、场效应管等)、集成电路的测量和电路频率响应、通频带、衰减、增益及品质因数的测量等。

(3) 信号的特性及所受干扰的测量，例如信号的波形、频率、失真度、相位、调制度、信号频谱及信噪比的测量等。

0.2.2 电子测量的特点

与其他一些测量相比较，电子测量具有如下明显的特点：

(1) 测量频率范围宽。除测量直流电量外，电子测量可测频率低至 10^{-4} Hz，高至 10^{12} Hz 左右。电子测量的工作频率如此之宽，使它的适用范围很广，但是在不同的频率范围内，即使测量同一个电学物理量，所使用的测量方法和测量仪器也不同，甚至相差很远。例如电压的测量，在低频和高频范围内，需要使用不同形式的电压表。现在，由于新技术、新器件和新工艺的采用，电子测量技术正在向宽频段以至全频段的方向发展，使得测量仪器可在很宽的频率范围内工作。

(2) 测量量程宽。在电子测量技术中，待测量值的大小往往相差很大，因而对测量仪器的量程要求也极高。电子测量仪器的量程宽度达到很高的数量级。例如，一台高灵敏度的数字电压表可以测出纳伏(nV)级至千伏(kV)级的电压，量程宽度达到 12 个数量级；电子计数器的量程宽度则更突出，可达到 17 个数量级。测量量程宽正是电子测量仪器的显著优点。

(3) 测量准确度高。电子测量的准确度通常比其他测量方法高很多，特别是对频率和时间的测量，误差可减小到 10^{-13} 的数量级，这是目前人类在测量准确度方面达到的最高标准。因此在一些测量过程中，往往先把其他参数转换成频率再进行测量，以提高测量的准确程度。电子测量准确度高，正是它在现代科技领域可以得到广泛应用的重要原因。在一些需要准确测量的地方，基本上都要应用电子测量或采用电子技术与其他技术相配合的方法来进行测量。

(4) 测量速度快。由于电子测量是通过电子运动和电磁波的传播来进行工作的，因而可实现测量过程的高速度，这是其他测量方法都无法比拟的。对于快速变化的物理量(例如导弹发射过程的运动参数)，只有测量速度高才可能测出，这对于现代科学技术的发展具有特别重要的意义。此外，为在相同条件下进行多次测量，只有提高测量速度才能使多次测量的测量条件基本上保持不变。因此，不断提高测量速度也是电子测量发展的一个重要方向。

(5) 可实现遥测。电子测量的一个突出优点是可以通过各种类型的传感器实现遥测。对于距离遥远、人类难以到达或不便长期停留的地方，可通过传感器把待测的物理量转变成电信号，再利用电子技术进行测量。这也是电子测量在各个领域得到广泛应用的一个重要原因。

(6) 易于实现测量过程的自动化和测量仪器的智能化。电子测量的测量结果和它所需要的控制信号都是电信号，易于直接通过 A/D 和 D/A 转换与计算机连接。电子测量技术和计算机的紧密结合，使电子测量仪器向数字化的方向发展，为实现测量过程自动化创造了非常有利的条件，并且使功能单一的传统仪器转变成先进的智能仪器和由计算机控制的模块式测试系统，例如数字频率计、数字存储示波器及自动网络分析仪等。

从 20 世纪 70 年代以来，计算机技术和微电子技术的高速发展给电子测量仪器及自动测试领域带来了巨大的影响。智能仪器、GPIB 接口总线、个人仪器及 VXI 总线等技术的采用，使电子测量仪器及自动测试领域朝着智能化、自动化、模块化和开放式系统的方向发展。

电子测量的一系列优点，使其应用的领域极其广泛。现在，几乎找不到哪一个科学技术领域没有应用电子测量技术。大到天文观测和宇宙航天，小到物质结构和基本粒子，从复杂且充满奥秘的生命、细胞和遗传问题到日常的工农业生产、医学及商业等各个部门，都越来越多地采用了电子测量技术和设备。从某种意义上说，现代科学技术的水平是由电子测量的水平来保证和体现的。电子测量的水平是衡量一个国家科学技术发展水平的重要标志之一。

0.3 电子测量方法的分类

为实现测量目的，正确选择测量方法是极其重要的，它直接关系到测量工作能否正常进行和测量结果的有效性。电子测量方法的分类大致有以下几种。

0.3.1 按测量方法分类

1. 直接测量

直接测量是无需通过被测量与其他实际测得的量之间的函数关系进行计算，而直接得出被测量值的一种方法。

注意：① 即使需要借助图表才能将测量仪器的标度值转换成测量的值，该测得量也被认为是直接测得的；② 即使为了进行校正而需要做一些补充测量，以确定影响量的值，该测量也被认为是直接测量法。例如，用电压表测量晶体管各电极的工作电压等。

2．间接测量

利用直接测量的量与被测的量之间已知的函数关系，得到该被测量值的测量方法叫间接测量。例如，测量电阻的消耗功率 $P = UI = I^2R = U^2/R$，可以通过直接测量电压、电流或测量电流、电阻等方法求出。

当被测量不便于直接测量，或者间接测量的结果比直接测量更为准确时，多采用间接测量方法。例如，测量晶体管的集电极电流 I_c，较多采用直接测量集电极电阻(R)上的电压 U_R，再通过公式 $I_c = U_R/R$ 算出，而不用断开电路串入电流表的方法。测量放大器的电压放大倍数 A_u，一般是分别测量输出电压 U_o 与输入电压 U_i 后，再算出 $A_u = U_o/U_i$。

3．组合测量

组合测量是兼用直接测量与间接测量的方法，将被测量和另外几个量组成联立方程，通过测量这几个量来最后求解联立方程，从而得出被测量的大小。组合测量用计算机来求解被测量是比较方便的。

0.3.2 按测量结果的输出方式分类

1．直读测量法

直接从仪器仪表的刻度线上读出测量结果的方法叫直读测量法。例如，一般用电压表测量电压，利用温度计测量温度等都是直读测量法。这种方法是根据仪器仪表的读数来判断被测量的大小的，作为计量标准的实物并不直接参与测量。

2．比较测量法

在测量过程中，被测量与标准量直接进行比较而获得测量结果的方法叫做比较测量法。电桥就是典型的例子，其利用标准电阻(电容、电感)对被测量进行测量。

由上述可见，直读法与直接测量、比较法与间接测量并不相同，二者互有交叉。例如，用电桥测量电阻是比较法，属于直接测量；用电压、电流测量功率是直读法，但属于间接测量。

测量方法还可以根据测量的方式分为自动测量和非自动测量、原位测量和远距离测量等。

根据测量精确度来分，有精密测量与工程测量两类。前者多在计量室或实验室进行，要深入研究测量误差问题；后者也要研究测量误差，但不是很严格，所选用的仪器仪表的准确度等级必须满足实际使用的需要。

0.3.3 按测量性质分类

尽管被测量的种类繁多，但它们总要在一定的电路中反映出自己的特点。测量方法按不同性质可分为以下四种情况。

1．时域测量

时域测量是指测量与时间有函数关系的量。例如，测量电压、电流等，它们具有稳态量和瞬时量，前者多用仪表直接指示，后者多以示波器显示其波形，从而观察其变化规律。

2．频域测量

频域测量是指测量与频率有函数关系的量。例如，测量增益、相移等，可通过分析电路和幅频特性或频谱特性等进行测量。

3．数据域测量

数据域测量是一种用逻辑分析仪对数字量进行测量的方法。逻辑分析仪具有多个通道，可以同时观测许多单次并行的数据，如微处理器地址线、数据线上的信号，也可以显示其时序波形，还可以用“1”、“0”显示其逻辑状态。

4．随机量测量

随机量测量是一种比较新的测量技术，例如，对各类噪声、干扰噪声信号源等进行动态测量。

表 0-1 为常用电子测量仪器及其应用。

表 0-1　常用电子测量仪器及其应用

测量方法	测量仪器	主要应用
时域测量	信号源	提供测试用信号，如正弦波、方波等
	示波器	测量不同波形的信号及其电压、周期、相位等
	电子电压表	测量正弦信号或周期性非正弦电压的大小
	电子计数器	测量信号的频率、频率比、周期、相位等
频域测量	频率特性测试仪	测量电子线路的幅频特性、带宽等
	频谱分析仪	测量电路的频谱、功率谱等
	网络分析仪	对网络特性进行测量
数据域测量	逻辑分析仪	监测数字系统的软、硬件工作程序
	数字信号发生器	提供串行、并行数据及任意数据流信号
	数据通信分析仪	监控数据通信网和传输设备的误码、延时、告警等
随机量测量	噪声系数分析仪	对噪声信号进行测量
	电磁干扰测试仪	对电磁干扰信号进行测量

0.4　测量误差的基本概念

0.4.1　研究误差的目的

测量的目的是为确定被测对象的量值，以准确地获取被测参数的值。一个量在被观测时，该量本身所具有的真实大小称为真值。在不同的时间和空间，被测量的真值往往是不同的。在一定的时间和空间条件下，被测量的真值是一个客观存在的确定数值。实际上，真值是一个理想的概念，在一般情况下是无法准确得到的，因此在实际应用中通常用实际值来代替真值。所谓实际值就是满足规定的准确度要求，用来代替真值使用的量值。在实际测量中，常用高一个等级或数量级的计量标准所测得的量值作为实际值。

测量误差是测量结果与被量测量真值的差别。在测量工作中，由于测量方法、测量仪器、测量条件及人为的疏忽或错误等原因，都会使测量结果与真值不同，带来测量误差。实际上，测量的价值完全取决于测量结果的准确程度。当测量误差超过一定限度时，测量结果不但变得毫无意义，甚至会给工作带来严重的影响。研究误差的目的，归纳起来有如下几个方面：

(1) 正确认识误差的性质与来源，以减小测量误差。

(2) 正确处理测量数据，以得到接近真值的结果。

(3) 合理制定测量方案，正确选择测量方法和测量仪器。

0.4.2 测量误差的表示

测量误差按其表示方法可分为绝对误差和相对误差。

1．绝对误差

被测量值 x 与其真值 A_o 之差称为绝对误差，用 Δx 表示，即

$$\Delta x = x - A_o \tag{0-1}$$

说明：

(1) 这里的被测量值通常是指仪器的示值。

(2) 绝对误差是有大小、正负和量纲的量，分别表示测得值偏离真值的程度和方向。

(3) 在实际应用中，通常用实际值 A 代替真值，即绝对误差表示为

$$\Delta x = x - A \tag{0-2}$$

(4) 与绝对误差的绝对值大小相等且符号相反的量值，称为修正值，用 C 表示：

$$C = -\Delta x = A - x \tag{0-3}$$

通常在校准仪器时，常常用表格、曲线或公式的形式给出修正值。当得到测量值 x 及修正值 C 以后，就可以求出被测量的实际值，即

$$A = x + C \tag{0-4}$$

例 1　一个被侧电压，其真值 U_o 为 100 V，用一只电压表测量，其指示值 U 为 101 V，则绝对误差为

$$\Delta U = U - U_o = 101 - 100 = +1\text{ V}$$

这是正误差，表示以真值为参考基准，测得值大了 1 V。

例 2　一台晶体管毫伏表的量程为 10 mV，用其进行测量时，示值为 8 mV，在检定时 8 mV 刻度处的修正值是-0.03 mV，则被测电压的实际值为

$$U = 8 + (-0.03) = 7.97\text{ mV}$$

2．相对误差

绝对误差虽然可以表示测量结果偏离实际值的程度和方向，但不能确切地反映测量的准确程度，不便于看出对整个测量结果的影响。例如测量两个频率，其中一个频率 $f_1 =$ 1000 Hz，其绝对误差 $\Delta f_1 = 1$ Hz；另一个频率 $f_2 = 1\,000\,000$ Hz，其绝对误差 $\Delta f_2 = 10$ Hz。

尽管 Δf_2 大于 Δf_1，但我们并不能因此得出 f_1 的测量较 f_2 准确的结论。因此，为了弥补绝对误差存在的不足，又提出了相对误差的概念。

1) 相对误差

相对误差又称相对真误差，它是绝对误差与真值的比值，通常用百分数表示。若用 γ 表示，则

$$\gamma = \frac{\Delta x}{A_o} \times 100\% \tag{0-5}$$

相对误差是一个没有量纲、只有大小和符号的量。由于真值难以确切得到，故通常用实际值 A 代替真值 A_o 来表示相对误差，即实际相对误差。在误差较小、要求不太严格的场合，作为一种近似计算，也可以用测量值 x 来代替实际值 A，即示值相对误差，即

$$\gamma = \frac{\Delta x}{x} \times 100\% \tag{0-6}$$

2) 分贝误差

用对数形式表示的误差称为分贝误差，单位为分贝(dB)。分贝误差常用于增益或声强等传输函数。设输出量与输入量(例如电压)测得值之比为 U_o/U_i，则增益的分贝值为

$$G_x = 20\lg\frac{U_o}{U_i} = 20\lg A_u \ \text{dB} \tag{0-7}$$

又因为

$$A_u = A + \Delta A$$

则

$$G_x = 20\lg(A + \Delta A) = 20\lg\left[A\left(1 + \frac{\Delta A}{A}\right)\right] = 20\lg A + 20\lg(1 + \gamma_A)$$

式中，$\gamma_A = \dfrac{\Delta A}{A}$。

所以

$$G_x = G + 20\lg(1 + \gamma_A)$$

式中，$G = 20\lg A$ 是增益的实际值，$20\lg(1+\gamma_A)$ 是 G_x 的误差项。

分贝误差为

$$\gamma_{dB} \approx 20\lg(1+\gamma_A) \approx 20\lg(1+\gamma_x) \tag{0-8}$$

式中，$\gamma_x = \dfrac{\Delta A}{A_u}$，取 $\gamma_x \approx \gamma_A$。

当表示功率增益时，有

$$\gamma_{dB} = 10\lg(1+\gamma_p)\ \text{dB} \tag{0-9}$$

式中，γ_p 是功率放大倍数的相对误差。

3) 引用误差

前面介绍的相对误差可以较好地反映某次测量的准确程度，但它不能评价仪器的准确程度，也不便于划分仪器的准确度等级。因为仪器仪表的可测量范围不是一个点，而是一个量程。在此量程内，被测量可能处于不同的位置，用式(0-6)计算时，式中的分母需取不同的数值，使仪器的误差数值难以标注。因此提出满度相对误差，亦称引用误差。

引用误差是绝对误差与量程满度值 x_m 的百分比，即

$$\gamma_m = \frac{\Delta x_m}{x_m} \times 100\% \tag{0-10}$$

式中，Δx_m 是仪器仪表整个刻度线上出现的最大绝对误差。

仪器仪表刻度线上各点示值的绝对误差并不相等，为了评价仪表的准确度，应取最大的绝对误差。

γ_m 是仪器在正常条件下不应超过的最大相对误差。仪表刻度线上各处都可能出现最大绝对误差 Δx_m 的值，所以，从最大误差出发，对测量者来说，在没有修正值的情况下，应当认为指针在不同偏转角时的示值误差处处相等，即在一个量程内各处示值的最大绝对误差 Δx_m 是个常数。

这种误差的表示方法较多地用在电工仪表中，其准确度等级分为 ±0.1、±0.2、±0.5、±1.0、±1.5、±2.5、±5.0，共 7 级，分别表示它们的引用相对误差不超过的百分比数值，通常用符号 S 表示。如 $S=1$，说明仪器的满刻度相对误差不超过 ±1%。例如，某仪表的等级是 S 级，它的满度值为 x_m，被测量的真值为 A_o，那么测量的绝对误差为

$$\Delta x_m = x_m \times S\% \tag{0-11}$$

测量的相对误差为

$$\gamma_m = \frac{\Delta x_m}{A_o} \times 100\% \tag{0-12}$$

从上式可看出，当仪表等级 S 选定后，被测量的真值则越接近满度值，测量中相对误差的最大值越小，测量越准确。因此，在使用这类仪表测量时，在一般情况下应使被测量的数值尽可能在仪表满刻度的 2/3 以上。

0.4.3 误差的来源

1. 仪器误差

仪器仪表本身及其附件所引入的误差称为仪器误差。

2. 影响误差

由于各种环境因素与要求的条件不一致所造成的误差称为影响误差。例如，温度、电源电压、电磁场等影响所引起的误差。

3. 方法误差和理论误差

由于测量方法不合理所造成的误差称为方法误差。例如，用普通万用表测量高内阻回路的电压，由于万用表的输入电阻较低而引起的误差。另外，用近似公式或近似值计算测量结果所引起的误差称为理论误差。

4. 人身误差

由于测量者的分辨能力、视觉疲劳、固有习惯或缺乏责任心等因素引起的误差称为人身误差。例如，读错刻度、念错读数及操作不当等。

在测量工作中，对于误差的来源必须认真分析，采取相应措施，以减小误差对测量结果的影响。

0.4.4 误差的分类

根据测量误差的性质和特点，测量误差可分为系统误差、随机误差和粗大误差三类。

1. 系统误差

在相同条件下多次测量同一个量时，误差的绝对值和符号保持恒定，或者在条件改变时，按某种确定规律而变化的误差称为系统误差。

造成系统误差的常见原因有：测量设备存有缺陷，测量仪器的测量不准确，测量仪表的安装、放置和使用方法不当，测量方法不完善，以及所依据的理论不严谨或采用了某些近似公式等。

系统误差的特点如下：

(1) 测量条件一经确定，误差就为一确定的数值。

(2) 用多次测量取平均值的方法，并不能改变误差的大小。

(3) 系统误差具有一定的规律性，因此可以根据系统误差产生的原因，采取一定的措施，设法避免或减弱它。

2. 随机误差

在实际条件相同的情况下多次测量同一个量时，误差的绝对值和符号以不可预定的方式变化着的误差称为随机误差。

产生这种误差的原因有：测量仪器中零部件配合不稳定或有摩擦，以及内部产生噪声等；温度及电源电压的频繁波动，电磁场干扰，地基振动等；测量人员感觉器官的无规则变化，读数不稳定等原因所引起的误差，使测量值发生上下起伏的变化。

虽然某一次测量的随机误差没有规律、不可预定、不能控制，也不能用实验的方法加以消除，但是随机误差在足够多次测量的情况下，总体上服从统计的规律，表现出一定的规律性，多数情况下接近于正态分布。

随机误差的特点(如图 0-1 所示)如下：

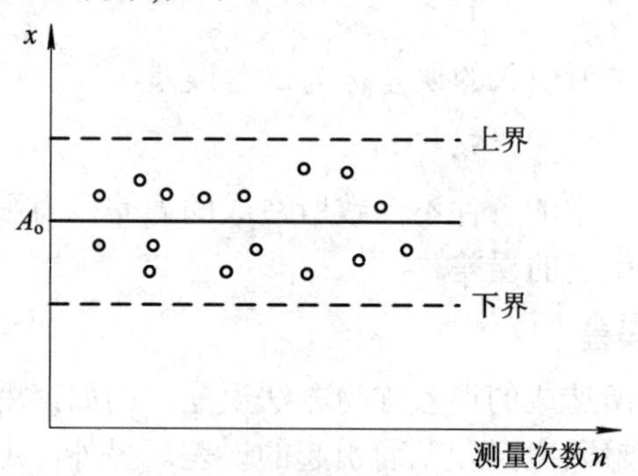

图 0-1 随机误差的有界性和对称性

(1) 具有有界性，即在多次测量中，随机误差的绝对值实际上不会超过某个一定的界限。

(2) 具有对称性，即绝对值相等的正、负误差出现的机会相同。

(3) 具有抵偿性，即随机误差的算术平均值随着测量次数的无限增加而趋近于零。因此，可以通过多次测量取平均值的办法来减小随机误差对测量结果的影响。

3. 粗大误差

在一定的测量条件下，其测量结果明显地偏离了真值，这样产生的误差称为粗大误差。

这种误差主要是测量过程中的疏忽造成的。例如，测量者身体过于疲劳，缺乏经验，操作不当或责任心不强等原因造成读错刻度、记错读数或计算错误。另外，测量条件的突然变化，例如电源电压、机械冲击等引起仪器示值的变化等。

粗大误差明显地歪曲了测量结果，因此对应的测量结果(称为坏值)应剔除不予采用。

上述三种误差同时存在的情况下，可用图 0-2 表示。图中 A_o 表示真值，小黑点表示各次测量值 x_i，E_x 表示 x_i 的平均值，δ_i 示随机误差，ε 表示系统误差，x_k 表示坏值，它远离真值 A_o。

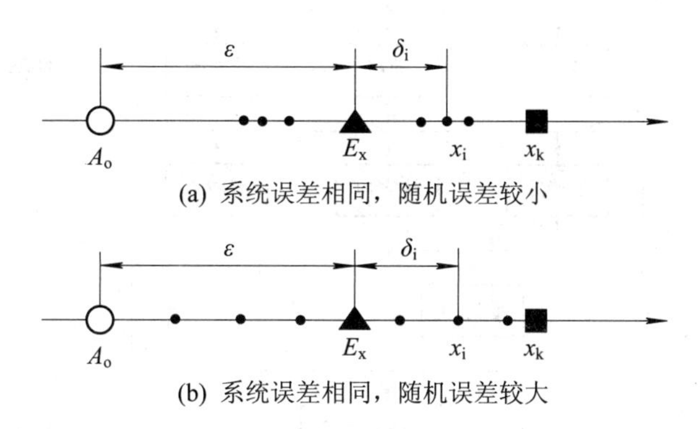

图 0-2 三种误差同时存在的情况

(a) 系统误差相同，随机误差较小；(b) 系统误差相同，随机误差较大

由图可知：

(1) 由于 x_k 的存在，将严重影响平均值 E_x，使其失去意义，因此在整理测量数据时，必须首先将坏值剔除。

(2) 随机误差 $\delta_i = x_i - E_x$，当剔除 x_k 以后，可以采用对多次测量数据求算术平均值的方法，以消除随机误差 δ_i 的影响。

(3) 在消除 δ_i 后，系统误差 ε 愈小，表示测量愈准确。

$$\varepsilon = E_x - A_o$$

当 $\varepsilon = 0$ 时，平均值 E_x 等于真值 A_o。

0.4.5 测量结果的评价

比较图 0-2(a)、(b)可知，不能纯粹用系统误差 ε 来评定测量结果，两个图的系统误差 ε 相等，但是图 0-2(b)中测量数据 x_i 比图 0-2(a)的分散程度严重，即图 0-2(a)的数据比较集中，说明随机误差小。因此，测量结果的评价通常如下：

(1) 正确度。正确度表示测量结果与真值的符合程度，是衡量测量结果是否正确的尺度。系统误差小则正确度高。

(2) 精密度。精密度表示测量过程中，在相同的条件下用同一方法对某一量进行重复测量时，所得的数值相互之间的接近程度。数值越接近，精密度越高，它反映随机误差的影响。

(3) 准确度。准确度表示测量结果与真值的一致程度。

在一定的测量条件下，总是力求测量结果尽量接近真值。如果测量的正确度和精密度都高，则测量的准确度高。准确度表示测量结果中系统误差与随机误差综合的大小程度。

上述误差来源、误差分类及测量结果的关系如图 0-3 所示。

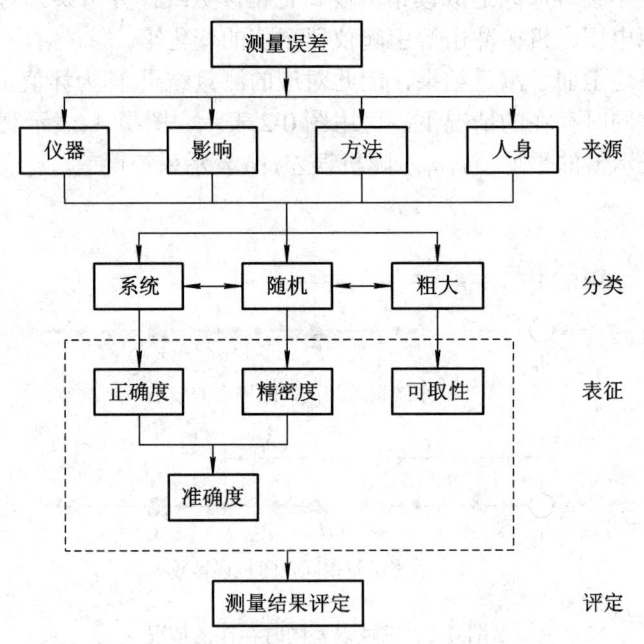

图 0-3　误差来源、误差分类及测量结果的关系

0.5　测量结果的处理

测量结果既可能表现为一定的数字，也可能表现为一条曲线或是某种图形。测量结果总包含有一定的数值(绝对值大小和符号)和相应的单位两个部分，如 8.18 V、23.4 Ω 等。

由于各种因素的影响，测量结果不可避免地存在着误差。有时为了说明测量结果的可信度，在表示测量结果时，还必须同时注明其测量误差的数值或范围，如 4.27 V ± 0.01 V，27.6 Ω ± 0.1 Ω。

0.5.1　有效数字

由于在测量过程中不可避免地存在误差，并且仪器的分辨能力有一定的限制，所以测量数据就不可能完全准确。同时，在对测量数据进行计算时，遇到例如 π 等无理数，实际计算时也只能计算近似值，因此得到的数据通常只是一个近似数。当用这个数表示一个量时，为了确切地表示，通常规定绝对误差不得超过末位单位数字的一半。对于这种误差不大于末位数字一半的数，从它左边第一个不为零的数字起，直到右边最后一个数字止，都叫做有效数字。

在测量过程中，正确得出测量结果的有效数字，合理地测量数据位数是非常重要的。对于有效数字位数的说明如下：

(1) 在有效数字中，除末位外，前面各位数字都应该是准确的，只有末位不一定准确，其包含的误差不应大于末位单位数字的一半。例如 3.18 V，则测量的误差不超过 ± 0.005 V。

(2) 在数字左边的零不是有效数字。例如 0.031 V，左边的两个零就不是有效数字。而数字中间和右边的零都是有效数字，不能在数据的右边随意加减零，否则会改变测量的准确程度。例如 2.10 V，表明测量误差不超过 ± 0.005 V，若改为 2.1 V 或 2.100 V，表明测量误差不超过 ± 0.05 V 或 ± 0.0005 V。

(3) 有效数字不能因选用的单位发生变化而改变。例如测量结果是 2.0 V，它的有效数字为两位，如果改用 mV 作为单位，应为 2000 mV，则有效数字变为四位，这显然是错误的，此时应将其改写为 2.0 × 1000 mV，此时它的有效数字仍是两位。

0.5.2 数字的舍入规则

当需要 *n* 位有效数字时，对超过 *n* 位的数字就要根据舍入规则进行处理。目前，广泛采用的是“四舍五入”规则，内容如下：

(1) 当保留 *n* 位有效数字时，若后面的数字小于第 *n* 位数字的一半，则舍掉。

(2) 当保留 *n* 位有效数字时，若后面的数字大于第 *n* 位数字的一半，则第 *n* 位数字加 1。

(3) 当保留 *n* 位有效数字时，若后面的数字恰为第 *n* 位数字的一半，则当第 *n* 位数字为偶数或零时就舍掉后面的数字；当第 *n* 位数字为奇数时则第 *n* 位数字加 1。若第 *n* 位为 5，后面为零，则看第 *n* 位的奇偶性，奇则入，偶则舍。

以上的舍入规则可简单地概括为：小于 5 舍，大于 5 入，等于 5 时去偶数。

例 3 将下列数字保留三位有效数字。

25.53→25.5　　33.46→33.5

68.4501→68.5　　43.35→43.4

53.45→53.4

0.5.3 有效数字的运算原则

在测量过程中，经常需要测量几个数据，经过加、减、乘、除、乘方和开方运算后，才得到欲求的结果。为保证运算过程的简便和运算的准确，参与运算数据的有效数字的位数得到保留，原则上取决于参加运算的各数据中准确度最差的那一项。

1. 加减运算

根据准确度最差的一项，即以小数位数最少的为准，其余数据多取一位，最后结果的小数位数的保留仍以小数位数最少的为准。不过，当两数相减时，若两数相差不多，有效数字的位数对结果的影响可能比较大，就应该尽量多取几位有效数字。

2. 乘、除、乘方、开方运算

有效数字的取舍取决于其中有效数字最少的一项，而与小数点无关。最后结果的有效数字应不超过参与运算的数据中最少的有效数字。需要注意的是乘方运算中，当底数远大于 1 或远小于 1 时，指数发生很小的变化都会使结果相差很多，对于这种情况，指数应尽可能多保留几位有效数字。

3. 对数运算

在进行对数运算时，原数为几位有效数字，取对数后仍取几位有效数字。

第1章 直流稳压电源的使用

学习目标

1. 掌握直流稳压电源的使用。
2. 了解直流稳压电源的功能及类型。
3. 了解直流稳压电源的工作特性。

1.1 概　述

在电子电路及其设备中，一般都需要稳定的直流电源供电。比如，精密的电子测试仪器、自动控制装置和电子计算机等，都要求直流电源的电压稳定不变，否则将造成测量和计算误差，或引起自动控制装置工作不稳定，甚至无法正常工作。稳压电源能够基本消除或减弱输入电压、负载电流等因素的变化对输出电压的影响。直流稳压电源通常由电源变压器、整流电路、滤波电路、稳压电路组成，如图1-1所示。

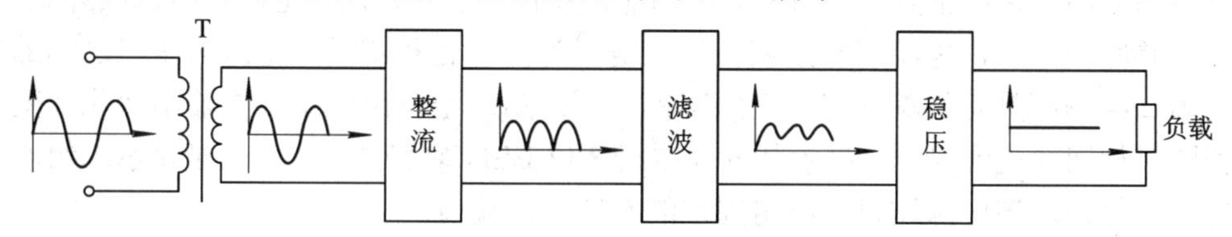

图1-1　直流稳压电源组成框图

整流电路将工频交流电转化为具有一定直流电成分的脉动直流电。

滤波电路将脉动直流中的交流成分滤除，减少交流成分，增加直流成分。

稳压电路对整流后的直流电压采用负反馈技术，从而进一步稳定直流电压。

目前稳压电源的类型很多，根据所使用的调整元件不同，稳压电源可分为电子管稳压电源、晶体管稳压电源等；根据调整元件与负载的连接方法不同，可分为并联稳压电源与串联稳压电源；根据调整元件工作状态的不同，可分为线性稳压电源和开关型稳压电源。比较常见的是线性稳压电源和开关型稳压电源。

1. 线性稳压电源

线性稳压电源有一个共同的特点，即它的功率器件——调整管工作在线性区，靠调整管之间的电压降来稳定输出。

线性稳压电源的优点是稳定性高、纹波小、可靠性高，易做成连续可调的多路输出；缺点是体积大、较笨重、效率相对较低。这类稳压电源种类较多，根据输出性质的不同可分为稳压电源和稳流电源及集稳压、稳流于一身的稳压稳流(双稳)电源；根据输出值的不同可分定点输出电源、波段开关调整式电源和电位器连续可调式电源；根据输出指示的不同可分指针指示型电源和数字显示型电源。

2．开关型稳压电源

开关型稳压电源的电路形式主要有单端反激式、单端正激式、推挽式、半桥式和全桥式。它与线性稳压电源的根本区别在于其功率调整管交替地工作于导通-截止的开关状态，且其转换速度非常快。开关电源也因此而得名。

本章主要学习 HG6333 型直流稳压电源的使用。

1.2　HG6333 型直流稳压电源的使用

1.2.1　HG6333 型直流稳压电源的功能

HG6333 型直流稳压电源是高精度、高可靠、易操作的实验室通用电源，它具有两组相同的输出，每一组均是一个独立可调的 0 V～30 V 的恒压源及 0 A～3 A 的恒流源。

在输出最大额定电流时，该电源提供了连续可调的 0 V～30 V 任何定点电压。

当工作在恒压状态时，该电源前面板的电流调节旋钮可限制输出电流超载或短路；当工作在恒流状态时，该电源前面板的电压调节旋钮可限制最大(上限)电压输出，也就是当输出电流达到预定值时，可自动将电压稳定性转变为电流稳定性；反之，当输出电压达到预定值时，可自动将电流稳定性转变为电压稳定性。

该电源的两组输出都具有预置、输出功能，并且可独立使用，也可以串联或并联使用。在串联或并联使用时，电源可分别获得最大电压为两组之和或最大电流为两组之和的单组输出。第二组输出具有跟踪功能，在跟踪模式下，第二组输出随第一组输出变化而变化，可获得两组相同的电源输出。显示部分为四组 3 位 LED 数字显示，可同时显示二组输出电压和电流。另外，该电源还设有一组固定的 5 V 输出端口。

1.2.2　HG6333 型直流稳压电源面板介绍

HG6333 型直流稳压电源面板如图 1-2 所示。

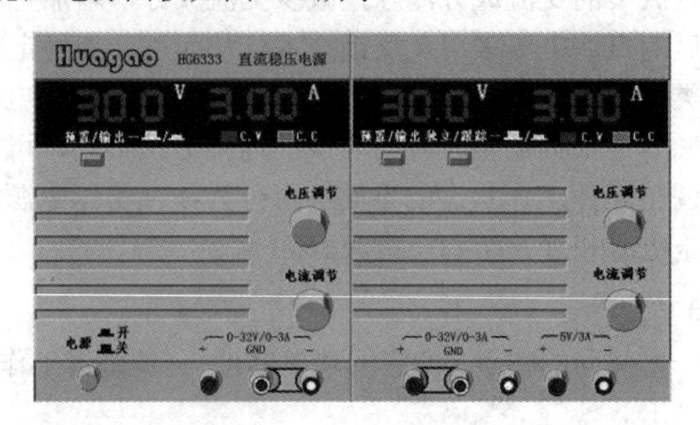

图 1-2　HG6333 型直流稳压电源面板

由于该稳压电源的面板左右两边基本对称，将左路输出称为第一组输出，右路输出则称为第二组输出和第三组输出。下面以右路输出为例来介绍面板上各按键及旋钮的功能。这部分面板如图 1-3 所示。

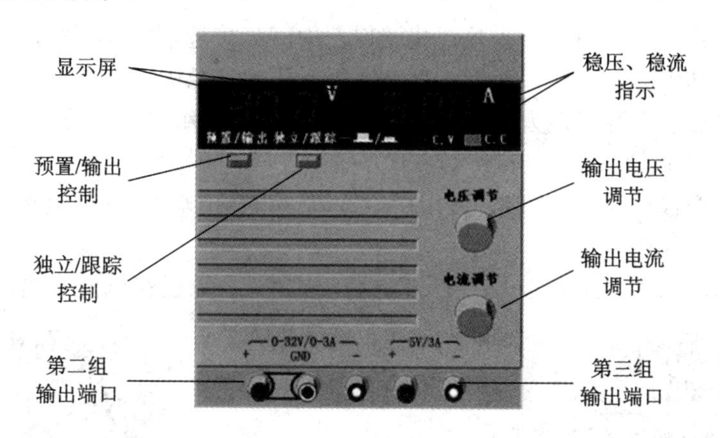

图 1-3 HG6333 型直流稳压电源右面板

下面对各部分进行说明。

显示屏：显示输出电压和电流大小。

“预置/输出”开关：该电源具有两种输出状态，即“预置”和“输出”。在“预置”状态下，输出端开路，此时输出端无电压输出；在“输出”状态下，一旦输出端与负载连接，可输出稳定的电压值。

“独立/跟踪”开关：控制第二组电源的输出为“独立”模式，或是“跟踪”第一组输出。

“电压调节”旋钮：输出电压调节，用来设定输出电压的最大值；在“跟踪”模式时，第二组的该旋钮不起作用，第二组的输出跟随左边第一组的输出。

“电流调节”旋钮：用于设定输出电流的最大值。

稳压、稳流指示：当负载电流小于设定值时，输出为稳压状态，“CV”指示灯亮；当负载电流大于设定值时，输出电流将被恒定在设定值，“CC”指示灯亮。

第一、二组输出端口：用于输出电压给负载，最大可输出 30 V 电压，并连续可调。该端口为悬浮式端口，中间为接地端“GND”，正确理解“Ground”的含义。

第三组输出端口：输出固定 5 V 电压给负载，该组端口的“-”端已在机内接地。注意：机内接地与“GND”的含义不同。

1.2.3 HG6333 型直流稳压电源的使用

1. 面板功能检查

在使用稳压电源前，可按照以下步骤检查仪器的工作状态是否正常：

(1) 将“预置/输出”和“独立/跟踪”开关弹出，仪器处于“预置”和“独立”状态；将“电压调节”旋钮和“电流调节”旋钮调节到最大位置。

(2) 打开电源开关，观察显示屏，两边窗口显示电压应大于 30 V，电流应为 0 A。调节“电压调节”旋钮，显示电压应在 0 V～30 V 之间变化。

(3) 按压“独立/跟踪”开关，第二组电源跟随第一组电源输出，显示与第一组相同，调节第一组“电压调节”旋钮，两组电压显示同时变化。

2. 操作指导

1) 输出端口的连接

第一组和第二组的输出端口为悬浮式端口，中间为接地端。使用时，可根据需要将接地端的接触片和其中的一个端口连接，以获得所需要的电源极性。

例如：当需要的电源极性为“+”时，应用接触片将该组输出端的“–”端和接地端连接。连接方法如图 1-4 所示。

当需要的电源极性为“–”时，应用接触片将该组输出端的“+”端和接地端连接。连接方法如图 1-5 所示。

第三组输出端口为固定+5 V 输出，该组端口的“–”端已在机内接地。

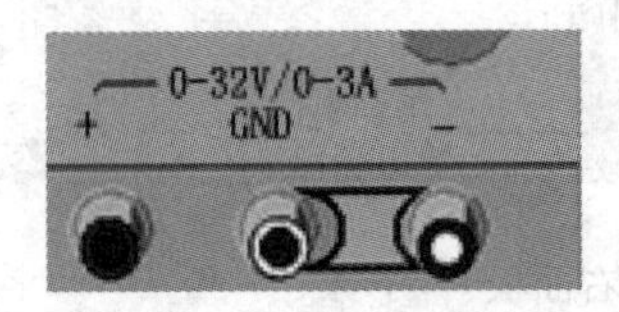

图 1-4　获得正极性电源时的连接方法

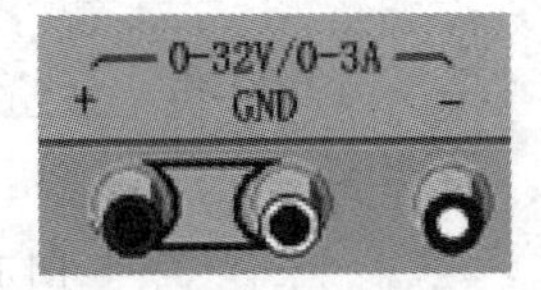

图 1-5　获得负极性电源时的连接方法

2) 获得一组 0 V～30 V 范围内的电压输出

将“预置/输出”开关置弹出，仪器处于“预置”状态，调节“电压调节”旋钮，使电压指示为所需要的电压。将“预置/输出”开关压入，负载即获得了所需要的电压，此时显示屏将显示负载的实际电流。

注意：“预置/输出”开关在弹出时，输出端没有电压输出。正确使用“预置/输出”开关，可有效防止因调节不当而对负载产生的不良影响。

3) 获得两组电压之和输出

将两组电源的输出端串联连接，可获得最大 60 V 的电压输出。

方法：将两个接触片悬空，将第一组的“–”端和第二组的“+”端连接，将“独立/跟踪”开关压入，调节第一组“电压调节”旋钮，使电压显示值为所需电压的一半，将第一组的“+”端和第二组“–”端连接负载，负载上将获得两组电压的累加。连接方法如图 1-6 所示。

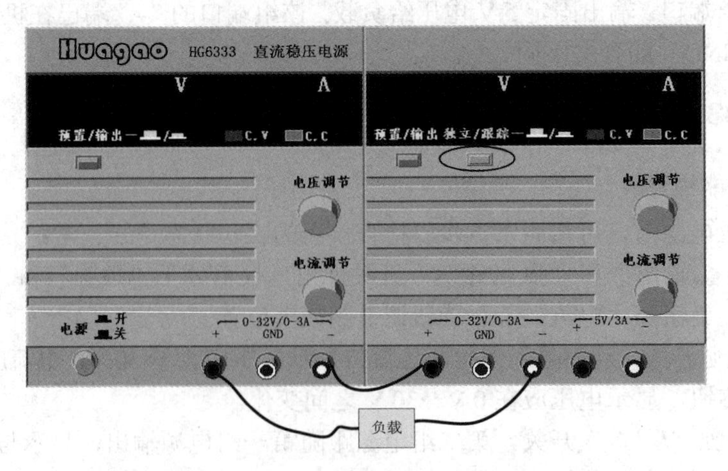

图 1-6　获得两组电压之和的连接方法

4) 获得两组电流之和的输出

将两组电源的输出端并联连接，可获得最大电流为两组电流之和的输出。

方法：调节第一组“电压调节”旋钮至所需电压，调节第二组“电压调节”使两组的电压一致，一般直接采用“跟踪”模式，保证两组电源的输出电压相等，将两组同极性的端子并联后连接负载，负载上即可获得两组电流的累加。连接方法如图 1-7 所示。

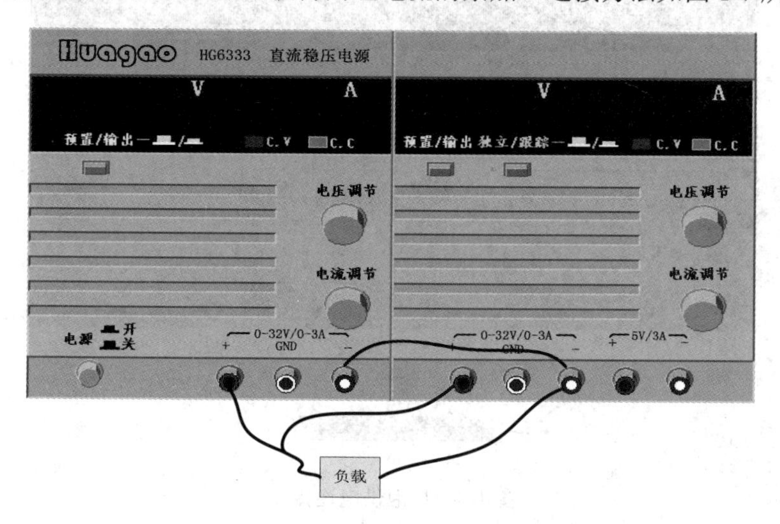

图 1-7 获得两组电流之和的连接方法

5) 获得两组电压极性相反的输出

将第一组“−”端和第二组“+”端的接触片分别和接地端连接，即可从第一组和第二组分别获得不同极性的电压输出。当需要两组的电压值相同时，可将第二组的“独立/跟踪”开关压入，第二组的“电压调节”旋钮将不起作用，该组电压将跟踪第一组的电压变化而同时变化。

6) 电流设定

“电流调节”旋钮用于设定该组的最大输出电流，当负载电流达到或超过设定值时，输出电流将被恒定在设定值，同时输出电压将随负载电流的增加而下降，从而对负载和本机起到了有效的保护作用。当输出电流达到设定值时，“CV”指示灯灭，“CC”指示灯亮。

电流设定方法：将“预置/输出”开关弹出，调节“电流调节”旋钮至最小位置，用导线将输出端短路，压入“预置/输出”开关，缓慢调节“电流调节”旋钮，观察显示屏，直至电流指示达到需要的值，最后拆除输出端短路导线，完成电流设定。

例 直流照明电路的制作。

仪器：直流稳压电源，小灯泡(12 V，0.1 A)，开关，导线若干。

操作步骤：

(1) 打开稳压电源开关。

(2) 连接电路如图 1-8 所示。

(3) 使“预置/输出”开关弹出，仪器处于预置状态。

(4) 调节“电压调节”旋钮，使显示屏显示 12.0 V。

(5) 调节“电流调节”旋钮，使显示屏显示 0.10 A。

(6) 按下“预置/输出”开关，仪器处于输出状态，此时输出端口电压为 12 V。

(7) 合上开关，灯泡即正常发光。

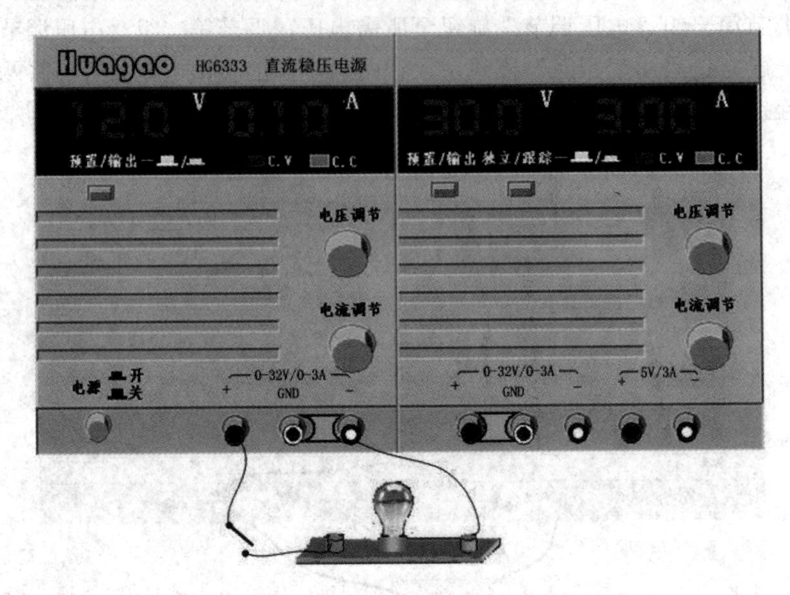

图 1-8 灯泡供电连接图

1.2.4 HG6333 型直流稳压电源的主要技术指标

表 1-1 所示为 HG6333 型直流稳压电源的主要技术指标。

表 1-1 HG6333 型直流稳压电源主要技术指标

项目 \ 型号		HG6333
输出组别		3 组
第一组和第二组输出	输出电压	0 V～30 V 连续可调
	输出电流	0 A～3 A 连续可调
	电源调整率	≤0.01% + 3 mV
	负载调整率	≤0.01% + 3 mV
	纹波及噪声	1 m V_{rms}
	跟踪误差	≤1% ± 3 个字
	显示方式	4 组 3 位 LED
	显示误差	≤1% ± 1 个字
第三组输出	输出电压	5 V 固定
	输出电流	3 A 固定
	电源调整率	≤1%
	负载调整率	≤2%
	纹波及噪声	≤2 m V_{rms}

第 2 章　万用表的使用

学习目标

1. 掌握模拟万用表的使用。
2. 掌握数字万用表的使用。
3. 了解万用表的工作特性。
4. 掌握万用表的工作原理。

2.1 概　　述

万用表是一种多功能、多量程的便携式电子电工仪表。一般的万用表可以测量直流电流、直流电压、交流电流、交流电压和电阻等，有些万用表还可测量电容、电感、功率、晶体管共射极直流放大系数等。万用表是电子电工专业必备的仪表之一。

万用表一般可分为指针式万用表(模拟万用表)和数字万用表两种。

2.2 指针式万用表

图 2-1 所示为 MF–47 型指针式万用表的面板结构与实物图。

指针式万用表的形式很多，但基本结构是类似的。指针式万用表的结构主要由表头、功能转换开关(又称选择开关)、测量线路等三部分组成。

2.2.1 指针式万用表面板简介

1. 基本组成

(1) 表头。指针式万用表的表头通常采用高灵敏度的磁电式机构，是测量的显示装置；它实际上是一个灵敏电流计。表头上的表盘印有多种符号、刻度线和数值。符号 A–V–Ω 表示这只电表是可以测量电流、电压和电阻的多用表，如图 2-2 所示。

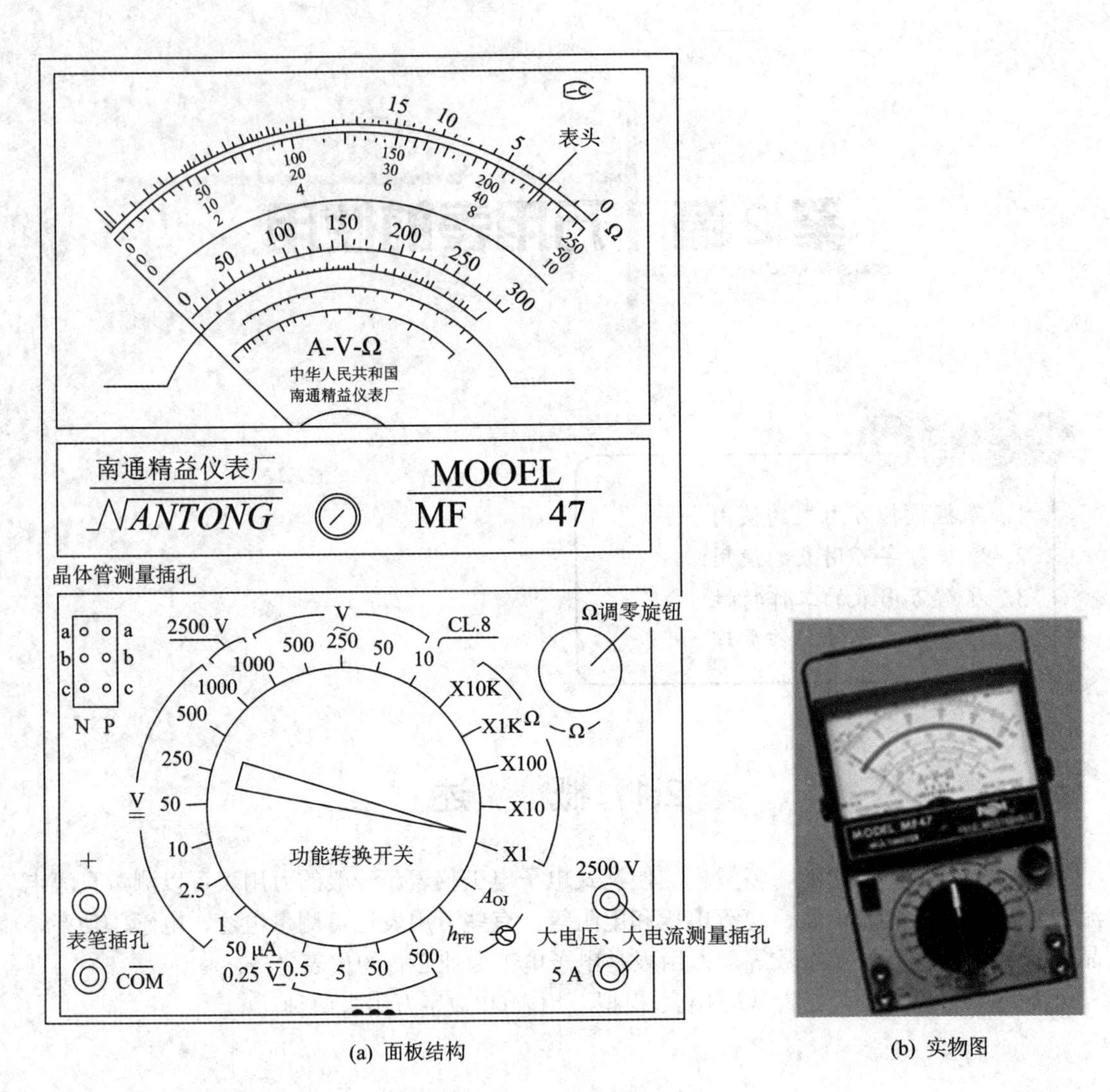

(a) 面板结构

(b) 实物图

图 2-1 MF-47 型指针式万用表

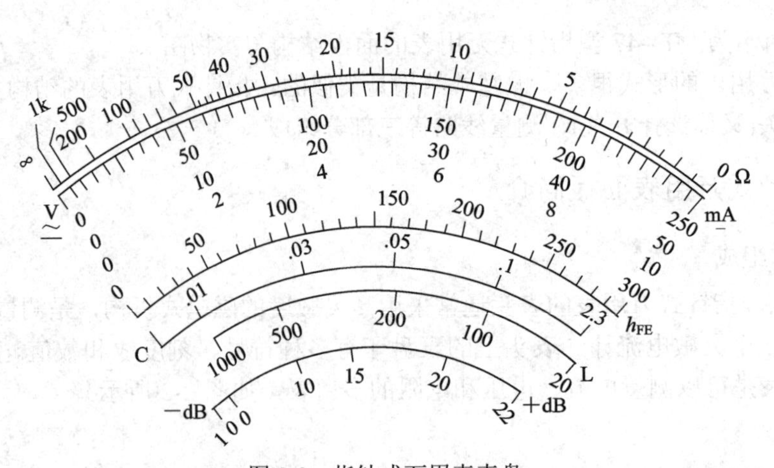

图 2-2 指针式万用表表盘

MF-47 型指针式万用表的表盘上印有六条刻度线，第一条专供测电阻用，其右端标有“Ω”，右端为零，左端为∞，刻度值分布是不均匀的；第二条供测量交/直流电压、电流之用，符号“—”或“DC”表示直流，“～”或“AC”表示交流，“$\underset{-}{\sim}$”表示交流和直流共用的刻度线；第三条供测量晶体管放大倍数用；第四条供测量电容用；第五条供测量电感用；第六条供测量音频电平用。

刻度盘上装有反光镜，以消除视差。

另外表盘上还有一些表示表头参数的符号，如 DC 20 kΩ/V、AC 9 kΩ/V 等。表头上还设有机械零位调整旋钮(螺钉)，用以校正指针在左端指向零位。

(2) 功能转换开关。指针式万用表的功能转换开关是一个多挡位的旋转开关，用来选择被测电量的种类和量程(或倍率)。一般的指针式万用表测量项目包括：“mA”(直流电流)、“V-”(直流电压)、“V～”(交流电压)、“Ω”(电阻)。每个测量项目又划分为几个不同的量程(或倍率)以供选择。

(3) 测量线路。测量线路将不同性质和大小的被测电量转换为表头所能接受的直流电流。MF-47 型指针式万用表可以测量直流电流、直流电压、交流电压和电阻等多种电量。当转换开关拨到直流电流挡时，可分别与 5 个接触点接通，用于 500 mA、50 mA、5 mA、0.5 mA 和 50 μA 量程的直流电流测量。同样，当转换开关拨到欧姆挡时，可用×1、×10、×100、×1 kΩ、×10 kΩ 倍率分别测量电阻；当转换开关拨到直流电压挡时，可用于 0.25 V、1 V、2.5 V、10 V、50 V、250 V、500 V 和 1000 V 量程的直流电压测量；当转换开关拨到交流电压挡时，可用于 10 V、50 V、250 V、500 V、1000 V 量程的交流电压测量；当转换开关拨到 C、L、dB 时，可进行电容量、电感量、电平的测量，等等。

2. 表笔和表笔插孔

指针式万用表的表笔分为红、黑两只，如图 2-3 所示。使用时应将红色表笔插入标有“+”号的插孔中，黑色表笔插入标有“-”号的插孔中。另外 MF-47 型指针式万用表还提供 2500 V 交/直流电压扩大插孔以及 5 A 的直流电流扩大插孔，使用时分别将红表笔移至对应插孔中即可。

另外，面板上还具备晶体管测量插孔。

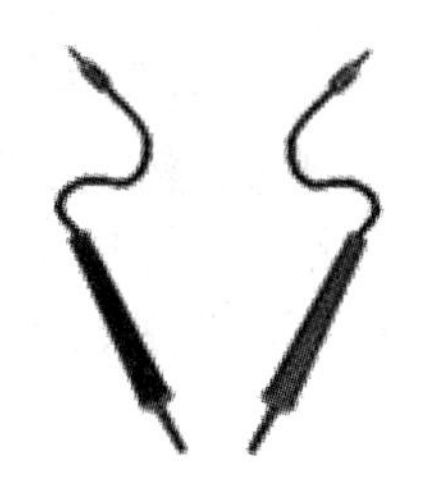

图 2-3　万用表表笔

2.2.2 指针式万用表的使用

1. 电压挡的使用

1) 测量直流电压

测量直流电压时，先将面板上的功能转换开关置“$\underline{\underline{V}}$”挡，再按以下步骤进行：

(1) 选择合适的量程：电压挡合适量程的标准是指针尽量指在刻度盘满偏刻度的 2/3 以上位置。若不清楚电压大小，应先用最高电压挡试触测量，后逐渐换用低电压挡直到找到合适的量程为止。

(2) 测量方法：将万用表并接到被测电路的两端，红表笔接高电位，黑表笔接低电位，如图 2-4 所示。

(3) 正确读数：选择合适的刻度线以读取实测数值，刻度线的选择应据所测电压值的

大小进行选择。从刻度线读取的数与实测数是两个概念，两者有时相同，有时不相同。当读数不相同时其实测的数值为

$$实测数值 = 读取的刻度数 \times 分度值$$

读数时，视线应正对指针，即只能看见指针实物而不能看见指针在弧形反光镜中的像所读出的值。

(4) 高电压测量：当测量高电压时，应将表笔插入标有高电压数值的插孔内，量程开关应置于相应的位置。即如果被测的直流电压大于 1000 V 时，则可将 1000 V 挡扩展为 2500 V 挡。方法很简单，转换开关置 1000 V 量程，红表笔从原来的"+"插孔中取出，插入标有 2500 V 的插孔中即可测量 2500 V 以下的高电压了。

(5) 若要测量电视机回扫变压器输出端 25 kV 左右的高压，则应采用与万用表相匹配的高压探头进行测量。

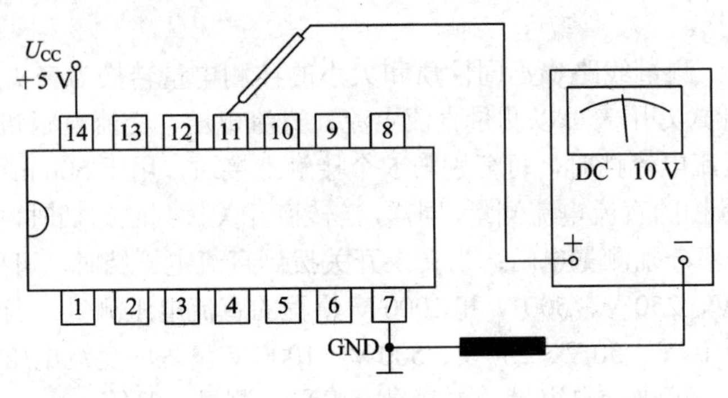

图 2-4　直流电压的测量

2) 测量交流电压

测量交流电压时，先将面板上的功能转换开关置"$\underset{\sim}{\mathrm{V}}$"挡，如图 2-5 所示。

测量交流电压与测量直流电压的方法基本相同，但应考虑被测交流电压的频率不得超过指针式万用表所允许的频率范围，表笔无极性选择，频率测量范围为 40 Hz～400 Hz。

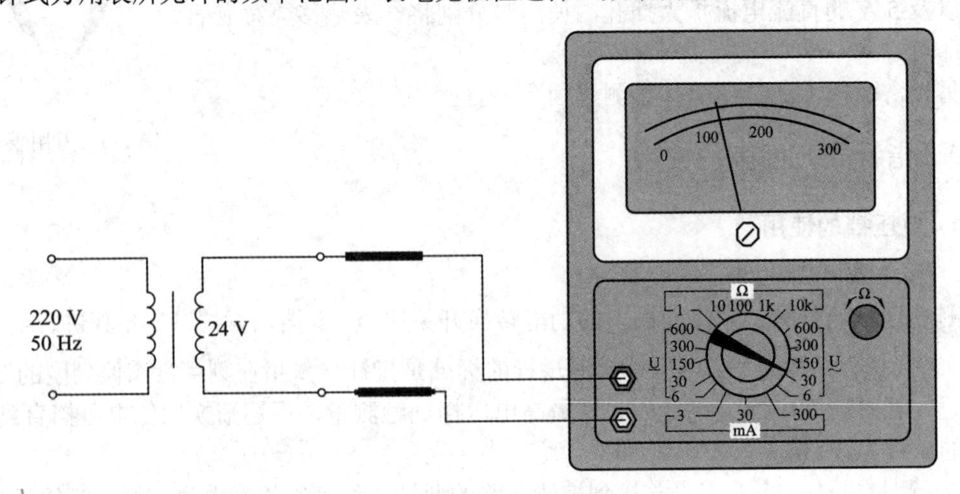

图 2-5　交流电压的测量

3) 使用注意事项

(1) 在使用指针式万用表之前，应先进行“机械调零”，即在没有被测电量时，使万用表指针指在零电压或零电流的位置上。

(2) 在使用指针式万用表的过程中，不能用手去接触表笔的金属部分，这样一方面可以保证测量准确，另一方面也可以保证人身安全。

(3) 在测量某一电量时，不能在测量时换挡，尤其是在测量高电压或大电流时，更应注意，否则会使万用表毁坏。如需换挡，应先断开表笔，换挡后再去测量。

(4) 指针式万用表在使用时，注意放置，以免造成误差。同时，还要注意到避免外界磁场对万用表的影响。

(5) 指针式万用表使用完毕，应将转换开关置于交流电压的最大挡；如果长期不使用，还应将万用表内部的电池取出来，以免电池腐蚀表内其他器件。

2. 电流挡的使用

1) 直流电流的测量

测量直流电流时，先将面板上的功能转换开关置“mA”挡，如图 2-6 所示。

(1) 测量方法：测量电流时应将指针式万用表串联到被测电路中。串联时应使被测电流从红表笔流入，从黑表笔流出。也就是说红表笔接被测电路的正极，黑表笔接被测电路的负极。

(2) 量程选择：测量直流电流时要根据被测电流的大小选择合适的量程。如不知被测电流的大小，应选用最大的电流量程挡进行试测，待测到大概范围之后，再选择合适的量程。

(3) 正确读数：使用指针式万用表测量直流电流时，选择表盘刻度线同测量电压一样，都是第二道(第二道刻度线的右边有 mA 符号)。

(4) 大电流的测量：当测量的电流大于 500 mA 时，可选用 5 A 挡。

(5) 操作方法：转换开关置 500 mA 挡量程，红表笔从原来的“+”插孔中取出，插入万用表右下角标有“5 A”的插孔中即可测 5 A 以下的大电流了。

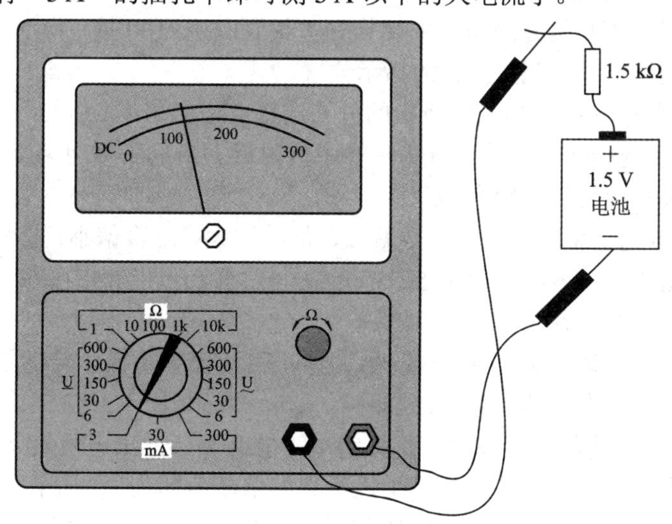

图 2-6　直流电流的测量

2) 交流电流的测量

交流电流的测量方法与测量直流电流的方法基本相同，只是不考虑指针式万用表表笔的极性，仍是将万用表串入被测电路。

3) 指针式万用表测量电流时的注意事项

(1) 测量电流时功能转换开关的位置一定要置电流挡处。

(2) 万用表与被测电路之间的连接必须是串联关系。

(3) 测量中人手不能碰到表笔的金属部分，以免触电。

3. 电阻挡的使用

1) 电阻挡的刻度线

电阻挡的刻度线是非线性的，如图 2-7 所示，即刻度线是不均匀的，并与其他刻度线反向。而电压、电流等的刻度线是均匀的。

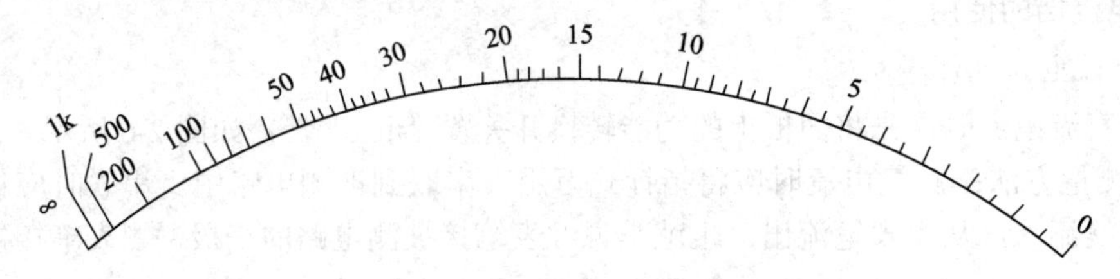

图 2-7 万用表电阻挡刻度线

2) 电阻挡的倍率

电阻挡一般都设有五个倍率：×1、×10、×100、×1 k、×10 k，使用时据被测电阻的大小进行选择。

3) 电阻挡的使用

(1) 机械调零：将指针式万用表按放置方式(MF-47 型是水平放置)放置好(一放)；看万用表指针是否指在左端的零刻度上(二看)；若指针不指在左端的零刻度上，则用一字起子调整机械调零螺钉，使之指零(三调节)。

(2) 初测(试测)：把指针式万用表的转换开关拨到欧姆×100 挡，将红、黑表笔分别接被测电阻的两引脚进行测量，观察指针的指示位置。

(3) 选择合适的倍率：根据指针所指的位置选择合适的倍率。

① 合适倍率的选择标准：使指针指示在中值附近。最好不使用刻度左边 1/3 的部分，这部分刻度跨度大，读数偏差较大。

② 快速选择合适倍率的方法：示数偏大，倍率增大；示数偏小，倍率减小。注意：示数偏大或偏小是指相对刻度线上数字 5～50 的区间而言。当指针指在 5 的右边时称为示数偏小，指针指在 50 的左边时称为示数偏大。

(4) 欧姆调零：倍率选好后要进行欧姆调零，将两表笔短接，转动零欧姆调节旋钮，使指针指在电阻刻度线右边的“0”Ω 处即可。

(5) 测量及读数：将红、黑表笔分别接触电阻的两端，读出电阻值大小。

读数方法：表头指针所指示的示数乘以所选的倍率值即为所测电阻的阻值。例如，选用 $R \times 100$ 挡测量，指针指示 40，则被测电阻值为 $40 \times 100 = 4000\ \Omega = 4\ \text{k}\Omega$。

4) 电阻挡测量的注意事项

(1) 当电阻连接在电路中时，首先应将电路的电源断开，决不允许带电测量，否则容易烧坏万用表，也会使测量结果不准确。

(2) 万用表内干电池的正极与面板上“–”号插孔相连，干电池的负极与面板上的“+”号插孔相连。在测量电解电容和晶体管等器件的电阻时要注意极性。

(3) 每换一次倍率挡，都要重新进行欧姆调零。

(4) 不允许用万用表电阻挡直接测量高灵敏度表头内阻。因为这样做可能使流过表头的电流超过其承受能力(微安级)而烧坏表头。

(5) 两只手不能同时捏住表笔的金属部分测量电阻，否则会将人体电阻并接于被测电阻而引起测量误差，因为这样测得的阻值是人体电阻与待测电阻并联后的等效电阻的阻值，而不是待测电阻的阻值。

(6) 电阻在通路测量时可能会引起较大偏差，因为这样测得的阻值是部分电路电阻与待测电阻并联后的等效电阻的阻值，而不是待测电阻的阻值。最好将电阻的一只引脚焊开后进行测量。

(7) 用万用表不同倍率的欧姆挡测量非线性元件的等效电阻时，测出的电阻值是不相同的。这是由于各挡位的中值电阻和满偏电流各不相同所造成的，机械万用表中，一般倍率越小，测出的阻值越小。

(8) 测量晶体管、电解电容等有极性元件的等效电阻时，必须注意两支笔的极性。

(9) 测量完毕，将功能转换开关置于交流电压最高挡或空挡。

5) 电阻挡测量原理

如图 2-8 所示，功能转换开关置“Ω”挡时构成欧姆表，它由表头(内阻 R_g，满偏电流 I_g)、电池 ε(已装在表壳内)、调零电阻 R_o 组成，它的测量原理是闭合电路欧姆定律：

$$\begin{cases} I = \dfrac{\varepsilon}{R_g + r + R_o + R_x} \\ R_x = \dfrac{\varepsilon}{I} - (R_g + r + R_o) \end{cases}$$

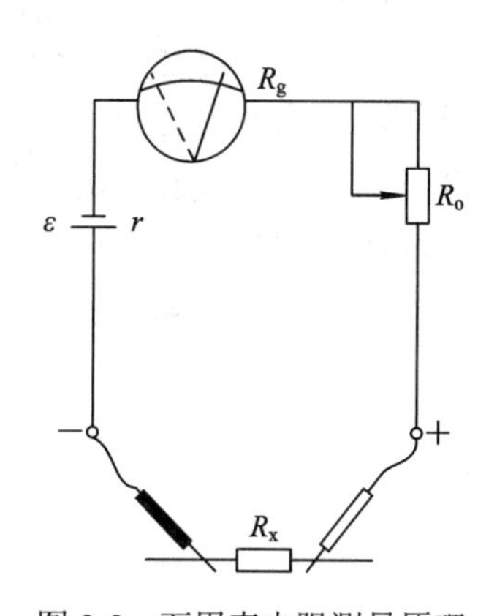

图 2-8　万用表电阻测量原理

被测电阻 R_x 与通过表头的电流 I 相对应，由上式可见 R_x 与 I 并非线性关系，所以它的刻度是不均匀的，它的零点恰在电流满偏处。

MF-47 型指针式万用表装有电池 R14 型 2#1.5 V 及 6F22 型 9 V 各一只。×1 Ω、×10 Ω、×100 Ω、×1 kΩ 倍率共用 1.5 V 电池，而×10 kΩ 使用 9 V 电池。转动开关至所需测量的电阻挡，将表笔二端短接，调整零欧姆调整旋钮，使指针对准欧姆“0”位上(若不能指示欧姆零位，则说明电池电压不足，应更换电池)，然后将表笔跨接于被测电路的两端进行测量。

6) 欧姆挡测量二极管

测量二极管时，先将面板上的功能转换开关置“Ω”挡。

(1) 二极管好坏判别：将万用表拨到 Ω 挡的 $R \times 100\ \Omega$ 或 $R \times 1\ \text{k}\Omega$，用万用表的两个表笔分别接到二极管的两个管脚，如图 2-9(a)所示，测其阻值，然后将表笔对换，如图 2-9(b)所示，再进行测试。

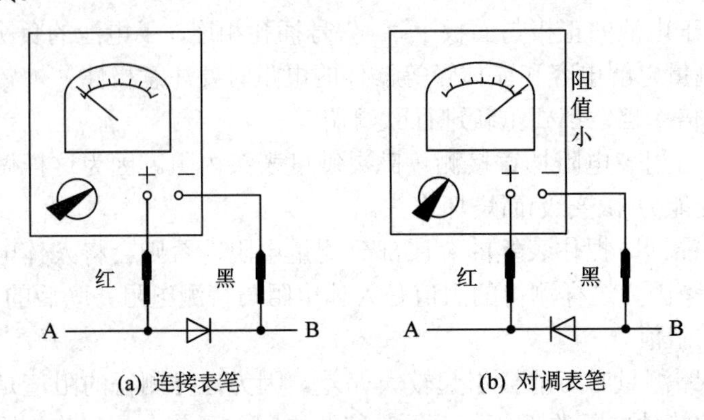

(a) 连接表笔　　(b) 对调表笔

图 2-9　二极管的测量

若前后两次所测阻值差别较大，则说明二极管是好的。

若前后两次所测阻值为无穷大，则说明二极管内部已开路。

若两次所测阻值都很小或为零，则说明二极管内部已短路或被击穿。

(2) 二极管极性的判别：从图 2-8 可以看出，在指针式万用表内，和“+”输入端相连的红表笔与表内电源的负极相通；而与“−”输入端相连的黑表笔却与表内电源的正极相通。

将指针式万用表拨到 Ω 挡的 R × 100 Ω 或 R × 1 kΩ 挡，用万用表的两个表笔分别接到二极管的两个管脚上，测其电阻值，阻值较小时(见图 2-9(b))，黑表笔所接端是二极管正极，红表笔所接端是二极管的负极；反之，如果测得阻值较大，则黑表笔所接端是二极管负极，红表笔所接端是二极管的正极(见图 2-9(a))。

注意：用万用表 R × 100 Ω 挡和 R × 1 kΩ 挡测量同一个二极管的正向电阻，测得的阻值是不同的。这是由于 R × 100 Ω 和 R × 1 kΩ 两种量程对应万用表的等效内阻不同，在电源电压不变时，流过表头的电流也不同的缘故。

2.3 数字万用表

数字万用表与指针式万用表相比，在准确度、分辨力和测量速度等方面都有着极大的优越性。

按工作原理(即按 A/D 转换电路的类型)分，数字万用表有比较型、积分型、V/T 型、复合型几种。使用较多的是积分型，其中 $3\frac{1}{2}$ 位数字万用表的应用最为普遍。

数字万用表的型号很多，但其功能和面板结构大体相同，只是排列位置有些区别。本节主要学习 UT-53 型数字万用表的使用。

UT-53 型数字万用表是 UT-50 系列中的 $3\frac{1}{2}$ 位数字万用表，是一种性能稳定、可靠性高的手持式数字多用表，整机电路设计成大规模集成电路，以双积分 A/D 转换器为核心并配备全功能过载保护，可用来测量交/直流电压和电流、电阻、电容、二极管、温度以及判断电路通断，是用户的理想工具。

2.3.1 数字万用表面板简介

UT-53 型数字万用表的面板如图 2-10 所示，主要包括显示部分、功能转换开关及相关测量插孔等。

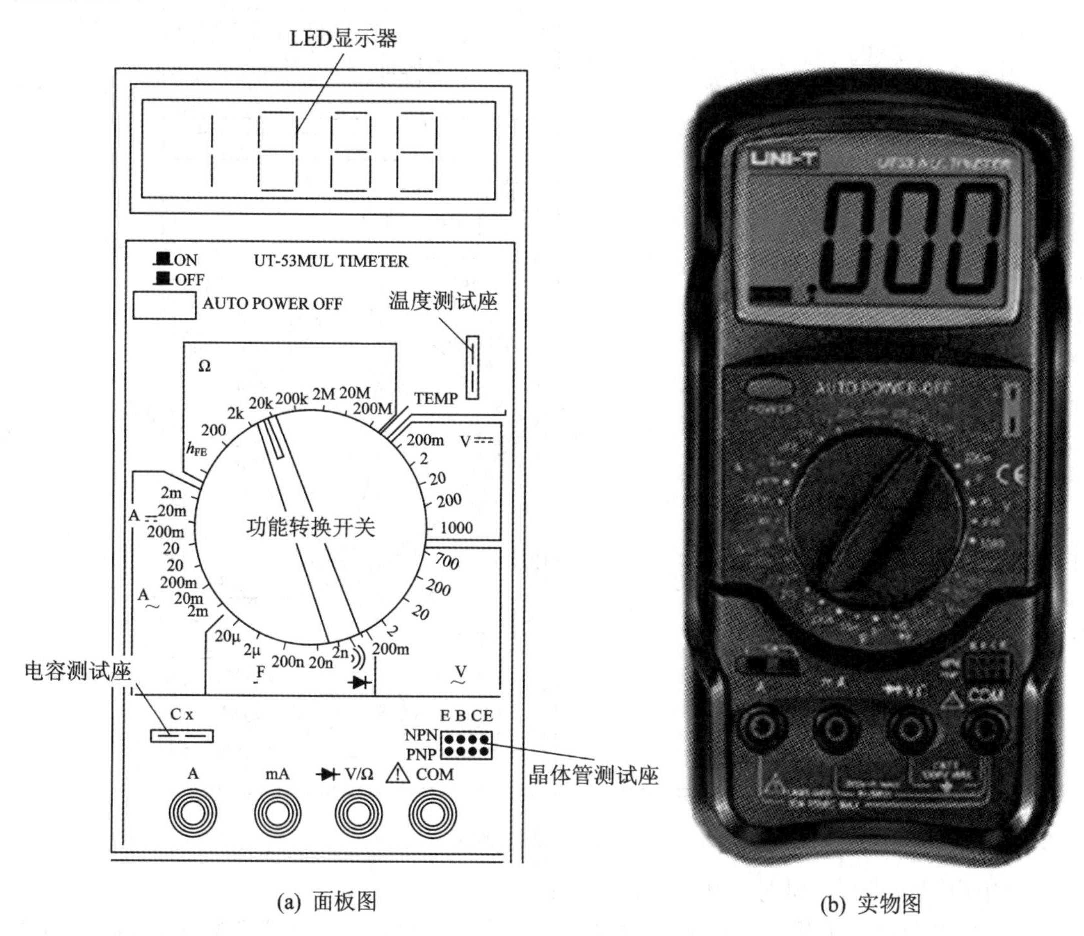

(a) 面板图　　(b) 实物图

图 2-10　UT-53 型数字万用表

2.3.2 数字万用表的使用

在使用数字万用表前，应注意以下几点：

(1) 将 POWER 开关按下，检查 9 V 电池，如果电池电压不足，显示器上就会显示“ ”，这时需更换电池。

(2) 表笔插孔旁边的符号，表示输入电压或电流不应超过显示值，这是为了保护内部线路免受损坏。

(3) 测试之前，功能转换开关应置于所需要的量程。

(4) 测量完毕，应及时断开电源，长期不用表时应取出电池。

1. 电阻挡的使用

如图 2-11 所示，电阻挡的操作方法如下：

(1) 测量电阻时，应将红表笔插入 V/Ω 插孔，黑表笔插入 COM 插孔。

(2) 将功能转换开关置于“OHM”或“Ω”的范围内并选择所需的量程位置。

(3) 检测时将两表笔分别接被测元器件或电路的两端。

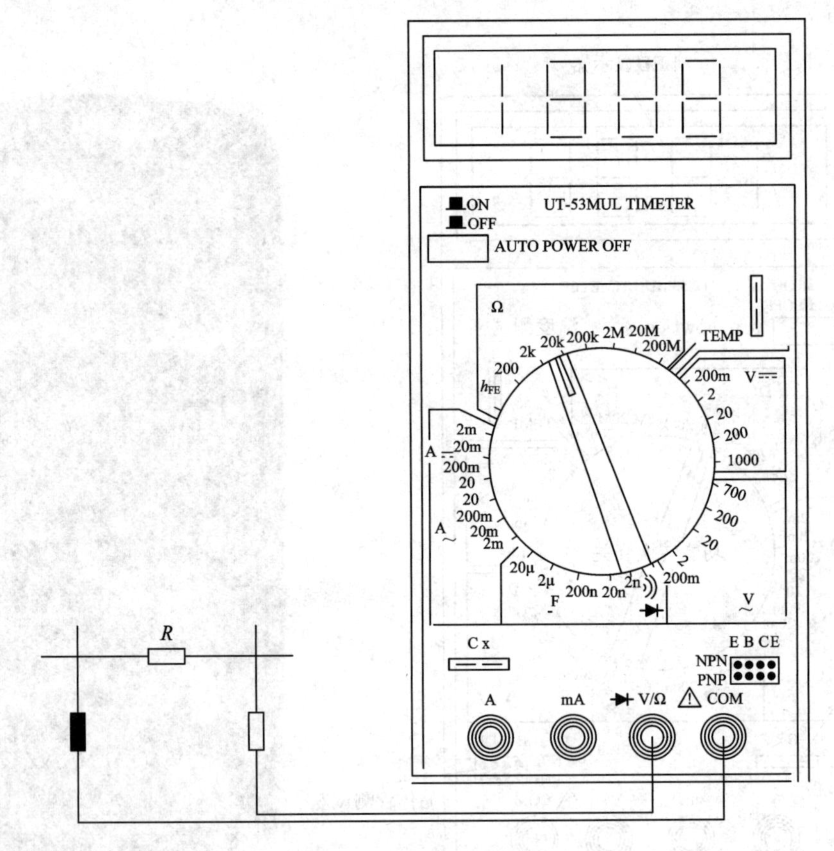

图 2-11　万用表测电阻

使用电阻挡进行测量时应注意以下问题：

(1) 打开数字式万用表的电源，对表进行使用前的检查：将两表笔短接，显示屏应显示“0.00 Ω”；将两表笔开路，显示屏应显示溢出符号“1”。以上两个显示都正常时，表明该表可以正常使用，否则将不能使用。

(2) 检测时，若显示屏显示溢出符号“1”，则表明量程选择不合适，应改换更大的量程进行测量。在测试中若显示屏显示“000”，则表明被测电阻已经短路；若显示“1”(量程选择合适的情况下)，则表明被测电阻器的阻值为∞。

2. 电压挡的使用

如图 2-12 所示，直流电压的操作方法如下：

(1) 将红表笔插入 V/Ω 插孔，黑表笔插入 COM 插孔。

(2) 将功能转换开关置于“DCV”或“V⎓”挡的合适量程。

(3) 测量时，将数字式万用表与被测电路并联，红表笔所接端子的极性将显示在显示屏上。

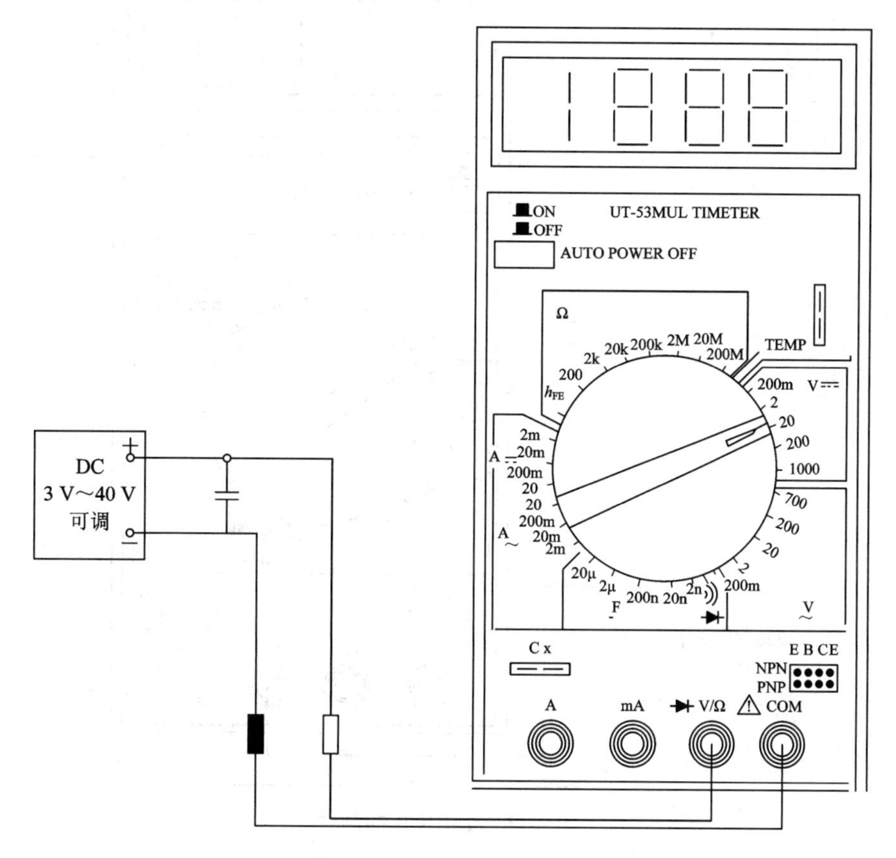

图 2-12　万用表测直流电压

如图 2-13 所示，使用数字万用表电压挡测量交流电压的方法如下：

(1) 将红表笔插入 V/Ω 插孔中，黑表笔插入 COM 插孔中。

(2) 将功能转换开关置于“ACV”或“V～”的合适量程。

(3) 检测时将两表笔分别接被测元器件或电路的两端。

使用电压挡进行测量时应注意以下几点：

(1) 选择合适的量程，当无法估计被测电压的大小时，应先选最高量程进行测试。

(2) 测量较高的电压时，不论是直流还是交流，都要禁止拨动功能转换开关。

(3) 测量电压时不要超过所标示的最高值。

(4) 在测量交流电压时，最好把黑表笔接到被测电压的低电位端。

(5) 数字式万用表虽有自动转换极性的功能，但是为避免测量误差的出现，进行直流测量时，应使表笔的极性与被测电压的极性相对应。

(6) 被测信号的电压频率最好在规定的范围内，以保证测试的准确度。

(7) 当测量较高的电压时，不要用手直接去碰触表笔的金属部分。

(8) 测量电压时，若数字万用表的显示屏显示溢出符号“1”，则说明已发生超载。

(9) 当数字万用表的显示屏显示“000”或数字有跳跃现象时，应及时更换挡位。

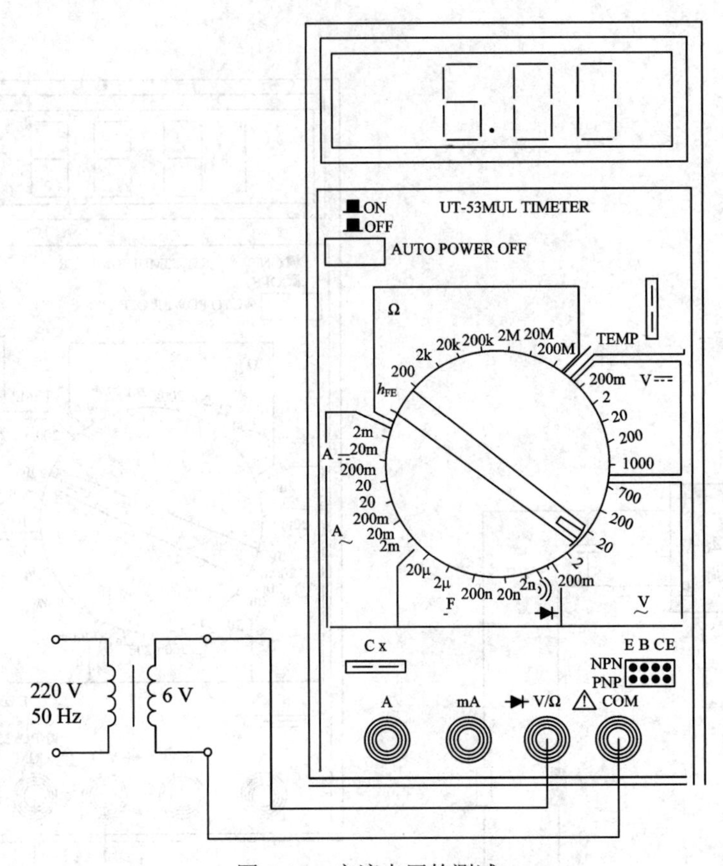

图 2-13　交流电压的测试

3. 电流挡的使用

如图 2-14 所示，数字万用表直流电流挡的操作方法如下：

(1) 将红表笔置于 A 或 mA 插孔，黑表笔置于 COM 插孔。

(2) 将功能转换开关置于“DCA”或“A⎓”挡的合适量程。

(3) 将数字万用表串联到被测电路中，表笔的极性可以不考虑。

数字万用表交流电流挡的操作方法如下：

(1) 将红表笔置于 mA 或 A 插孔，黑表笔置于 COM 插孔。

(2) 将功能转换开关置于“ACA”或“A～”挡的合适量程。

(3) 将数字万用表串联到被测电路中，表笔的极性可以不考虑。

使用电流挡进行测量时应注意以下几个问题：

(1) 如果被测电流大于 200 mA，则应将红表笔插入 A 插孔。

(2) 如显示屏显示溢出符号“1”，则表示被测电流已大于所选量程，这时应改换更高的量程。

(3) 在测量电流的过程中，不能拨动功能转换开关。

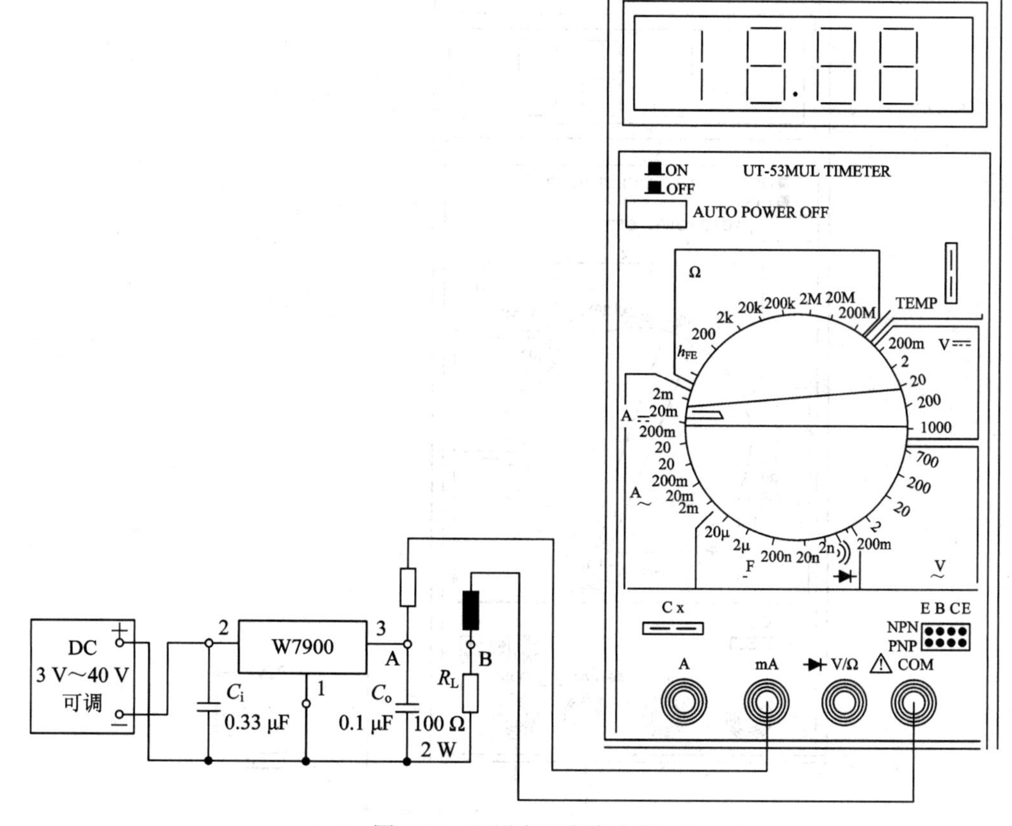

图 2-14　万用表测直流电流

4．二极管挡的使用

如图 2-15 所示，数字万用表二极管挡的操作方法如下。

1) 检测普通二极管好坏的方法

(1) 将红表笔插入 V/Ω 插孔，黑表笔插入 COM 插孔，功能转换开关置于“·))、→|—”挡。

(2) 将红表笔接被测二极管的正极，黑表笔接被测二极管的负极。

(3) 将数字式万用表的开关置于 ON，此时显示屏所显示的就是被测二极管的正向压降。

(4) 如果被测二极管是好的，正偏时，硅二极管应有 0.5 V～0.7 V 的正向压降，锗二极管应有 0.1 V～0.3 V 的正向压降；如果反偏时，硅二极管与锗二极管均显示溢出符号“1”。

(5) 测量时，若正反向均显示“000”，则表明被测二极管已被击穿而短路。

(6) 测量时，若正反向均显示溢出符号“1”，则表明被测二极管内部已经开路。

2) 注意事项

(1) 使用二极管挡进行测量时，显示屏所显示的值是二极管的正向压降，其单位为 mV。

(2) 正常情况下，硅二极管的正向压降为 0.5 V～0.7 V，锗二极管的正向压降为 0.1 V～0.3 V。根据这一特点可以判断被测二极管是硅管还是锗管。

(3) 将表笔连接到待测线路的两端，如果两端之间的电阻值低于 70 Ω，内置蜂鸣器就会发声，显示屏显示其电阻近似值，单位为 Ω。

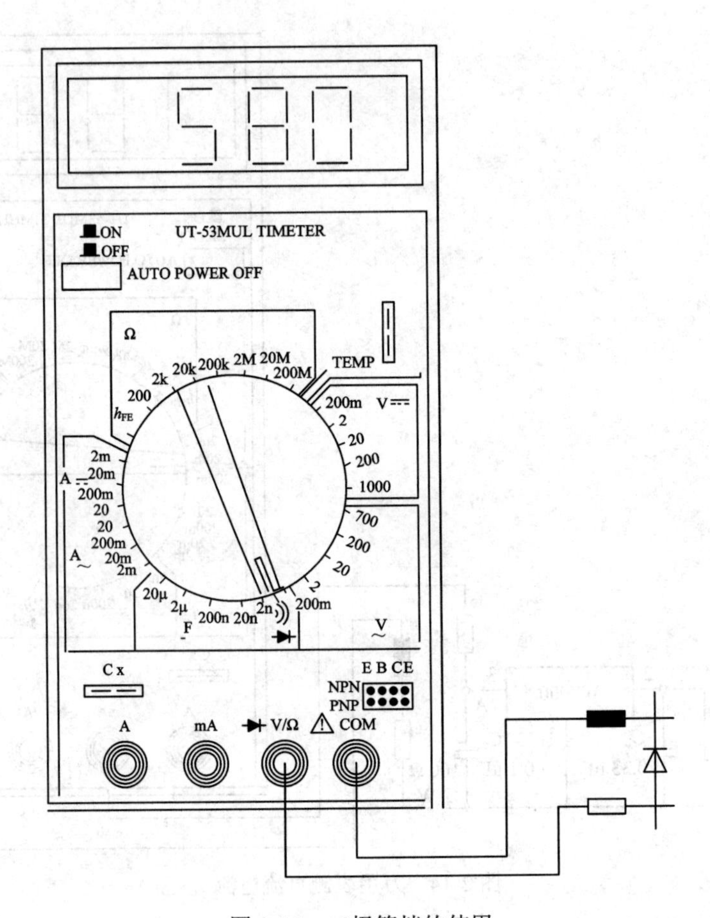

图 2-15　二极管挡的使用

5. 电容挡的使用(电容容量的测量)

测量方法：将电容插入电容测试座中，功能转换开关置电容区。

注意：

(1) 在接入被测电容之前，显示值须为“000”，每改变一次量程需一定时间复零。

(2) 测量前被测电容应先放电，当测试大电容时，需要长时间方可得到最后稳定读数。

(3) 有的仪表电容测量有极性之分，在测量电解电容时，要注意极性。

6. 晶体管 h_{FE}(直流放大系数)测量

测量方法：将功能转换开关置于“h_{FE}”挡，先决定晶体管是 NPN 还是 PNP 型的，再将 E、B、C 三脚分别插入面板上晶体管插座正确的插孔内，此时显示器将显示出 h_{FE} 近似值。

7. 温度测量

测量温度时，将热电偶传感器的冷端(自由端)插入数字万用表的测试座中，并注意极性。热电偶的工作端(测试端)置于待测物的上面或内部，可直接从显示器上读数，其单位为摄氏℃。

注意：数字万用表的量程在其面板上都有显示，所以本章省略了其技术指标，详细情况可参照仪表使用说明书。

2.4　万用表的工作原理

2.4.1　模拟万用表的工作原理

模拟万用表主要由表头、功能转换开关及测试线路组成。其表头通常是磁电系直流电流表。

磁电系直流电流表的表头结构如图 2-16 所示，它由固定部分和可动部分组成。固定部分包括永久磁铁、磁极和圆柱形铁芯；可动部分包括矩形线圈、转轴、游丝和指针等部件。矩形线圈由漆包线在矩形铝框上绕制而成。转轴的头尾两端由钻石轴承支撑。游丝有前后两个，它们的螺旋方向相反。当转轴转动时，一个游丝卷紧，另一个放松，以使指针转动平稳。游丝的另一个作用是向线圈引导电流。

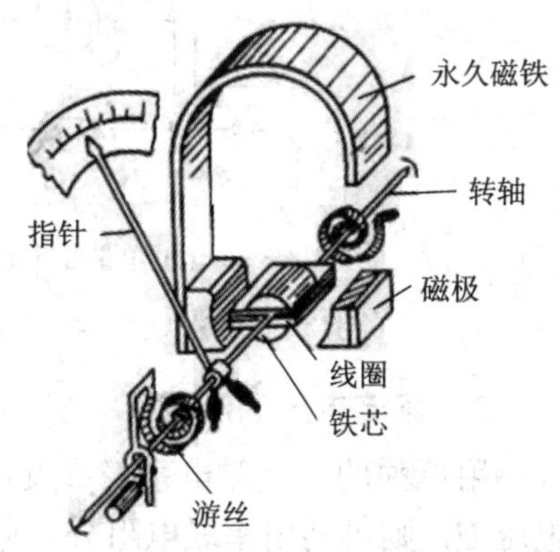

图 2-16　磁电系直流电流表的结构

磁电系直流电流表的工作原理：通电线圈在磁场的作用下产生旋转力矩，力矩大小与流经线圈的电流成正比。线圈的转动通过转轴带动指针偏转。当转动力矩与游丝产生的反作用力矩相等时，线圈停止转动，指针所指位置即为被测直流电流的量值。同时，线圈偏转的角度为

$$\alpha = S_{\mathrm{I}} \cdot I$$

式中，α 为指针的偏转角，S_{I} 为电流灵敏度，I 为线圈中流过的电流。

电流灵敏度 S_{I} 由仪表结构参数决定，对于一个确定的仪表来说，它是一个参数。因此，表头本身可直接作为电流表使用。但由于被测电流要通过游丝和可动线圈，所以被测电流的最大值只能限制在几十微安到几十毫安之间。同时，直接采用表头测量，只能测量直流电流。

1. 直流电流的测量

从上述工作原理可看出，不增加测量线路，磁电系仪表可直接测量直流电流，但要测量大电流，就需要另加接分流器。

图 2-17(a)为单量程的电流表。A、B 为电流表的接线端，R 为一个并联在磁电系测量机构上的分流电阻，R_{g} 为表头的内阻，I_{g} 是表头的满偏电流。由于测量机构内阻 R_{g} 是已知的，允许通过的电流 I_{g} 由可动线圈的线径及游丝决定。当电流表的量程为 I 时，R 的大小为

$$R = \frac{I_{\mathrm{g}} R_{\mathrm{g}}}{I - I_{\mathrm{g}}}$$

当被测电流 I_{x} 从 A 输入时，由于 R 的分流作用，测量机构只流过小部分电流 I_{o}。

多量程的电流表则是在单量程电流表的基础上加上不同的分流电阻构成的，如图

2-17(b)所示。当开关S断开时，分流电阻最大，为 $R_1+R_2+R_3$；当开关S接通1点与2点时，分流电阻为 R_2+R_3；当开关S接通1点与3点时，分流电阻最小，为 R_3。可见，量程的扩展是通过并联不同的分流电阻实现的。因此，这种电流表的内阻随量程的大小而不同。量程越大，测量机构流过的电流越大，分流电阻越小，电流表对外显示的总内阻也越小。

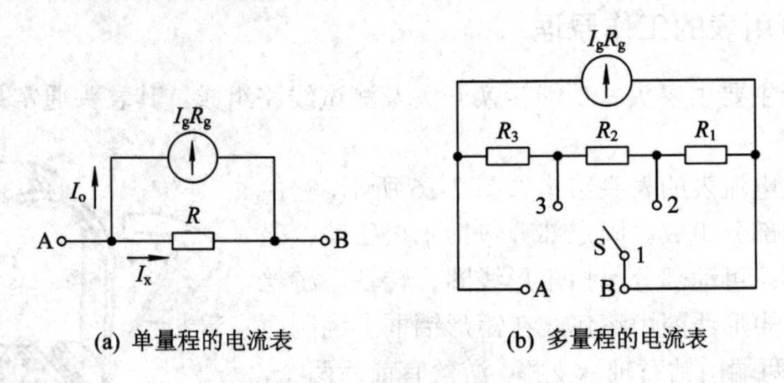

图 2-17　电流表的量程扩展

2．直流电压的测量

用单独的一个磁电系表头就可测量小于 $U_g(U_g=I_g\cdot R_g)$ 的直流电压，若要测量较大的电压 U，则可利用串联电阻分压原理，即在表头上串联一个适当阻值的电阻，如图2-18所示。图中 R_v 为分压电阻，其阻值大小为

$$R_v=\frac{U-I_g\cdot R_g}{I_g}$$

式中，R_v 为串接的分压电阻。

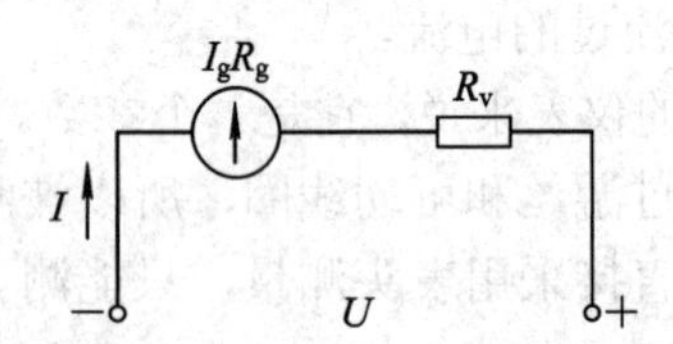

图 2-18　直流电压的测量

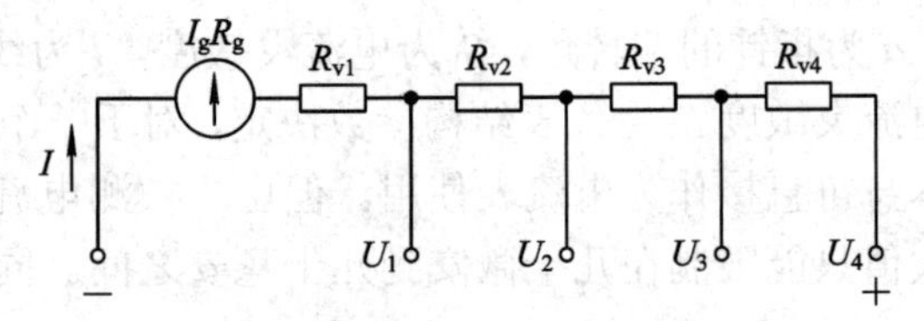

图 2-19　多量程直流电压表

若采用多个分压电阻与表头串联，就可构成多量程的直流电压表。图2-19所示为四量程的直流电压表。分压电阻可用下式计算：

$$\begin{cases} R_{v1}=\dfrac{U_1-I_gR_g}{I_g} \\ R_{v2}=\dfrac{U_2-U_1}{I_g} \\ R_{v3}=\dfrac{U_3-U_2}{I_g} \\ R_{v4}=\dfrac{U_4-U_3}{I_g} \end{cases}$$

式中，U_1、U_2、U_3、U_4 为各量程的满量程电压。

3．直流电阻的测量

如图 2-8 所示，电阻的测量线路由表头(内阻 R_g，满偏电流 I_g)、电池 ε(已装在表壳内)、调零电阻 R_o 组成，它的测量原理是闭合电路欧姆定律。

被测电阻 R_x 与通过表头的电流 I 相对应。这样，表头上并联和串联适当的电阻，同时串接一节电池，使电流通过被测电阻，根据电流的大小，就可测量出电阻值，而改变分流电阻的阻值，就能改变电阻的量程，如图 2-20 所示。

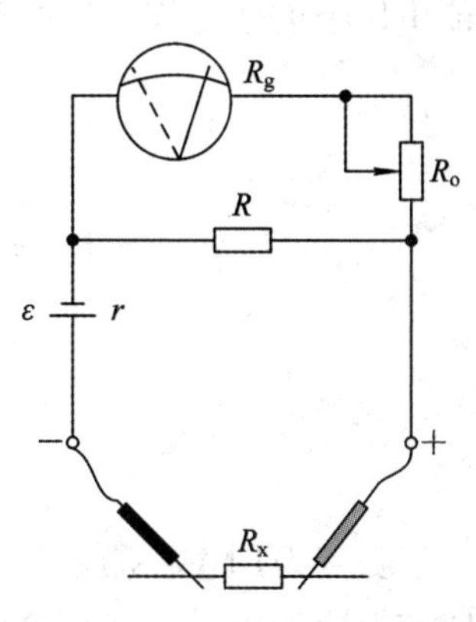

图 2-20　万用表电阻测量

4．交流电压的测量

交流电压的测量原理与直流电压类似，只不过在表头中增加了整流电路。

磁电系表头不能直接测量交流电参数，因为其可动部分的惯性较大，跟不上交流电流流过表头线圈所产生的转动力矩的变化，因此不能指示交流电的大小。若将交流电转换成单方向的直流电，让直流电通过表头，则表针偏转角的大小间接反映了交流电的大小，如图 2-21 所示。

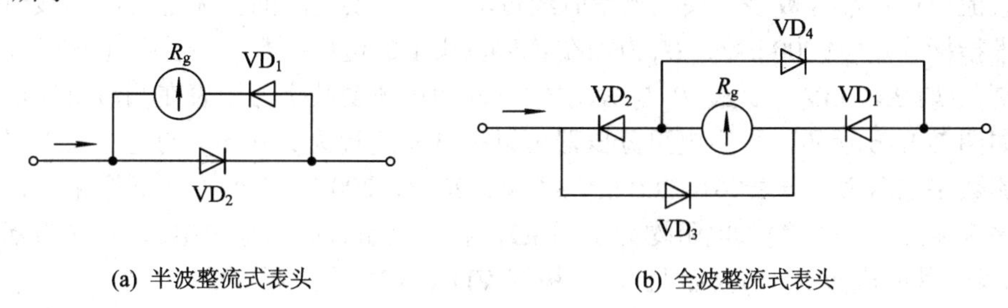

(a) 半波整流式表头　　(b) 全波整流式表头

图 2-21　整流式表头

采用整流电路，交流电即可变为直流电。

图 2-21(a)中，交流电在正半周，二极管 VD_2 导通、VD_1 截止，在负半周则 VD_1 导通、VD_2 截止，即一个周期内只有半个周期的电流流过表头。

图 2-21(b)中，交流电在正半周，二极管 VD_3、VD_4 导通、VD_1、VD_2 截止，在负半周时 VD_1、VD_2 导通，VD_3、VD_4 截止，即一个周期内电流全部流过表头。

由于磁电系表头可动部分具有惰性，表头指针只能反映脉动电流的平均值，而不能反映电流的瞬时值，所以指针的偏转角指示的是交流信号整流后的脉动直流的平均值大小。

实际上，人们常用正弦波的有效值刻度定义表盘。因此，交流信号的平均值均换算成有效值，由表头指示。

2.4.2　数字万用表的工作原理

数字万用表(DMM)是普遍使用的测量仪器，它能对各种电量进行直接测量，并把测量结果以数字形式显示出来。与指针式万用表相比，数字万用表的各项性能指标均大幅度提高。

数字万用表原理框图如图 2-22 所示。数字万用表主要由两大部分组成：第一部分是输入与变换部分，包括交流电压/直流电压(AC/DC)变换、电流/直流电压(I/DC)变换、电阻/直流电压(R/DC)变换；第二部分主要是数字表头(DM)。

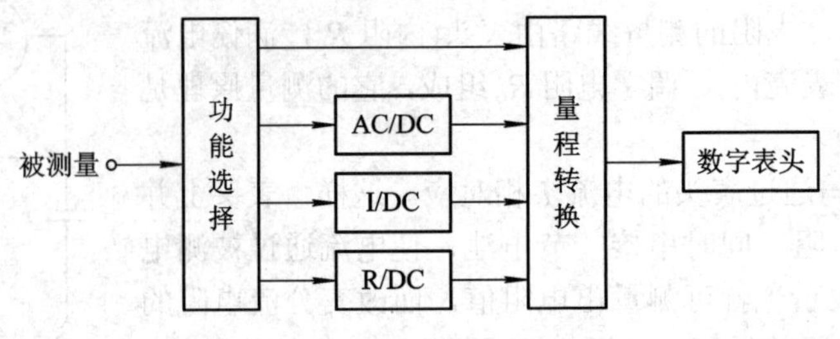

图 2-22　数字万用原理框图

数字万用表在测量时，必须将各种被测量变换成电压后再进行测量。输入与变换部分的主要作用就是完成这个过程。数字表头的作用主要是完成直流电压的测量与显示，它相当于数字电压表(后续章节中将作详细介绍)，但其性能远不及数字电压表，一般都由专用的大规模集成电路构成。

1. 直流电压的测量

用数字万用表测量直流电压时，常采用图 2-23(a)所示的简单直流分压电路，图中 U_x 为被测直流电压；I_o 为数字表头在测量时经过输入与变换电路的直流电流，其数值由万用表的技术指标确定(如 200 μA)；U_o 为加在数字表头上的电压。数字表头的电压满度值一般为数百毫伏(如 200 mV)。改变 R_1 与 R_o 的比值，即可改变数字万用表在测量直流电压时的量程。如图 2-23(b)所示，采用电阻分压器可以把基本量程为 200 mV 的电压表扩展成多量程的直流数字电压表，该表共设 200 mV、2 V、20 V、200 V 和 2000 V 五个量程，由量程选择开关 S_1 控制。各挡输入电阻均为 10 MΩ，各挡满量程时的输出电压 U_o 均为基本表量程 200 mV。其中电阻 R_s 作过流保护，二极管 VD_1、VD_2 作过压保护。

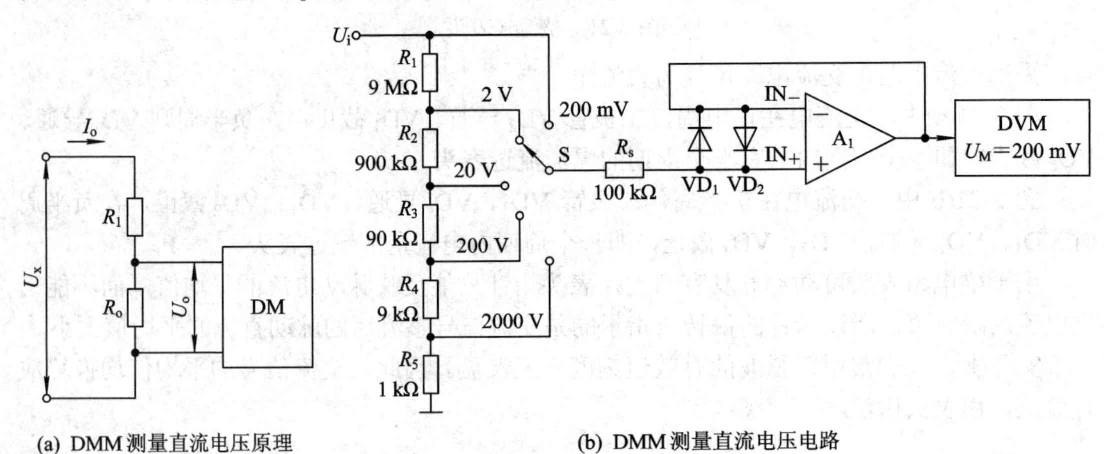

(a) DMM 测量直流电压原理　　(b) DMM 测量直流电压电路

图 2-23　直流电压的测量

2. 直流电流的测量

图 2-24(a)为数字万用表测量直流电流的原理图。图中 R_o 为取样电阻，数字表头通过测量取样电阻上的直流电压 U_o 来实现对被测电流 I_x 的测量。调换不同的取样电阻值，即可改变万用表的电流量程。

如图 2-24(b)所示，各挡满量程时，电阻上的压降 U_R 等于各挡取样电阻和量程电流之积，通过计算均为 200 mV。这表明只要适当选取电流挡，即可将 0 A～2 A 范围内的任何直流电流 I_{IN} 转换为 0 V～200 mV 的直流电压，再利用量程 $U_M=200$ mV 的直流数字电压表进行测量。

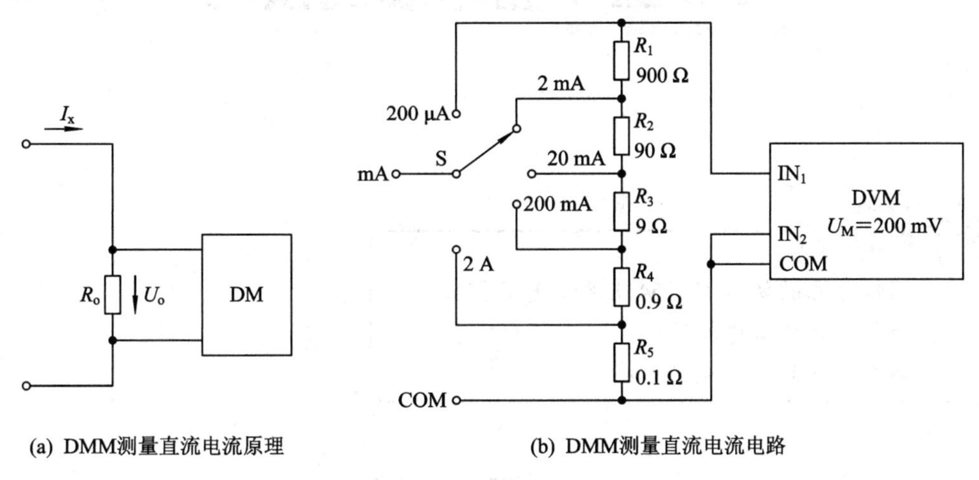

(a) DMM测量直流电流原理　　(b) DMM测量直流电流电路

图 2-24　DMM 测量直流电流

3. 交流电压的测量

图 2-25 为数字万用表测量交流电压的原理图。与测量直流电压相比，交流电压测量部分增加了整流滤波电路。改变量程仍可通过改变 R_1 与 R_o 的比值来实现。

4. 直流电阻的测量

图 2-26 为万用表测量直流电阻的原理图。图中，E+是万用表自身的稳定电压；R_x 为被测电阻。在 E+、R_1 固定不变的条件下，U_o 可反映 R_x 的大小。因此，通过测量 U_o 便可测出 R_x，改变 R_1 可改变万用表电阻挡的量程。

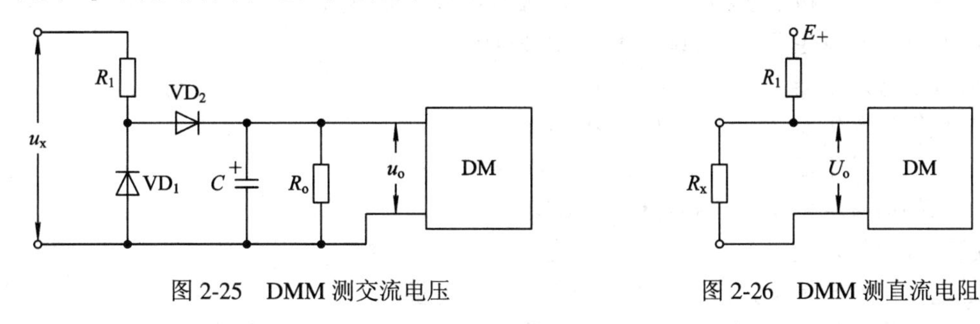

图 2-25　DMM 测交流电压　　图 2-26　DMM 测直流电阻

第3章 信号源的使用

学习目标

1. 掌握信号源的使用(EE1641B 型、F40 型)。
2. 掌握信号源的工作原理。
3. 了解信号源的种类及工作特性。

3.1 概　述

信号源(或称信号发生器)是在电子测量中提供符合一定技术要求的电信号的仪器，是一种使用非常广泛的电子测量仪器。

信号源，按照它的输出波形大致可以分为四类：正弦信号发生器、脉冲信号发生器、函数信号发生器和随机信号发生器。实际测量中，正弦信号发生器的应用最为广泛。函数信号发生器，由于具有波形种类多、重复频率低等特点，也是一种用途广泛的通用仪器。本章主要讨论这两种信号发生器。

另外，信号源按输出频率范围的不同大致可分为以下六类：

超低频信号发生器	0.0001 Hz～1000 Hz
低频信号发生器	1 Hz～1 MHz
视频信号发生器	20 Hz～10 MHz
高频信号发生器	200 kHz～30 MHz
甚高频信号发生器	30 kHz～300 MHz
超高频信号发生器	300 MHz 以上

这里先了解一下正弦信号发生器的主要工作特性。

正弦信号发生器的工作特性通常分为频率特性、输出特性和调制特性，其中包括 30 余项具体指标，这里仅介绍几项最常见的性能指标。

1．频率特性

(1) 频率范围：信号源的各项指标都能得到保证时的频率输出范围，更确切地讲，应称为“有效频率范围”。

(2) 频率准确度：信号源读盘(或数字显示)数值 f 与实际输出信号频率 f_0 间的偏差，可用频率的绝对偏离(绝对误差) $\Delta f = f - f_0$ 或用相对偏差(相对误差)来表示，即

$$\alpha = \frac{f - f_o}{f_o} \tag{2-1}$$

(3) 频率稳定度：在其他外界条件恒定不变的情况下，在规定时间内，信号源输出频率相对于预调值变化的大小。频率稳定度实际上是频率不稳定度，它表示频率源能够维持恒定频率的能力。对于频率稳定度的描述往往引入时间概念，如 4×10^{-3}/小时、5×10^{-9}/天。

2．输出特性

一个正弦信号源的输出特性主要包括：

(1) 输出信号的幅度：常采用两种表示方式，其一，直接用正弦波的有效值(单位为 V、mV、μV)表示；其二，用绝对电平(单位为 dBm、dB，关于电平概念，请参照分贝测量一节)表示。

(2) 输出电平范围：表征信号源能提供的最小和最大输出电平的可调范围。

(3) 输出电平的频响：在有效频率范围内调节频率时，输出电平的变化，也就是输出电平的平坦度。

(4) 输出电平准确度：对常用电子仪器，常采用“工作误差”来评价仪器的准确度。

(5) 输出阻抗：信号源的输出阻抗视其类型不同而异。低频信号源的输出阻抗一般有 50 Ω、75 Ω、150 Ω、600 Ω 几种，高频信号源一般为 50 Ω 或 75 Ω 不平衡输出。

(6) 输出信号的频谱纯度：反映信号输出波形接近正弦波的程度，常用非线性失真度(谐波失真度)表示。一般信号源的非线性失真度应小于 1%。

3．调制特性

高频信号发生器在输出正弦波的同时，一般还能输出一种或一种以上已被调制的信号，多数情况下是调幅信号和调频信号，有些还带有调相和脉冲调制等功能。当调制信号由信号源内部电路产生时，称为内调制；当调制信号由外部加入信号进行调制时，称为外调制。

调制特性主要包括调制类型、调制频率、调制系数和调制线性度。调制线性度是指载波信号被调制后，被调制量的变化规律与调制信号变化规律的结合程度。

3.2 EE1641B 型函数信号发生器

1．概述

EE1641B 型函数信号发生器为波段式(按十进制分类共分七挡，即 0.3 Hz～3 Hz、3 Hz～30 Hz、30 Hz～300 Hz、300 Hz～3 kHz、3 kHz～30 kHz、30 kHz～300 kHz、300 kHz～3 MHz 等)低频函数信号发生器，采用大规模单片集成精密函数发生器电路，使得该机具有很高的可靠性及优良的性能/价格比。

EE1641B 型函数信号发生器的基本功能包括：

(1) 主函数信号输出(包括正弦、方波、三角波对称与不对称输出)。

(2) TTL 信号输出及 CMOS 信号输出。

(3) 扫频信号输出。

(4) 外测频功能(计数器功能)。

2. EE1641B 型函数信号发生器的使用

1) 主函数输出

EE1641B 型函数信号发生器的主函数输出面板如图 3-1 所示。

下面对面板上各个部分进行说明。

(1) 频率显示窗口：显示输出信号的频率；或仪器在外测频状态下，显示外部被测信号的频率。

(2) 幅度显示窗口：显示输出信号的幅度。

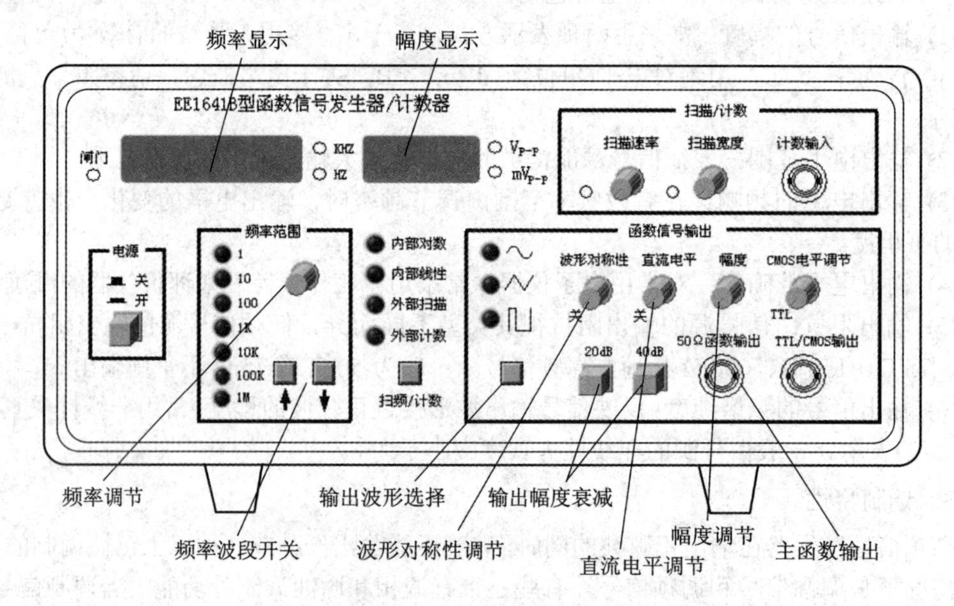

图 3-1　EE1641B 型函数信号发生器面板

(3) 频率调节旋钮：在同一波段范围内进行频率调节。

(4) 频率波段开关：选择仪器七个波段的任意一个波段。

(5) 输出波形选择按键：可选择正弦波、三角波、脉冲波输出。

(6) “波形对称性”调节旋钮：可改变输出信号的对称性，即方波变为脉冲波，三角波变为锯齿波。

(7) 输出幅度衰减按键：若“20 dB”、“40 dB”键均不按下，则输出信号不经衰减，直接输出到插座口；若“20 dB”、“40 dB”键分别按下，则输出信号分别衰减 20 dB 或 40 dB。

(8) “直流电平”调节旋钮：为交流信号加载直流电平，调节范围为-5 V～+5 V(50 Ω 负载)，当电位器处在中心位置时，直流电平为 0 V。

(9) “幅度”调节旋钮：调节函数信号幅度，调节范围为 2 V～20 V(1 MΩ 负载)；1 V～10 V(50 Ω 负载)。这里的幅度是峰峰值。

(10) 主函数输出端口，可输出正弦波、方波、三角波等信号。

使用 EE1641B 型函数信号发生器输出 50 Ω 主函数信号的步骤如下：

(1) 用与 50 Ω 输出阻抗相匹配的测试电缆连接“50 Ω 函数输出”端口。

(2) 由频率波段开关选定输出函数信号的频段，由频率调节旋钮调整输出信号的频率，直到所需的工作频率值。

(3) 由输出波形选择按钮选定输出函数的波形，分别获得正弦波、三角波、脉冲波。

(4) 由“幅度”调节旋钮和衰减按键调节输出信号的幅度。

(5) 由直流“电平”调节旋钮选定输出信号所携带的直流电平。

(6) 由“波形对称性”调节旋钮改变输出脉冲信号的占空比，与此类似，输出波形为三角波或正弦波时可使三角波调变为锯齿波，正弦波调变为正半周与负半周分别为不同角频率的正弦波形，且可移相 180°。

例 1　输出正弦信号 $f = 2.0012$ kHz，$U_{P\text{-}P} = 5.0$ V。

打开 EE1641B 型函数信号发生器的电源开关，按如下步骤操作：

(1) 按下输出波形选择按键，选择正弦波，即正弦指示灯亮。

(2) 按下频率波段开关，选定输出信号的频段，$f = 2.0012$ kHz 时，选择 1 kHz 波段，此时 1 kHz 波段指示灯亮。

(3) 调节频率调节旋钮，调整输出信号的频率，使频率显示窗口显示所需频率为 2.0012 kHz。

(4) 调节“幅度”调节旋钮，使幅度显示窗口显示要求的峰峰值(该仪器显示为 5.0 V)，此时信号源面板状态如图 3-2 所示。

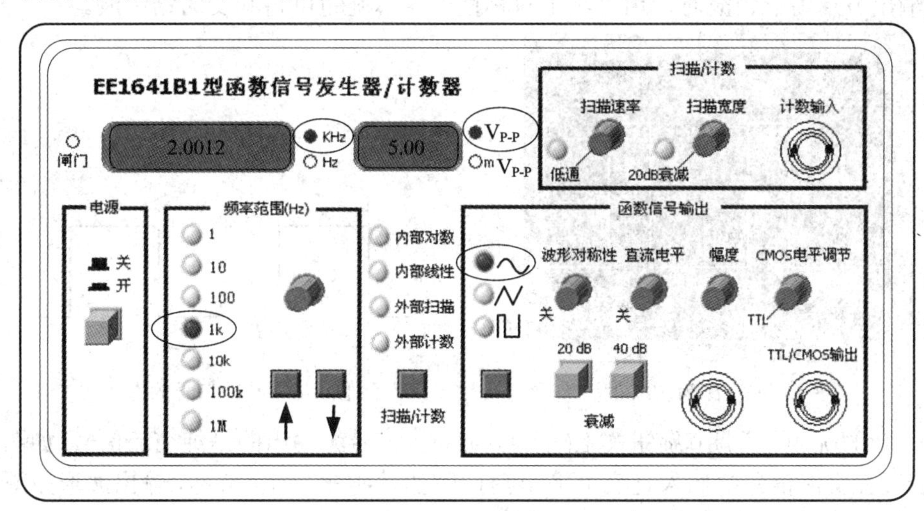

图 3-2　实例操作

注意：若按下 20 dB 衰减按键，则幅度显示窗口显示 0.50 V；若按下 40 dB 衰减按键，则幅度显示窗口显示 50 mV。

(5) 将测试电缆连接至“50 Ω 函数输出”端口，通过示波器即可看到如图 3-3 所示的波形。

(6) 由输出波形选择按键设定输出为“方波”(本质为脉冲波)，信号源输出的方波信号占空比为 50%，波形如图 3-4 所示。

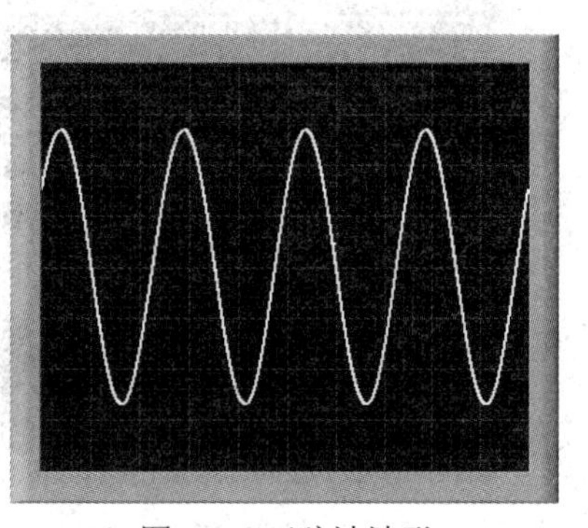

图 3-3　正弦波波形

图 3-4　方波信号波形

若要改变方波信号的占空比，可通过“波形对称性”调节旋钮进行调节。注意，对于这种不能定量调节的仪器，应配合示波器观察占空比大小。如图 3-5 所示，方波占空比达到 30%。

脉冲信号占空比是指高电平持续时间与全周期的百分比，如图 3-6 所示，$q=\dfrac{\tau}{T}\times 100\%$。

当输出波形为三角波时，由“波形对称性”调节旋钮可将其变为锯齿波。

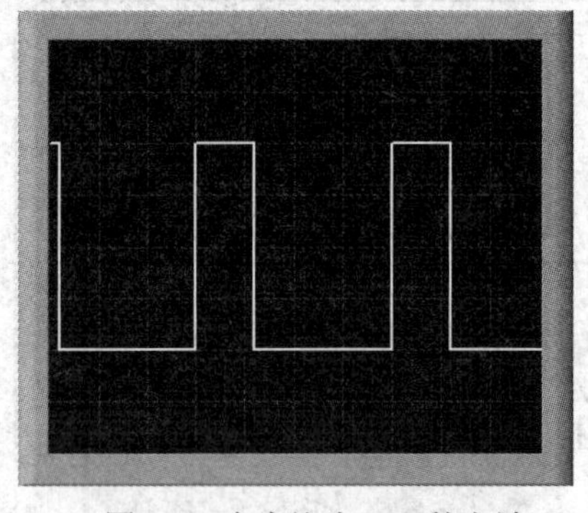

图 3-5　占空比为 30%的方波

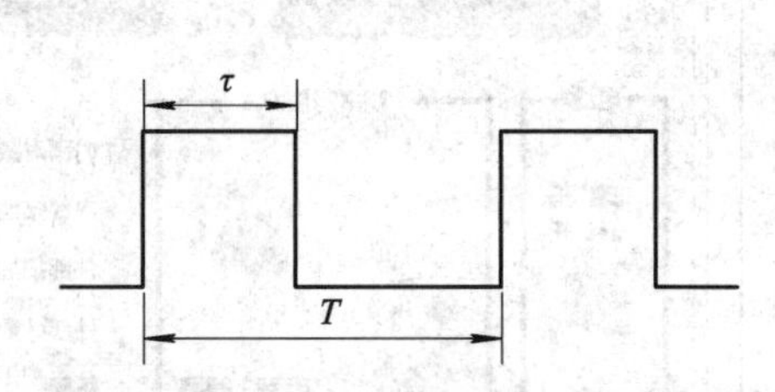

图 3-6　脉冲信号的占空比

(7) 当“直流电平”调节旋钮关上(左旋到底)时，信号源输出的是纯交流信号，如图 3-7(a)所示。若要在交流信号中加入直流电平，可打开“直流电平”调节旋钮，输出波形如图 3-7(b)所示。

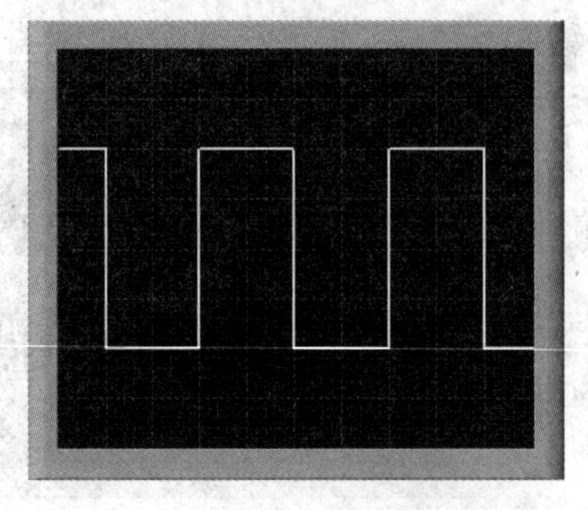

(a) 纯交流信号的显示

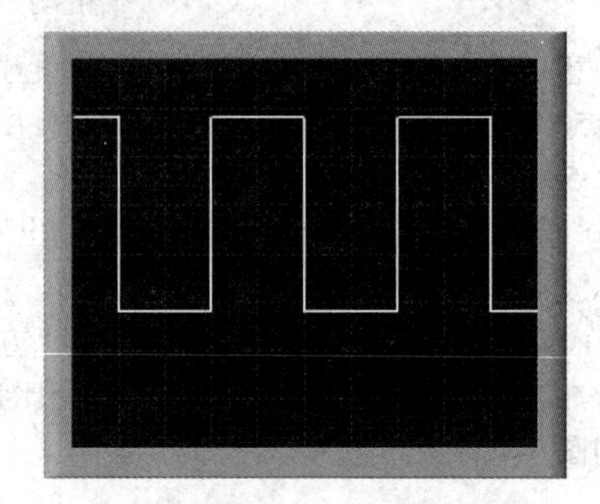

(b) 加载直流电平后的显示

图 3-7　加载直流电平的交流信号波形变化

2) TTL 信号及 CMOS 信号输出

使用 EE1641B 型函数信号发生器输出 TTL 信号与 CMOS 信号，相关按键与旋钮如图 3-8 所示。

“CMOS 电平调节”旋钮：旋钮“关”(左旋到底)时，输出为 TTL 信号；打开旋钮即可进行 CMOS 信号电平调节。

“TTL/CMOS 输出”端口：输出 TTL 信号或 CMOS 信号。

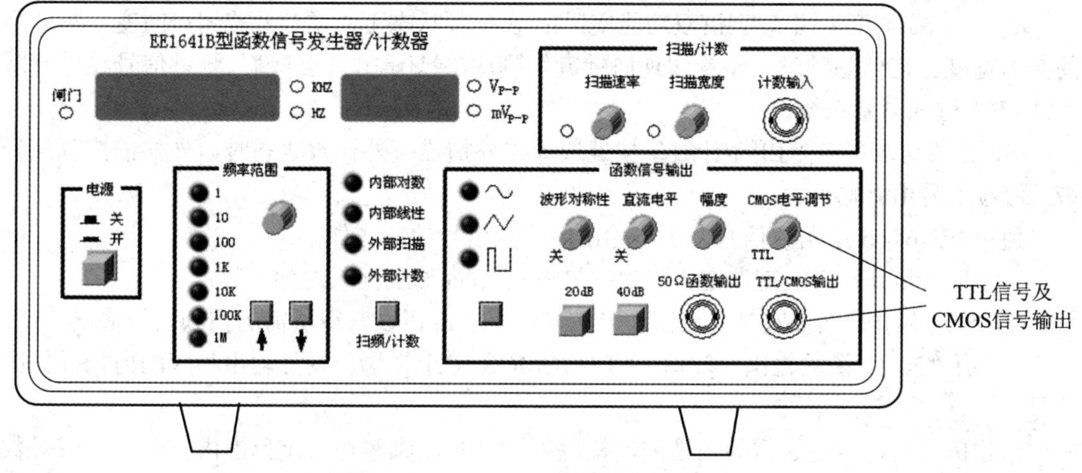

图 3-8　TTL/COMS 信号输出相关面板

使用 EE1641B 型函数信号发生器输出 TTL 脉冲信号的操作如下：

(1) 除信号电平为标准 TTL 电平外，其频率调节操作均与函数输出信号相同。

(2) 连接测试电缆，由“TTL/CMOS 输出”端口输出 TTL 脉冲信号。

3) 扫频输出及计数器功能

使用 EE1641B 型函数信号发生器实现扫频输出及计数器功能，相关的按键与旋钮如图 3-9 所示。

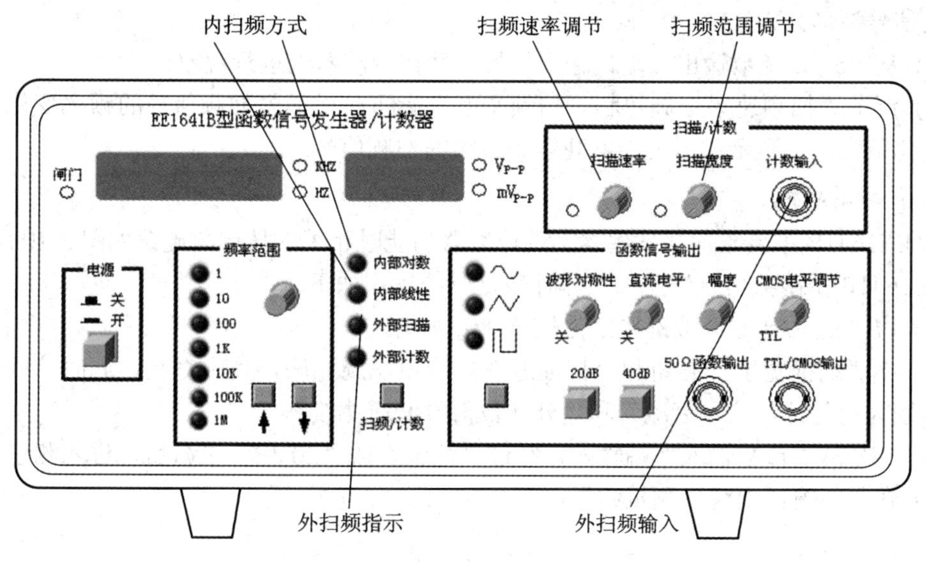

图 3-9　扫频功能相关面板

(1) “扫频/计数”按键：选择扫频功能时，可用来选择多种扫频方式(内部线性、内部对数、外部扫频)及外测频方式，并有相关指示灯指示；选择计数功能时，可使仪器处于计数器(外测频)状态，并有相应指示灯亮。

(2) “扫描速率”调节旋钮(双功能旋钮)：选择扫频功能时，调节此旋钮可以改变内扫频的时间长短；选择外测频(计数器)功能时，将旋钮逆时针旋转到底(绿灯亮)，则外输入测量信号经过低通开关进入测量系统。

(3) “扫描宽度”调节旋钮(双功能旋钮)：在扫频状态下，调节此旋钮可改变扫频信号的频率宽度；在外测频时，将旋钮逆时针旋转到底(绿灯亮)，则外输入测量信号经过衰减“20 dB”进入测量系统。

(4) 计数输入：当“扫频/计数”按键选择在外扫描或外计数状态时，外扫描控制信号或外测频信号由此输入。

使用EE1641B型函数信号发生器输出内扫频信号的操作如下：

(1) “扫频/计数”按键选定为“内扫描方式”(内部线性或内部对数)。

(2) 分别调节“扫描宽度”旋钮和“扫描速率”旋钮以获得所需的扫频信号输出。

(3) 由“50 Ω 函数输出”端口、“TTL/CMOS 输出”端口均能输出相应的内扫描扫频信号。

扫频信号的特点是通常为正弦波，幅度处处相等，频率在一定范围内按照线性或对数规律重复变化。

例2 信号源输出扫频信号，且选择内部线性扫描方式。

操作步骤如下：

(1) 打开EE1641B型函数信号发生器的电源开关。

(2) 按下“扫频/计数”按键，使“内部线性”指示灯亮(若要求频率对数变化，则是“内部对数”指示灯亮)。

(3) 按下波形选择开关，选择正弦波，即正弦波指示灯亮(从“TTL/CMOS输出”端口输出的信号波形为方波)。

(4) 从“50 Ω 函数输出”端口输出信号，并在示波器上进行观察。

(5) 调节“扫频速率”旋钮和“扫频宽度”旋钮，以调整扫频信号的频率变化快慢及频率变化范围，直至示波器上能够观察到清晰的扫频信号。

4) 计数器功能

由EE1641B型函数信号发生器实现计数器功能时相关的按键与旋钮如图3-10所示。

EE1641B型函数信号发生器用作计数器时的操作如下：

(1) 将“扫频/计数”按键选定为外部计数方式。

(2) 将“扫描宽度”旋钮和“扫描速率”旋钮左旋到底，使绿灯亮，此时这两个旋钮功能分别为“外计数信号衰减”和“外计数信号低通滤波”。

(3) 信号从“计数输入”端输入，经过“滤波”或“20 dB”衰减后，进入测量系统。

(4) 在频率窗口中观察测量结果。

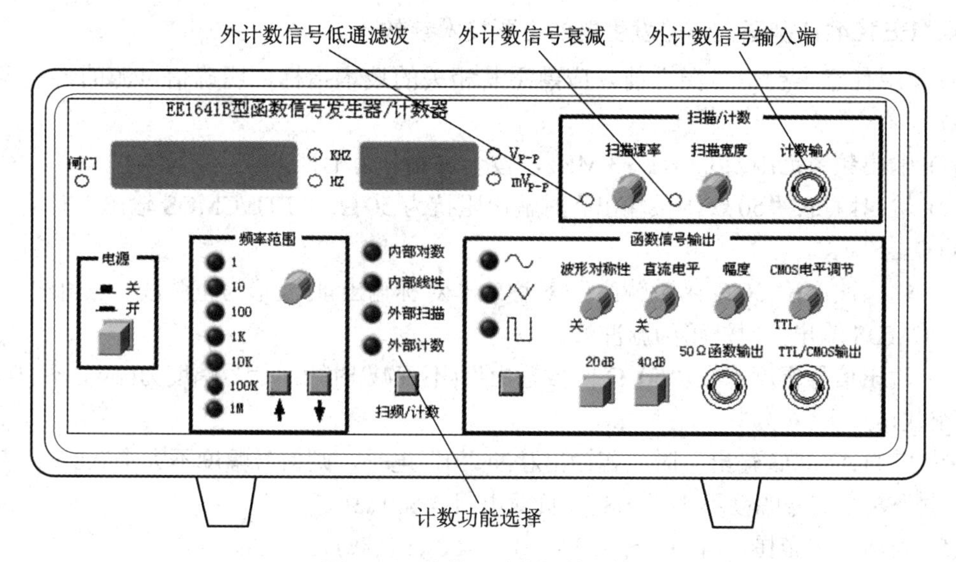

图 3-10　计数器功能相关面板

注意：滤波器的截止频率约为 100 kHz，因此测量 100 kHz 以下信号的频率时必须进行滤波。

3. EE1641B 型函数信号发生器操作练习

1) 主函数信号输出

(1) 输出正弦信号 $f=1.5$ kHz，$U_{P\text{-}P}=5.0$ V。

(2) 输出方波信号 $f=1.5$ kHz，$U_{P\text{-}P}=5.0$ V，并使用“波形对称性”旋钮使其占空比分别为 30%、50%、80%；

(3) 输出方波信号 $f=1.5$ kHz，$U_{P\text{-}P}=2.0$ V，且加载 1 V 的直流电平。

(4) 输出三角波，参数如上，并将其变为锯齿波。

2) TTL/COMS 信号输出

(1) 输出 1 kHz TTL 信号，测试其高低电平。

(2) 输出 1 kHz COMS 信号，观测其高电平范围。

3) 内扫描输出扫频信号

扫频信号参数如下：

波形：正弦波。

幅度：处处相等，$U_{P\text{-}P}=2.0$ V。

频率变化规律：内部线性或内部对数。

频率变化范围：1 kHz～3 kHz。

频率变化快慢：根据波形显示情况自行调节。

4) 外测频功能

从一台信号源输出 1.279 kHz 的正弦信号，用另一台信号源的测频功能测量其频率。

4. EE1641B型函数信号发生器的主要技术参数

在使用任意一台信号源之前，应熟悉其相关的技术指标，明确信号源的特性及使用范围。

(1) 输出频率范围：0.3 Hz～3 MHz，按十进制分为七挡。

(2) 输出阻抗：“50 Ω 函数输出”时输出阻抗为 50 Ω；“TTL/CMOS 输出”时输出阻抗为 600 Ω。

(3) 输出波形：“50 Ω 函数输出”(对称或非对称输出)时波形为正弦波、三角波、方波；“TTL/CMOS 输出”时波形为脉冲波。

(4) 输出信号幅度：在“50 Ω 函数输出”(不衰减)时输出信号幅度为($2V_{P-P}$～$20V_{P-P}$)±10%(空载)；

在“TTL/CMOS 输出”时，若输出脉冲“0”电平，则信号幅度不大于 0.8 V；若输出“1”电平，则信号幅度不小于 1.8 V(负载电阻≥600 Ω)。

(5) 直流电平范围：(-10 V～+10 V)±10%(50 Ω 负载)。

(6) 非对称性(SYM)调节范围：20%～80%。

(7) 扫描方式：内扫描方式(线性/对数)、外扫描方式(由 VCF 输出信号决定)。

(8) 输出信号特征：正弦波失真度小于 1%，三角波线性度大于 99%，脉冲波上升沿、下降沿过冲不大于 5%(50 Ω 负载)。

(9) 输出信号稳定度：±0.1%/min。

5. EE1641B型函数信号发生器的频率计数器技术参数

(1) 频率测量范围：0.2 Hz～20 000 kHz。

(2) 输入电压范围(衰减器为 0 dB)：

① 50 mV～2 V(信号频率在 10 Hz～20 000 kHz 范围内)。

② 100 mV～2 V(信号频率在 0.2 Hz～10 Hz 范围内)。

(3) 输入阻抗：500 kΩ//30 pF。

(4) 波形适应性：正弦波、方波。

(5) 滤波器截止频率：大约 100 kHz(带内衰减，满足最小输入电压要求)。

(6) 计数器测量时间：0.1 s(被测信号频率大于等于 10 Hz 时)；等于单个被测信号周期(被测信号频率小于 10 Hz 时)。

3.3 F40型数字合成函数信号发生器

1. 概述

F40 型数字合成函数信号发生器是一种精密的测试仪器，除具有输出函数信号的功能外，还具有调频、调幅、键控(频移键控 FSK、相移键控 PSK)、猝发、频率扫描等功能。此外，本仪器还具有测频和计数的功能，是电子工程师、电子实验室、生产线及教学、科研的理想测试设备。

该仪器的主要特点如下：
(1) 采用直接数字合成技术(DDS)。
(2) 主波形输出频率为 100 μHz～40 MHz。
(3) 小信号输出幅度可达 0.1 mV。
(4) 脉冲波占空比分辨率高达千分之一。
(5) 数字调频分辨率高、准确。
(6) 猝发模式具有相位连续调节功能。
(7) 频率扫描输出可任意设置起点、终点频率。
(8) 调幅调制度 1%～120%可任意设置。
(9) 输出波形达 30 余种。
(10) 具有频率测量和计数的功能。

2．F40 型 DDS 高频函数信号发生器的主要技术指标

1) 波形特性

(1) 主波形：正弦波、方波、三角波、锯齿波、TTL 波。
正弦波失真度：≤0.1%(20 Hz～100 kHz)。
方波上升(下降)时间：≤15 ns。
(2) 储存波形：正弦波、方波、三角波、脉冲波、锯齿波、阶梯波等 27 种波形。
脉冲波占空比：0.1%～99.9%(频率≤10 kHz)、1%～99%(10 kHz～100 kHz)。
脉冲波上升(下降)时间：≤100 ns。

2) 频率特性

(1) 频率范围：
主波形：100 μHz～40 MHz。
储存波形：100 μHz～100 kHz。
(2) 频率误差：$\leqslant \pm 5 \times 10^{-6}$。
(3) 频率稳定度：优于$\pm 1 \times 10^{-6}$。

3) 幅度特性

(1) 幅度范围(频率≤40 MHz)：$2mV_{P-P}$～$20V_{P-P}$(高阻)，$1mV_{P-P}$～$10V_{P-P}$(50 Ω 负载)。
(2) 最高分辨率：2 μV_{P-P}(高阻)，1 μV_{P-P}(50Ω)。
(3) 幅度误差：≤(±1% + 0.2)mV(基准信号为 1 kHz 正弦波)。
(4) 幅度稳定度：±0.5 % /3 小时。
(5) 平坦度(幅度≤$2V_{P-P}$)：±3%(频率≤5 MHz)，±10%(频率≤40 MHz)。
(6) 输出阻抗：50 Ω。
(7) 幅度单位：V_{P-P}，mV_{P-P}，V_{rms}，mV_{rms}，dBm。

4) 偏移特性

(1) 直流偏移(高阻，频率≤40 MHz)：±10 V(偏移绝对值≤$2V_{P-P}$)。
(2) 偏移误差：≤±(5% + 10)mV(信号幅度≤$2V_{P-P}$(高阻))。

5) 调幅特性

(1) 载波信号：波形为正弦波或方波，频率范围同主波形。

(2) 调制方式：内调制或外调制。

(3) 调制信号：内部5种波形(正弦、方波、三角、升锯齿、降锯齿)或外部输入信号。

(4) 调制信号频率：100 μHz～20 kHz。

(5) 调制信号失真度：≤2%。

(6) 调制深度：1%～120%。

6) 调频特性

(1) 载波信号：波形为正弦波或方波，频率范围同主波形。

(2) 调制方式：内调制或外调制。

(3) 调制信号：内部5种波形(正弦、方波、三角、升锯齿、降锯齿)。

(4) 调制信号频率：100 μHz～10 kHz。

(5) 频偏：内调频最大频偏为载波频率的50%；外调频最大频偏为载波频率的10%，输入信号电压为$3V_{P-P}$(-1.5 V～+1.5 V)。

(6) 外调频：载波频率精确度不大于10^{-2}，频偏误差不大于±20%。

7) 频率扫描特性

(1) 信号波形：正弦波和方波。

(2) 扫描范围：扫描起始点频率100 μHz≤f≤40 MHz；扫描终止点频率100 μHz≤f≤40 MHz。

(3) 扫描时间：1 ms～800 s(线性扫描)，100 ms～800 s(对数扫描)。

(4) 扫描方式：线性扫描和对数扫描。

(5) 外触发：当扫描方式为线性扫描时，信号频率不大于1 kHz；当扫描方式为对数扫描时，信号频率不大于10 Hz。

(6) 控制方式：分为内触发和外触发两种。

仪器其他技术指标可参照仪器使用说明书。

3. F40型数字合成函数信号发生器面板结构

1) 显示说明

该仪器的显示区分为四部分，如图3-11所示。

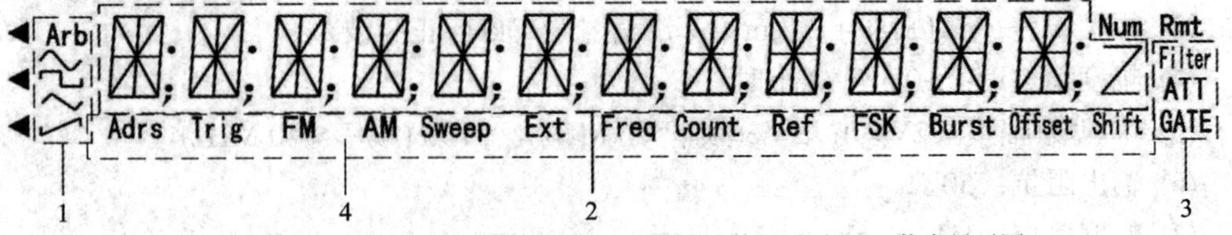

1—波形显示区；2—主字符显示区；3—测频/计数显示区；4—状态显示区

图3-11 F40型数字合成函数信号发生器面板显示部分

2) 面板说明

该仪器的前面板主要包括数字键、功能键、其他特殊键几部分，如图3-12所示。

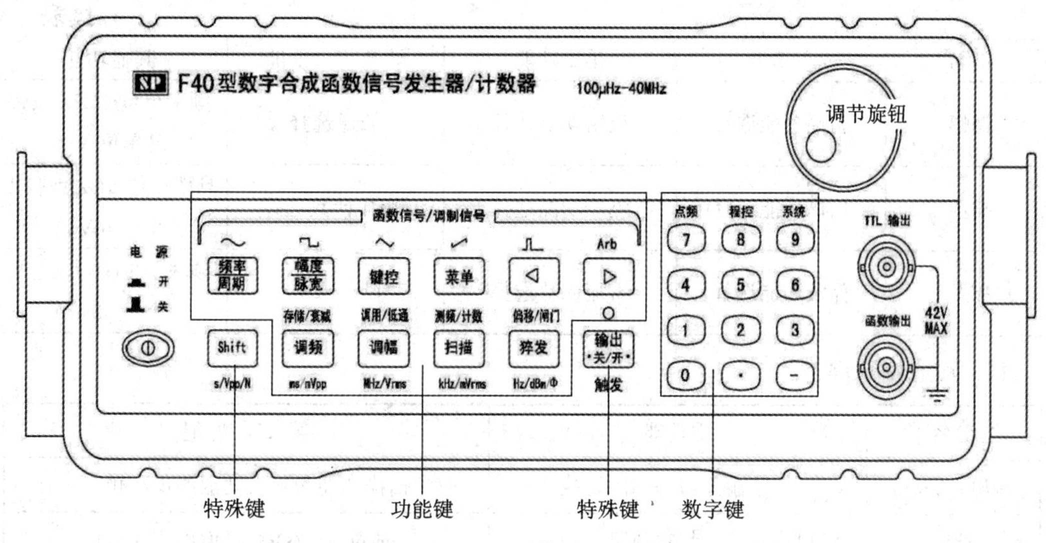

图 3-12　F40 型信号源面板图

(1) 数字输入键：

键名	主功能	第二功能	键名	主功能	第二功能
0	输入数字 0	无	6	输入数字 6	无
1	输入数字 1	无	7	输入数字 7	进入点频
2	输入数字 2	无	8	输入数字 8	退出程控
3	输入数字 3	无	9	输入数字 9	进入系统
4	输入数字 4	无	●	输入小数点	无
5	输入数字 5	无	—	输入负号	无

(2) 数字输入修改键：

键　名	主　功　能	第　二　功　能
◀	闪烁数字左移*	选择脉冲波
▶	闪烁数字右移**	选择任意波

*：输入数字未输入单位时，按下此键，删除当前数字的最低位数字，可用来修改当前输错的数字；外计数时，按下此键，计数停止，并显示当前计数值，再按动一次，继续计数。

**：外计数时，按下此键，计数清零，重新开始计数。

(3) 功能键：

键名	主功能	第二功能	计数第二功能	其他功能
频率/周期	频率选择	正弦波选择	无	无
幅度/脉宽	幅度选择	方波选择	无	无
键控	键控功能	三角波选择	无	无
菜单	菜单选择	升锯齿波选择	无	无
调频	调频功能选择	存储功能选择	衰减选择	时间单位(ms)或峰峰值单位(mV_{P-P})

续表

键名	主功能	第二功能	计数第二功能	其他功能
调幅	调幅功能选择	调用功能选择	低通选择	频率单位(MHz)或幅度单位 V_{rms}
扫描	扫描功能选择	测频功能选择	测频/计数选择	频率单位(kHz)或幅度单位 mV_{rms}
猝发	猝发功能选择	直流偏移选择	闸门选择	频率单位(Hz)或电平单位(dBm)

(4) 其他特殊键：

键名	主功能	第 二 功 能
输出　关/开	信号输出与关闭的切换	扫描功能和猝发功能的单次触发
Shift	和其他键一起实现第二功能	时间单位(s)/峰峰值单位(V_{P-P})

3) “菜单”键说明

在不同功能模式下按“菜单“键，会出现不同的菜单。

(1) 扫描功能模式：

MODE → START F → STOP F → TIME → TRIG

MODE：扫描模式，分为线性扫描和对数扫描。

START F：扫描起点频率。

STOP F：扫描终点频率。

TIME：扫描时间。

TRIG：扫描触发方式。

(2) 调频功能模式：

FM DEVIA → FM FREQ → FM WAVE → FM SOURCE

FM DEVIA：调制频偏。

FM FREQ：调制信号的频率。

FM WAVE：调制信号的波形，共有 5 种波形可选。

FM SOURCE：调制信号是机内信号还是外输入信号。

(3) 调幅功能模式：

AM LEVEL → AM FREQ → AM WAVE → AM SOURCE

AM LEVEL：调制深度。

AM FREQ：调制信号的频率。

AM WAVE：调制信号的波形，共有 5 种波形可选。

AM SOURCE：调制信号是机内信号还是外输入信号。

4．F40 型数字合成函数信号发生器操作指导

1) 点频信号输出功能

(1) 频率设定：点频信号频率设置范围为 100 μHz～40 MHz。

① 按“频率/周期”键，以显示出当前频率。

② 用数字键或调节旋钮输入要求的频率值及单位，这时仪器输出端口即有该频率的信号输出，显示区即会显示出该频率值。

例 3 设定频率值 5.8 kHz，按键顺序如下：

❖ 按“频率/周期”键。

❖ 用数字键盘输入“5”“•”“8”“kHz”或者“频率/周期”“5”“8”“0”“0”“Hz”(也可以用调节旋钮输入)，显示区都将显示 5.800 000 00 kHz。

(2) 周期设定：信号的频率也可以用周期值的形式进行输入和显示。如果当前显示为频率值，再按“频率/周期”键，就会显示出当前周期值，还可用数字键或调节旋钮输入要求的周期值。

例 4 设定周期值 10 ms，按键顺序如下：

❖ 按“频率周期”键。

❖ 用数字键盘输入“1”“0”“ms”(也可以用调节旋钮输入)。

(3) 幅度设定：

① 按“幅度/脉宽”键，显示出当前幅度值。

② 用数字键或调节旋钮输入要求的幅度值，这时仪器输出端口即有该幅度的信号输出。

例 5 设定幅度值，峰峰值 4.6 V，按键顺序如下：

❖ 按“幅度/脉宽”键。

❖ 用数字键盘输入“4”“•”“6”“Vpp”(也可以用调节旋钮输入)。

(4) 输出波形选择：分为常用波形选择和其他波形选择。

① 常用波形的选择：按下“Shift”键后再按下波形键，可以选择正弦波、方波、三角波、升锯齿波、脉冲波五种常用波形。同时波形显示区显示相应的波形符号。

② 一般波形的选择：先按下“Shift”键再按下“Arb”键，显示区即显示当前波形的编号和波形名称。如“6：NOISE”表示当前波形为噪声。用数字键或调节旋钮可输入波形的频率和幅度。

波形与编号的对应关系如表 3-1 所示。

表 3-1 波形与编号的对应关系

波形编号	波形名称	提示符	波形编号	波形名称	提示符
1	正弦波	SINE	6	噪声	NOISE
2	方波	SQUARE	7	脉冲波	PULSE
3	三角波	TRIANG	8	正脉冲	P_PULSE
4	升锯齿波	UP_RAMP	9	负脉冲	N_PULSE
5	降锯齿波	DOWM_RAMP	10	正直流	P_DC

续表

波形编号	波形名称	提示符	波形编号	波形名称	提示符
11	负直流	N_DC	20	指数函数	EXP
12	阶梯波	STAIR	21	半圆函数	HALF_ROUND
13	编码脉冲	C_PULSE	22	$\frac{\sin x}{x}$函数	SINX/X
14	全波整流	COMMUT_A	23	平方根函数	SQUARE_ROOT
15	半波整流	COMMUT_H	24	正切函数	TANGENT
16	正弦波横切割	SINE_TRA	25	心电图波	CARDIO
17	正弦波纵切割	SINE_VER	26	地震波形	QUAKE
18	正弦波调相	SINE_PM	27	组合波形	COMBIN
19	对数函数	LOG			

(5) 直流偏移设定：

① 按“Shift”键后再按“偏移”键，显示出当前直流偏移值。

② 用数字键或调节旋钮输入直流偏移值，这时仪器输出端口即有该直流偏移的信号输出。

注意：直流数值单位用按键“Vpp”和“mVpp”输入；输出波形直流偏移不为 0 时，状态显示区显示直流偏移标志“Offset”。

例 6　设定直流偏移值-1.6 V，按键顺序如下：

❖　按“Shift”键，再按“偏移”键。

❖　输入数据“－”“1”“ •”“6”“Vpp”，或者“Shift”“偏移”“1”“ •”“6”“－”“Vpp”(也可以用调节旋钮输入)。

幅度和直流偏移的范围满足公式：$|U_{offset}| + U_{P\text{-}P}/2 \leqslant U_{max}$。其中 $U_{P\text{-}P}$ 为幅度的峰峰值，$|U_{offset}|$为直流偏移的绝对值，U_{max} 高阻时为 10 V，50 Ω 负载时为 5 V。

(6) 占空比调整：

当前波形为脉冲波时，如果显示区显示的是幅度值，再按一次“幅度/脉宽”键后可显示出脉宽值。

调整范围：频率不大于 10 kHz 时占空比为 0.1%～99.9%，此时分辨率高达 0.1%；频率在 10 kHz～100 kHz 时占空比为 1%～99%，此时分辨率为 1%。

2) 扫频信号输出功能

按“扫描”键，进入频率扫描功能模式，显示区将显示设定的某个频率，此时仪器面板的状态显示区显示扫描功能模式标志“Sweep”。连续按“菜单”键，显示区依次闪烁显示下列选项，操作者依次设置各选项的参数即可。

MODE → START F → STOP F → TIME → TRIG

MODE：扫描模式，分为线性扫描模式(编号为 1)和对数扫描模式(编号为 2)两种。

线性扫描模式下，信号频率自动增加一个步长值(步长值由仪器根据扫描起点频率和终点频率以及描时间自动算出)。起点频率和终点频率的输入范围均为 100 μHz～40 MHz。

对数扫描模式下，信号频率按照指数规律变化。起点频率和终点频率的输入范围均为 1 mHz～40 MHz。

START F：扫描起点频率，即扫描开始时的频率(设置其频率及幅度)。

STOP F：扫描终点频率，即扫描结束时的频率(设置其频率及幅度)。

TIME：扫描时间，即从起点频率到终点频率扫描一次所用的时间。扫描时间的范围为 1 ms～800 s。

TRIG：扫描触发方式，分为内触发和外触发两种。

扫频信号的波形图如图 3-13 所示。

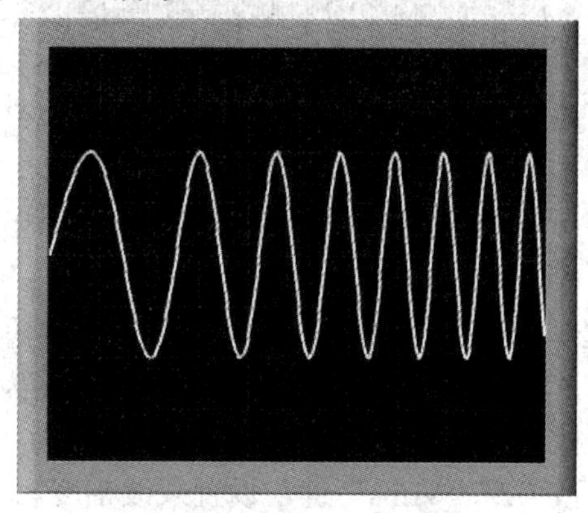

图 3-13　扫频信号波形图

例 7　输出频率扫描信号：在 500 Hz～200 kHz 区间内，扫描时间为 10 s，进行频率线性扫描，触发方式为内部触发。按键顺序如下：

❖　按“扫描”键，进入频率扫描功能模式。

❖　按“菜单”键，选择扫描模式“MODE”选项，按“1”“N”键，设置扫描模式为线性。

❖　按“菜单”键，选择起点频率“START F”选项，按“5”“0”“0”“Hz”键，设置起点频率。

❖　按“菜单”键，选择终点频率“STOP F”选项，按“2”“0”“0”“kHz”键，设置终点频率。

❖　按“菜单”键，选择扫描时间“TIME”选项，按“1”“0”“s”键，设置扫描时间。

❖　按“菜单”键，选择触发方式“TRIG”选项，按“1”“N”键，设置触发方式为内触发。

3) 调幅功能

首先，设置载波信号的频率及幅度，然后按“调幅”键进入调幅功能模式，此时仪器显示区显示载波频率，状态显示区显示调频功能模式标志“AM”，接着连续按“菜单”键，将出现如下菜单：

AM LEVEL → AM FREQ → AM WAVE → AM SOURCE

AM LEVEL：调制深度。

AM FREQ：调制信号的频率。

AM WAVE：调制信号的波形，共有 5 种波形可选。

AM SOURCE：选择调制信号是机内信号还是外输入信号。

调幅波波形图如 3-14 所示，该图中载波频率较低，调制度较高。

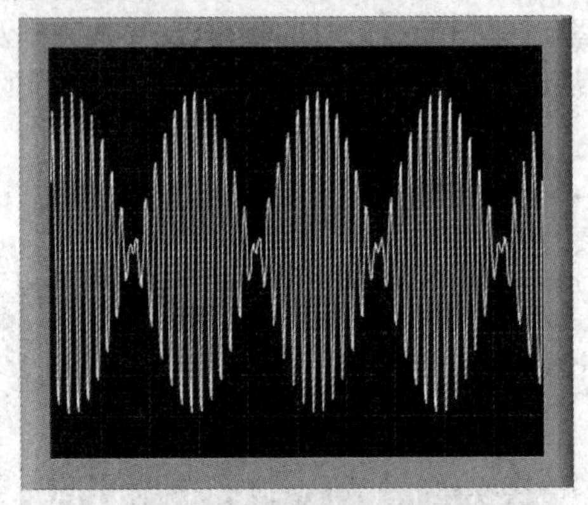

图 3-14　调幅波波形图

例 8　载波信号为正弦，频率为 1 MHz，幅度为 2 V；调制信号来自仪器内部，调制波形为正弦波(波形编号为 1)，调制信号频率为 5 kHz，调制深度为 50%。按键顺序如下：

❖ 按“频率”键，再按“1”“MHz”键，设置载波频率。

❖ 按“幅度”键，再按“2”“Vrms”键，设置载波幅度。

❖ 按“Shift”键和“正弦”键，设置载波波形。

❖ 按“调幅”键，进入调幅功能模式。

❖ 按“菜单”键，选择调制深度“AM LEVEL”选项，按“5”“0”“N”键，设置调制深度。

❖ 按“菜单”键，选择调制信号频率“AM FREQ”选项，按“5”“kHz”键，设置调制信号频率。

❖ 按“菜单”键，选择调制信号波形“AM WAVE”选项，按“1”“N”键，设置调制信号波形为正弦波。

❖ 按“菜单”键，选择调制信号源“AM SOURCE”选项，按“1”“N”键，设置调制信号源为内部信号。

4) 调频功能

首先，设置载波的参数，然后按“调频”键进入调频功能模式，此时仪器显示区显示载波频率，状态显示区显示调频功能模式标志“FM”。连续按“菜单”键，显示区依次闪烁显示下列选项：

FM DEVIA → FM FREQ → FM WAVE → FM SOURCE

FM DEVIA：调制频偏。频偏是指信号经调制后最高频率与载波频率(中心频率)的差值。

注意：频偏的范围在 100 μHz～20 MHz 之间。同时，在内调频时，FM 频偏的最大值不能大于载波频率的 50%，在外调频时，FM 频偏的最大值不能大于载波频率的 10%，而且频偏加载波的频率不能大于仪器的最高工作频率。

FM FREQ：调制信号的频率。频率的范围为 100 μHz～10 kHz。可用数字键或调节旋钮输入调制信号的频率。

FM WAVE：调制信号的波形，共有 5 种波形可选。

FM SOURCE：选择调制信号是机内信号还是外输入信号。

例 9 载波信号为正弦，频率为 1 MHz，幅度为 2 V；调制信号来自仪器内部，调制波形为正弦波(波形编号为 1)，频率为 5 kHz，频偏为 200 kHz。按键顺序如下：

❖ 按“频率”键，按“1”“MHz”键，设置载波频率。

❖ 按“幅度”键，按“2”“Vrms”键，设置载波幅度。

❖ 按“Shift”键和“方波”键，设置载波波形。

❖ 按“调频”键，进入调频功能模式。

❖ 按“菜单”键，选择调制频偏[FM DEVIA]选项，按“2”“0”“0”“kHz”键，设置调制频偏。

❖ 按“菜单”键，选择调制信号频率[FM FREQ]选项，按“5”“kHz”键，设置调制信号频率。

❖ 按“菜单”键，选择调制信号波形[FM WAVE]选项，按“1”“N”键，设置调制信号波形为正弦波。

❖ 按“菜单”键，选择调制信号源[FM SOURCE]选项，按“1”“N”键，设置调制信号源为内部信号。

另外，该仪器还有许多其他功能，有兴趣的读者可参考说明书来学习。

5．F40 型函数信号发生器操作练习

(1) 输出 1.56 kHz，2V_{P-P} 正弦波、方波、三角波，并对上述方波信号加载 0.5 V 的直流偏移。

(2) 输出 1.5 kHz、3.0V_{P-P} 以及占空比分别为 20%、50%、80%的脉冲波。

(3) 输出 AM 信号：载波信号为正弦，频率为 15 MHz，幅度为 2.0 V；调制信号来自内部，调制波形为正弦波，调制信号频率为 1 kHz，调制深度分别为 30%、50%、80%、100%。

(4) 输出 FM 信号：载波信号为正弦，频率为 10 MHz，幅度为 2.0 V；调制信号来自内部，调制波形为正弦波，频率为 5 kHz，频偏为 200 kHz。

(5) 输出 Sweep 信号：信号频率在 1 kHz～200 kHz 区间内，扫描方式为线性，扫描时间为 10 s，触发方式为内触发。

3.4 信号源的工作原理

3.4.1 低频信号发生器

低频信号发生器用来产生频率为 1 Hz～1 MHz 的低频正弦信号，它除了具有电压输出功能外，有的还可实现功率输出。一些老式的低频信号发生器的频率范围仅为 20 Hz～20 kHz，也称为音频信号发生器。低频信号发生器可用于测试各种电子仪器以及家用电器中的低频放大电路，也可用于测量扬声器、传声器、滤波器等器件的频率特性，还可以作为高频信号发生器的外部调制信号源。

传统的低频信号发生器大多为波段式，其组成原理框图如图 3-15 所示。

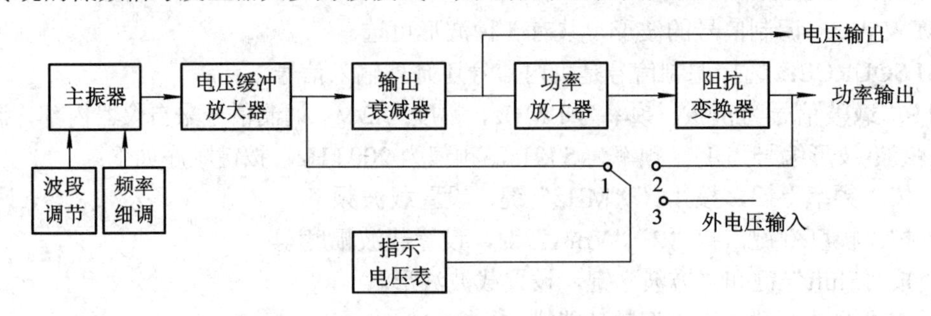

图 3-15　低频信号发生器的原理框图

1．主振器

主振器一般采用 RC 文氏电桥振荡电路来产生低频正弦信号，其振荡频率范围即为信号发生器的有效频率范围。通过改变选频网络的电容器容量 C 来改变其波段，调节电位器 R 使同一频段内的频率连续变化，如图 3-16 所示。

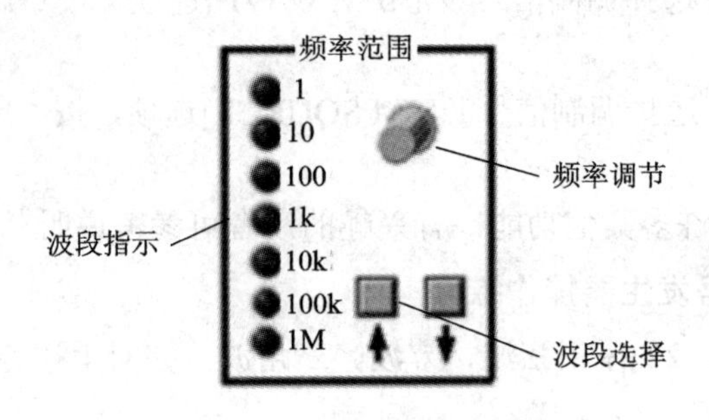

图 3-16　频率调节旋钮

这种振荡器产生的正弦波频率调节方便，可调节范围较宽，振荡频率稳定，谐波失真小。

2．电压缓冲放大器

电压缓冲放大器兼有缓冲和电压放大的作用，缓冲的目的是为了隔离后级电路对主振电路的影响，保证主振频率稳定，一般采用射极跟随器或者集成运放组成的电压跟随器；放大的目的是为了使发生器的输出电压达到预定的技术指标。

3．输出衰减器

输出衰减器用来改变信号发生器的输出电压或者功率，通常分为连续衰减和步进衰减，即仪器面板上的“幅度”调节旋钮与“幅度衰减”按键，如图 3-17 所示。连续衰减由可调电位器实现，步进衰减器由电阻分压器实现。图 3-18 所示为某型号低频信号发生器中采用的衰减电路，由电位器 RP 取出一部分信号加于 R_1～R_8 组成的步进衰减器，调节电位器在不同位置或者调节开关 S 处于不同挡位，均可使衰减器输出不同的电压。通常，信号发生器中步进衰减器的表示有两种，一种是直接用步进衰减器的输

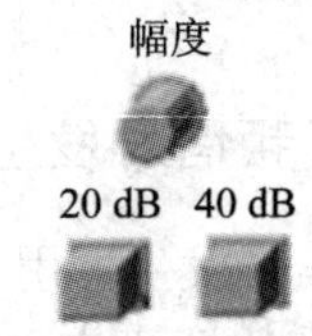

图 3-17　幅度调节旋钮旋钮及按键

出电压 U_{out} 与输入电压 U_{in} 的比值来表示，即 U_{out}/U_{in}，例如 $U_{out}/U_{in}=0.1$ 时，表示为 0.1；另一种用 $20\lg U_{out}/U_{in}$ 来表示，单位为分贝(dB)，由于比值总是小于 1，对数值必为负值，因而通常说衰减多少分贝。

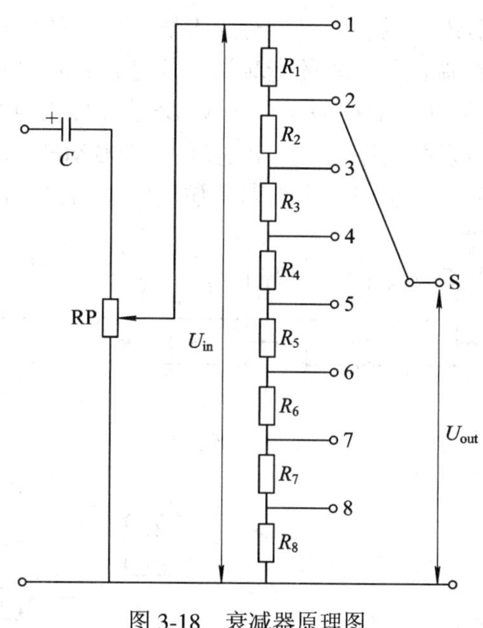

图 3-18　衰减器原理图

4．功率放大器

功率放大器对衰减器送来的电压信号进行功率放大，使之达到额定的功率输出。对功率放大器的要求是：能输出额定功率，工作频率高，非线性失真小。

5．阻抗变换器

阻抗变换器用于匹配不同阻抗的负载，以便获得最大输出功率。

6．指示电压表

指示电压表可用开关来进行转换：当开关置于“1”时，指示电压表指示电压放大器的输出电压幅度；当开关置于“2”时，指示电压表指示功率放大器的输出电压幅度；当开关置于“3”时，则指示电压表对外部信号电压进行测量。

3.4.2　高频信号发生器

高频信号发生器指能够产生频率为 300 kHz～300 MHz(允许向外延伸)的正弦信号，具有一种或者一种以上调制或者组合调制(正弦调幅、正弦调频、断续脉冲调制)的信号发生器，也称为射频信号发生器，它为高频电子线路调试提供所需要的各种模拟射频信号。

高频信号发生器的基本组成如图 3-19 所示，它主要包括主振级、缓冲级、调制放大级、输出级以及监测电路。

(1) 主振级：用于产生高频振荡信号，信号发生器的主要工作特性由本级决定。为保证主振有较高的频率稳定度，一般都采用弱耦合反馈到调制级，使主振级负载较小，并且高频信号发生器多为波段式，振荡电路通常采用 LC 振荡器，用转换电感的方法更换波段，在同一波段内用改变电容的方法实现频率的连续调节。

(2) 缓冲级：主要起阻抗变换作用，用来隔离调制级对主振级可能产生的不良影响，保证主振级工作稳定。

(3) 调制级：有的仪器内，调制级包括有放大器，用于放大振荡信号，并且起缓冲作用。内调制振荡器供给符合调制级要求的音频调制信号。调制的方式主要有调幅(AM)、调频(FM)和脉冲调制。调幅多用于 100 kHz～35 MHz 的高频信号发生器中，调频主要用于 30 MHz～1000 MHz 的信号发生器中，脉冲调制多用于 300 MHz 以上的微波信号发生器中。

(4) 输出级：由输出衰减器组成，用于调节输出电平的大小，同样包括连续衰减器、步进衰减器以及电缆分压器。

(5) 监测电路：用于指示载波电压与调制度。

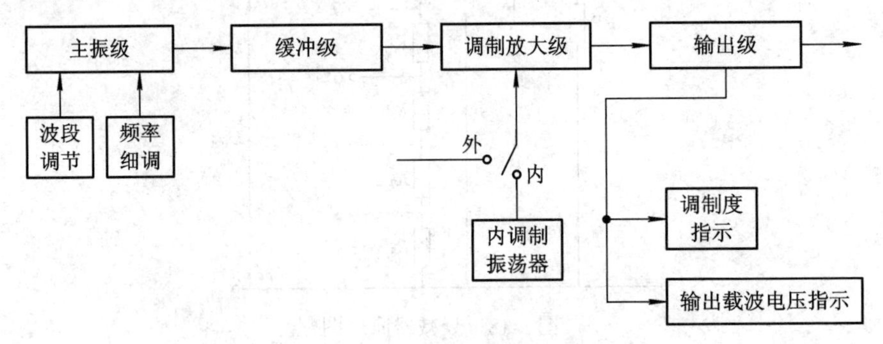

图 3-19 高频信号发生器方框图

3.4.3 函数信号发生器

函数信号发生器是一种多波形信号源，它能产生某些特定的周期性时间函数波形，工作频率可从几毫赫兹(mHz)直到几十兆赫兹(MHz)，一般能产生正弦波、方波和三角波，有的还可以产生锯齿波、矩形波(宽度和重复周期可调)、正负尖脉冲等波形。它还具有调频、调幅等调制功能，可在生产、测试、维修仪器和实验时作信号源使用。函数信号发生器除工作于连续状态外，有的还能工作于键控、门控或外触发方式。

构成函数信号发生器的方案很多，通常有三种。

1. 方波—三角波—正弦波函数发生器

如图 3-20 所示，施密特触发器用来产生方波，它可由外触发脉冲来触发，也可由内触发脉冲发生器提供触发信号，这时输出信号频率由触发信号的频率决定。施密特触发器在触发信号的作用下翻转，并产生方波。方波信号送到积分器，通常积分器使用线性良好的密勒积分电路，于是在积分器输出端可得到三角波信号。调节积分时间常数 RC 值可改变积分速度，即改变输出三角波斜率，从而调节三角波的幅度。最后由正弦波电路形成正弦波。

也可按图 3-20 中虚线所示，将积分器输出的三角波信号反馈到施密特触发器的输入端，构成正反馈环，组成振荡器，这时工作频率则由反馈决定。通过调节 RC 值可改变到达触发电平所需的时间，从而改变所产生的方波与三角波的频率，当 RC 数值很大时可获得频率很低的信号。

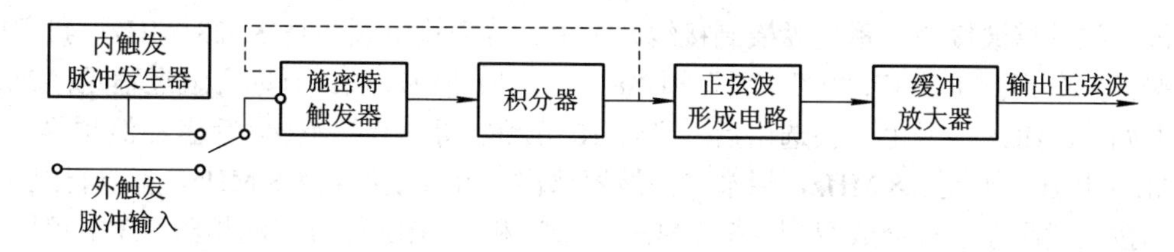

图 3-20　方波—三角波—正弦波函数发生器的原理框图

2．三角波—方波—正弦波函数发生器

如图 3-21 所示，由三角波发生器先产生三角波，然后经方波形成电路产生方波，或经正弦波形成电路形成正弦波，最后经过缓冲放大器输出所需信号。虽然方波可由三角波通过方波变换电路变换而来，但在实际中，三角波和方波是难以分开的，方波形成电路通常是三角波发生器的一部分。

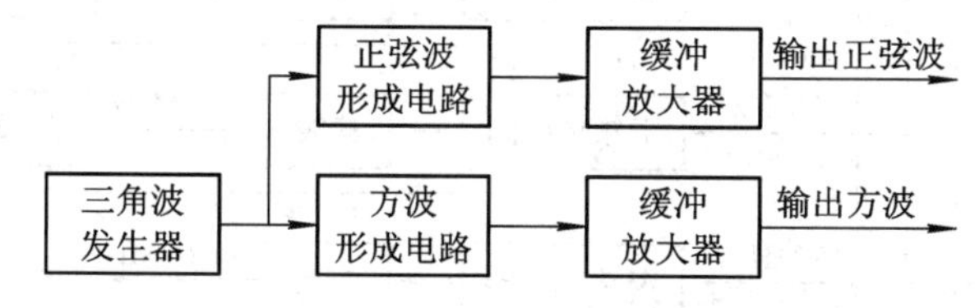

图 3-21　三角波—方波—正弦波函数发生器的原理框图

3．正弦波—方波—三角波函数发生器

如图 3-22 所示，由正弦波发生器先产生正弦波，然后经微分电路产生尖脉冲，用脉冲触发单稳态电路形成方波，经正弦波形成电路产生正弦波，最后经缓冲放大器输出所需信号。

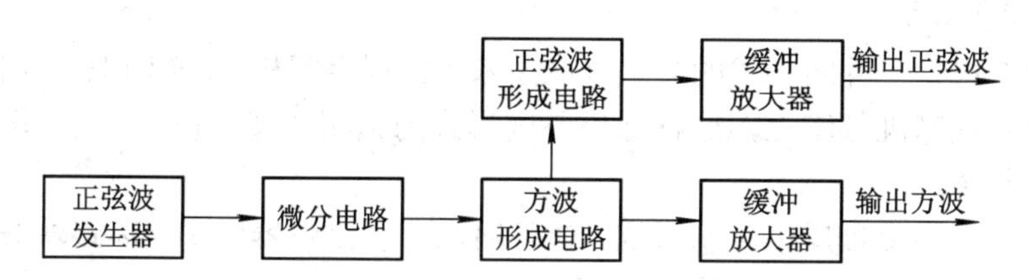

图 3-22　正弦波—方波—三角波函数发生器的原理框图

3.4.4　合成信号源

现代电子测量对信号源频率的准确度、稳定度的要求越来越高。信号源的输出频率准确度、稳定度很大程度上取决于主振荡器的频率准确度、稳定度。前面介绍的振荡电路已满足不了高性能信号源的要求，频率合成技术解决了这一问题。频率合成技术的发展大致分为三个阶段，第一阶段是直接频率合成，第二阶段是锁相频率合成，第三阶段为直接数字频率合成。

1．直接频率合成(DS)

直接频率合成是把一个或者多个基准频率通过倍频、分频和混频技术实现算术运算(加减乘除)合成所需的频率，并且用窄带滤波器送出。

如图 3-23 所示，将石英晶体振荡器产生的基准频率(1 MHz)，通过谐波发生器产生 10

个谐波，这些谐波接在一系列纵横制接线开关上，若需输出频率是 3.628 MHz，我们可以将这些开关分别置于“3”、“6”、“2”和“8”上，如图中连线。频率合成过程是：首先从低位开始，8 MHz 信号由开关选出后，经过 10 分频器得到 0.8 MHz，后者在混频器 M1 内与 2 MHz 相加，得到 2.8 MHz，用窄带滤波器选出，就合成得到 2.8 MHz，信号再经 10 分频，仍按上述顺序进行合成得到 0.628 MHz，最后和 3 MHz 信号在混频器 M3 中相加，即可选出所需的 3.628 MHz 输出频率，显然每增加一组选择开关、混频器、分频器和窄带滤波器，就能使合成频率的有效数字增加一位。

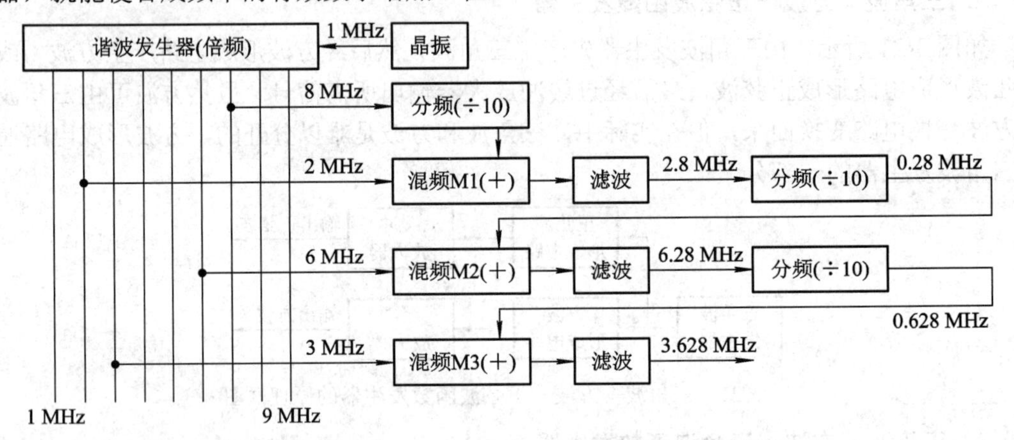

图 3-23　直接频率合成原理框图

直接频率合成的优点是工作可靠，频率转换速度快，相位噪声很低；缺点是需要大量的混频器、分频器和窄带滤波器，电路硬件结构复杂，体积大，价格昂贵，不便于集成化。

2. 锁相频率合成

锁相频率合成是一种间接式的频率合成技术。它利用锁相环(PLL)把压控振荡器(VCO)的输出频率锁定在基准频率上，这样通过不同形式的锁相环就可以在一个基准频率的基础上合成不同的频率。

锁相环是一个相位负反馈控制系统。该环路由相位比较器(PD)、环路滤波器(LPF)、压控振荡器(VCO)等部分组成，如图 3-24 所示。

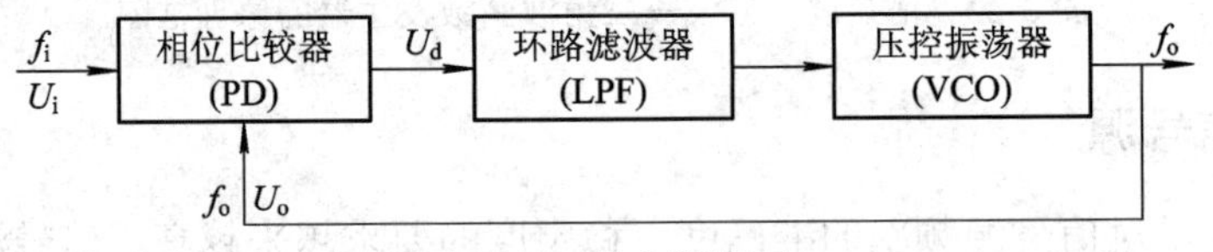

图 3-24　基本锁相环

相位比较器即鉴相器，用来比较两个输入信号 f_i 和 f_o 的相位，其输出电压与两信号的相位差(称“误差电压”)成比例。

环路滤波器实际上是一个低通滤波器，用来滤除相位比较器输出的高频成分和噪声，以达到稳定环路工作和改善环路性能的目的。

压控振荡器的振荡频率可由电压控制，通常利用变容管作为回路电容，这样，改变变容管的反向偏压，其结电容将改变，从而使振荡器频率随反向偏压而变，故名“压控”振荡。

图 3-24 中锁相环的输入频率 f_i 为基准频率 f_r，即 $f_i = f_r$。锁相环开始工作时，VCO 的固有输出频率 f_o (即开环时的 VCO 自由振荡频率)总不等于基准信号频率 f_r，即存在着固有频差 $\Delta f = f_o - f_r$，则两个输入信号之间的相位差将随时间变化。相位比较器将这个相位差变化鉴出，即输出与之相应的误差电压，然后通过环路滤波器加到 VCO 上。VCO 受误差电压的控制，使其输出频率 f_o 向 f_r 靠拢，这叫做“频率牵引”，直到 $f_o = f_r$。此时，输入信号与输出信号之间存在稳定相位差，而不存在频率差。锁相合成法正是利用锁相环的这个特性，把 VCO 的输出频率稳定在基准频率上。环路输出频率 f_o 的稳定度就可提高到基准频率的同一个数量级。而基准频率一般是由晶体振荡器产生的，频率稳定度可达 10^{-8} 量级，这是 RC、LC 振荡器所远远不能及的。

但是，基本锁相环只能输出一个频率，而作为信号源必须要能输出一系列频率才行。所以在一个锁相合成式的信号源中，需要应用不同形式的锁相环，以便在一定频率范围内得到步进或连续可调的频率输出。

以下是几种基本形式的锁相环。

1) 混频式锁相环

如图 3-25 所示，混频式锁相环可对输入频率(基准频率)进行加、减运算。它是在基本锁相环的反馈支路中加入混频器(M)和带通滤波器(BPF)，输出频率 f_o 是两个基准频率 f_{i1} 和 f_{i2} 的和或差。

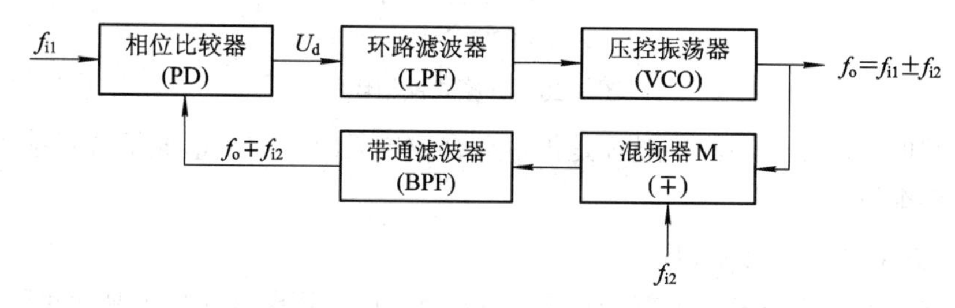

图 3-25　混频式锁相环

2) 倍频式锁相环

倍频式锁相环可对输入频率进行乘法运算。倍频式锁相环有两种：脉冲控制环和数字倍频环，如图 3-26 和图 3-27 所示。

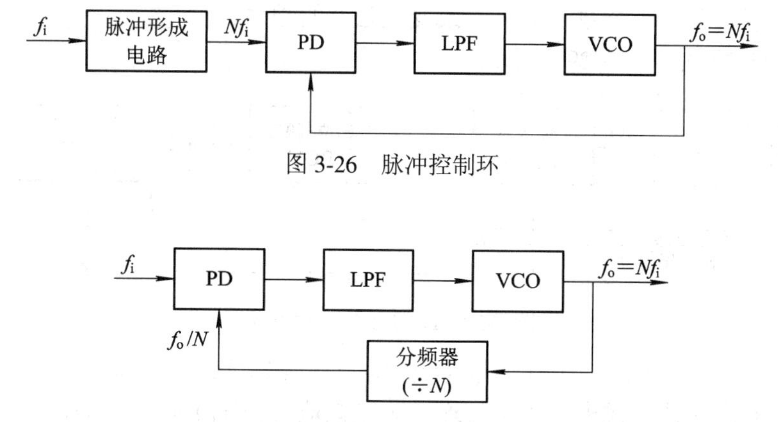

图 3-26　脉冲控制环

图 3-27　数字倍频环

脉冲控制环中包含了脉冲形成电路，脉冲形成电路产生的窄脉冲包含多次谐波成分，选择其中的第 N 次谐波与 VCO 信号在 PD 中进行相位比较，环路输出即 Nf_i。脉冲控制特别适用于制作频率间隔较大的高频或甚高频合成器。

数字环是在基本锁相环的反馈支路中加入数字分频器，当环路锁定时，$f_i = f_o / N$，即 $f_o = Nf_i$。只要改变分频系数 N，就能改变倍频的大小。

3) 分频式锁相环

分频式锁相环可对输入频率进行除法运算，其基本形式也有两种：脉冲控制环和数字环，如图 3-28 所示。环路锁定后，其输出频率为 $f_o = f_i / N$。

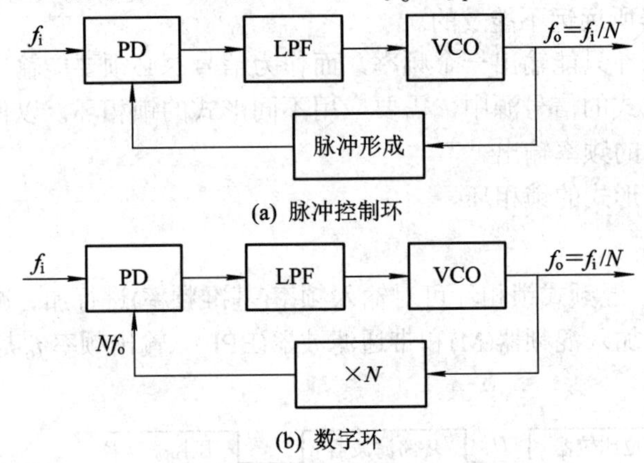

图 3-28 分频式锁相环

一个实用的合成信号源，一般都是由多环合成单元组成的，形成组合式锁相环。这部分内容不作详细讨论。

3. 直接数字频率合成(DDS)

直接数字频率合成技术不是直接频率合成技术。直接频率合成技术是通过对频率的加、减、乘、除运算来实现频率合成；直接数字频率合成技术则是通过对相位的运算进行频率合成。

DDS 的思路是，按一定的时钟节拍从存放有正弦函数表的 ROM 中读出这些离散的代表正弦幅值的二进制数，然后通过 D/A 变换并滤波，得到一个模拟的正弦波波形，改变读数的节拍频率或者取点的个数，就可以改变正弦波的频率。

DDS 的原理框图如图 3-29 所示。

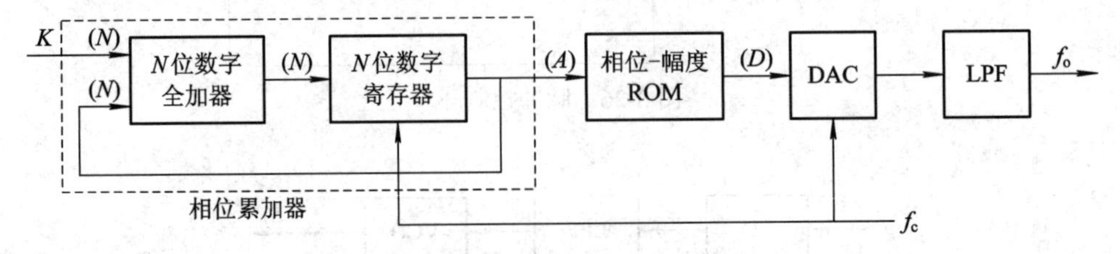

图 3-29 DDS 工作原理框图

图中，K 为频率控制字，也叫相位步进码，寄存器每接受一个时钟 f_c，它所存的数就增加 K，此数对应的地址代表了相位，通过读取该地址(相位)对应的(正弦)幅度二进制数，并通过 D/A 转换和滤波，即可获得一个连续变化的正弦波。图 3-30 为正弦波相位-幅度关系图。

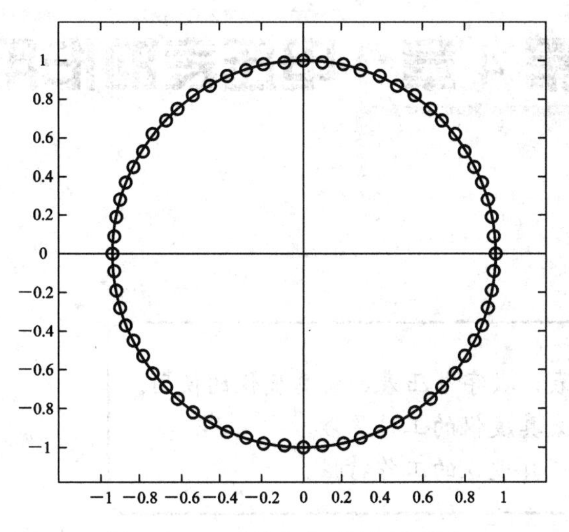

图 3-30　正弦波相位-幅度关系图

由此可知，寄存器每接受一个时钟，相位增加 $\Delta\varphi=\dfrac{2\pi}{2^N}K$，输出信号周期 $T_o=T_c\dfrac{2\pi}{\Delta\varphi}=\dfrac{2^N}{K}T_c$，输出信号频率 $f_o=\dfrac{K}{2^N}f_c$。

DDS 的技术特点如下：

(1) 改变时钟频率 f_c 和频率控制字 K，就可改变输出信号的频率。

(2) 频率范围宽。$K=1$ 时，输出 $f_{omin}=f_c/2^N$，最高频率 $f_{omin}=f_c/2$ 一般要求不大于 $f_c/4$，即一个正弦波周期内至少取 4 个点。

(3) 频率分辨率高(相位累加器的位数 N 用来保证其分辨力)。

(4) 方便进行数字调制。

(5) 易实现任意函数输出。

第 4 章　电压表的作用

学习目标

1. 掌握模拟电压表、数字电压表、失真度仪的使用。
2. 理解电压表、失真度仪的工作原理。
3. 了解电压表、失真度仪的工作特性。

4.1　概　　述

电压是电子测量的一个主要参数。

在集总参数电路里，电压、电流和功率是表征电信号能量大小的三个基本参量，测量的主要参量是电压。此外，许多电参数，如频率特性、失真度、灵敏度等都可视为电压量的派生量。

4.1.1　电压测量的基本要求

由于在电子电路测量中所遇到的待测电压具有频率范围宽、电压范围广、等效电阻高及波形多种多样等特点，故对电压测量提出如下要求：

(1) 应有足够宽的频率范围。在电子电路中，被测电压的频率可以从几十赫兹(例如 50 Hz 电网电压)到数百兆赫兹范围，甚至达到吉赫兹(GHz)数量级。

(2) 应有足够宽的电压测量范围。一般情况下，待测电压的下限值为微伏级，上限可达几十千伏。若测量非常小的电压值，就要求电压测量仪器或仪表具有较高的灵敏度和稳定度。例如，目前已有灵敏度高达 1 nV 的数字电压表，而对高电压的测量则要求电压表应有较高的绝缘强度。

(3) 应有足够高的测量准确度。与交流电压相比，直流电压测量的准确度较高，数字电压表测量直流电压的准确度可达到 10^{-6} 的数量级，模拟电压表的测量准确度一般为 10^{-2} 数量级。

对交流电压的测量，除基本误差外，还应考虑频率误差及波形误差等，即使采用数字电压表，交流电压的测量准确度目前也只能达到 10^{-2}～10^{-4} 数量级。

(4) 应有足够高的输入阻抗。电压表的输入阻抗是指它的两个输入端之间的等效阻抗，它是被测电路的额外负载。为减小测量仪表在接入时对被测电路的影响，希望测量仪器具有较高的输入阻抗。模拟电子电压表的输入阻抗一般为几十千欧到几兆欧。当测量高频电压时，输入电容对被测电路的影响变大，故希望减小输入电容的值。输入阻抗的一个典型数值为 1 MΩ // 15pF(//表示并联)。

(5) 应有足够高的抗干扰能力。一般来说测量工作是在各种干扰的条件下进行的，当测量仪器工作在高灵敏度时，干扰可能引入较大的测量误差，因而希望测量仪器具有较强的抗干扰能力。

4.1.2 电压测量仪器的分类

电压测量仪器按照工作原理一般分为两大类：模拟式电压表和数字式电压表。

(1) 模拟式电压表。模拟式电压表是指针式的，通常用磁电系直流电流表表头作为指示器，并在电流表表盘上刻以电压(或 dB)刻度。

(2) 数字式电压表。数字式电压表首先将模拟量(直流量)通过模/数(A/D)变换器变成数字量，然后用电子计数器计数，并以十进制数字显示被测电压(若为交流信号测试，必须先附加 AC/DC 检波器)。

4.1.3 交流电压的表征

交流电压可以用峰值、平均值、有效值、波形系数及波峰系数来表征。

1．峰值 U_P

峰值是交变电压在所观察的时间或一个周期内所能达到的最大值，记为 U_P。如果电压波形是双极性的，且不对称，则将峰值分为正峰值 U_{P+}和负峰值 U_{P-}。

计算峰值时，都是从参考 0 电平开始计算的，如图 4-1 所示。振幅 U_m 值以直流分量为参考电平进行计算。对于正弦交流信号而言，当不含直流分量时，其振幅等于峰值，且正负峰值相等。

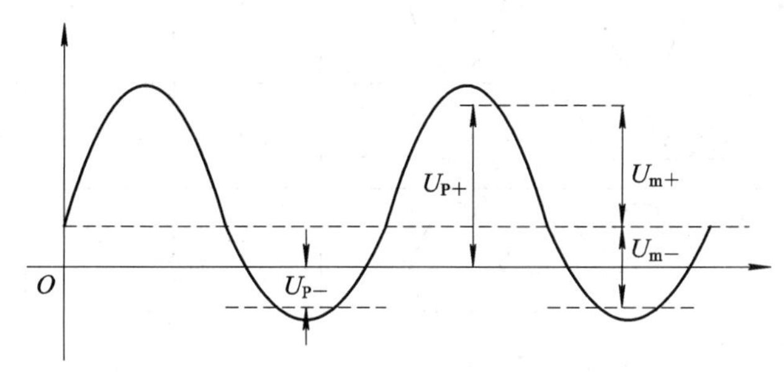

图 4-1　交流电压的峰值与振幅值

2．平均值 $\overline{U}$

平均值在数学上的定义为

$$\overline{U} = \frac{1}{T}\int_0^T u(t)\mathrm{d}t \tag{4-1}$$

对周期信号而言，T 为信号的周期。纯正弦交流电压 $\overline{U}=0$。从交流电压的测量观点来看，$\overline{U}$ 是指检波后的平均值，在本章中，不加说明时，通常 $\overline{U}$ 指全波检波平均值，即

$$\overline{U} = \frac{1}{T}\int_0^T |u(t)|\,\mathrm{d}t \tag{4-2}$$

3．有效值 U

一个交流电压和一个直流电压分别加在同一电阻上，若它们产生的热量相等，则直流电压的数值为交流电压的有效值 U(或 U_{rms})，可表示为

$$U=\sqrt{\frac{1}{T}\int_0^T u^2(t)\mathrm{d}t} \tag{4-3}$$

当不特别指明时，交流电压的量值均指有效值。各类电压表的示值，除特殊情况外，都是按正弦波有效值来定度的。

4．波形系数与波峰系数

为了表征同一信号峰值、有效值及平均值的关系，引入波形系数 K_F 和波峰系数 K_P。交流电压 $u(t)$的波形系数 K_F 定义为该电压的有效值与其平均值之比，即

$$K_F=\frac{U}{\overline{U}} \tag{4-4}$$

交流电压的波峰系数 K_P 定义为该电压的峰值与其有效值之比，即

$$K_P=\frac{U_P}{U} \tag{4-5}$$

表 4-1 列出了几种交流电压的波形参数。

表 4-1 几种交流电压的波形参数

序号	名称	波形图	波形系数 K_F	波峰系数 K_P	有效值	平均值
1	正弦波	U_P t	1.11	1.414	$U_P/\sqrt{2}$	$\frac{2}{\pi}U_P$
2	半波整流	U_P t	1.57	2	$U_P/2$	$\frac{1}{\pi}U_P$
3	全波整流	U_P t	1.11	1.414	$U_P/\sqrt{2}$	$\frac{2}{\pi}U_P$
4	三角波	U_P t	1.15	1.73	$U_P/\sqrt{3}$	$U_P/2$
5	锯齿波	U_P t	1.15	1.73	$U_P/\sqrt{3}$	$U_P/2$
6	方波	U_P t	1	1	U_P	U_P
7	脉冲	t_w U_P T t	$\sqrt{\frac{T}{t_w}}$	$\sqrt{\frac{T}{t_w}}$	$\sqrt{\frac{t_w}{T}}U_P$	$\frac{t_w}{T}U_P$

下面我们将主要介绍模拟式电压表和数字式电压表的使用。

4.2 模拟电压表

本节将以 DA22A 型超高频毫伏表为例进行介绍。

4.2.1 DA22A 型超高频毫伏表的使用

1. 面板介绍

DA22A 型超高频毫伏表的面板如图 4-2 所示。

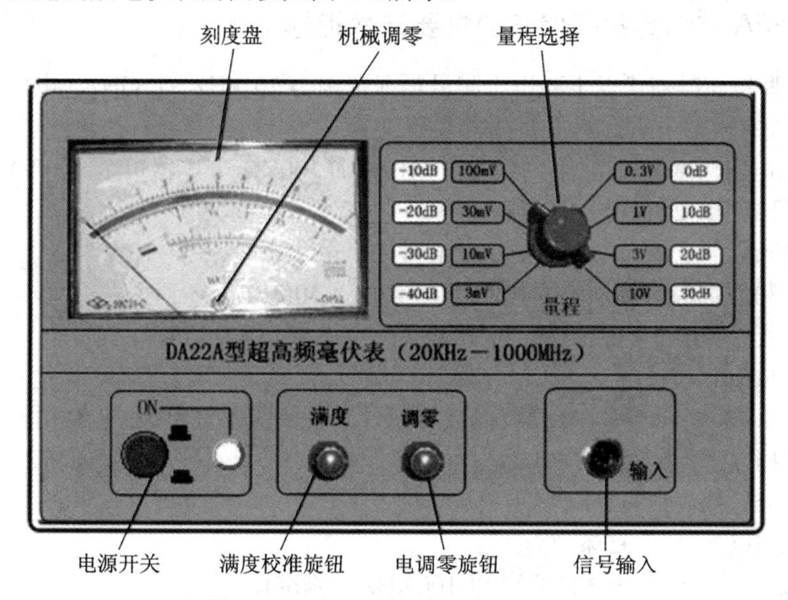

图 4-2 DA22A 型超高频毫伏表面板

下面对面板各部分进行说明。

(1) 调零旋钮：测量前将电压表指针指向“0”刻度。接通电源，开机预热 10 min～15 min，将量程选择开关置于 3 mV 挡，调节“调零”电位器旋钮，使指针指在 0 V～0.04 V 之间，其他量程不需调零。

(2) 满度校准旋钮：测量前对电压表进行 1 V 满度校准。将量程选择开关置于“1 V”挡，从电压表后面板“1 V 信号输出端”将 1 V 电压信号接入信号输入端，此时指针应满偏指向 1 V；若指针不能指向 1 V，则调节“满度”校准旋钮，使指针指向 1 V。

(3) 信号输入：测试信号输入端。

(4) 量程选择：该电压表的量程有 3 mV、10 mV、30 mV、100 mV、0.3 V、1 V、3 V、10 V。各量程的电平附加分贝值为-40 dB、-30 dB、-20 dB、-10 dB、0 dB、10 dB、20 dB、30 dB。

2. 操作指导

(1) 开机前，先进行机械调零。先检查表头指针是否在“0”刻度，如不在，则用螺丝刀调节表头螺丝，使指针指到“0”刻度。

(2) 通电后，进行如下操作：

① 电气调零：接通电源，开机预热 10 min～15 min，将量程选择开关置于 3 mV 挡，调节“调零”电位器，使指针指在 0 V～0.04 V 之间，其他量程不需调零。

② 满度校正：将量程开关置于 1 V 挡，用探头将后面板的 1 V 信号接入前面板的信号输入端，接触良好后，调节前面板“满度”电位器，使指针指在 1 V 满度，然后拔出探头。

(3) 合理选择量程。

(4) 拆接线顺序：先接地线，后接输入线，拆线时相反。

(5) 测量信号的电压及电平值。

注意：电平读数＝表头读数＋量程的附加分贝值

4.2.2 DA22A 型超高频毫伏表的主要技术指标

DA22A 型超高频毫伏表主要用于测量频率范围为 20 kHz～1 GHz，电压为 800 μV～10 V 的正弦波有效值电压。其主要技术参数包括：

(1) 交流电压幅度测量范围：800 μV～10 V(加 100∶1 分压器可至 300 V)。

频率测量范围：20 kHz～1 GHz。

电压：3 mV，10 mV，30 mV，100 mV，30 mV，1 V，3 ，10 V。

电平：+30，+20，+10，0，-10，-20，-30，-40(dBm)

(50 Ω 系统：0 dBm = 0.224 V　　75 Ω 系统：0 dBm = 0.274 V)。

(2) 电压固有误差：

以 100 kHz 为基准，经 1 V 挡校准后不超过满度值的误差为

300 mV 挡以上　　±2%

30、100 mV 挡　　±3%

100 mV 挡以下　　±5%

(3) 基准条件下的频率影响误差(以 100 kHz 为基准)：

100 kHz～50 MHz　±3%

20 kHz～600 MHz　±10%

600 MHz～1 GHz　±5%

(4) 输入电容：不大于 2.5 pF。

4.2.3 交流电压的测量

交流电压测量的核心是用检波器把交流电压变换为直流电流(AC/DC)，然后驱动直流电流表头偏转，最后根据被测交流电压与直流电流的关系，在表盘上直接以电压刻度显示。

检波器根据其响应特性不同，常分为均值检波器、峰值检波器和有效值检波器，与此相应的有均值电压表、峰值电压表和有效值电压表。

1. 均值电压表(放大—检波式)

均值电压表又称为先放大后检波式电子电压表，其电路组成如图 4-3 所示。

在均值电压表中，检波器对被测电压的平均值产生响应。常见的检波器有二极管半波检波器、全波检波器、桥式检波器，均值电压表中多采用二极管全波器或桥式检波器。均

值电压表的灵敏度受放大器内部噪声的限制，一般可做到 mV 级；其频率范围主要受放大器带宽的限制，典型的频率范围为 20 Hz～10 MHz，故这种电压表又称为视频毫伏表，主要用于低频电压测量。

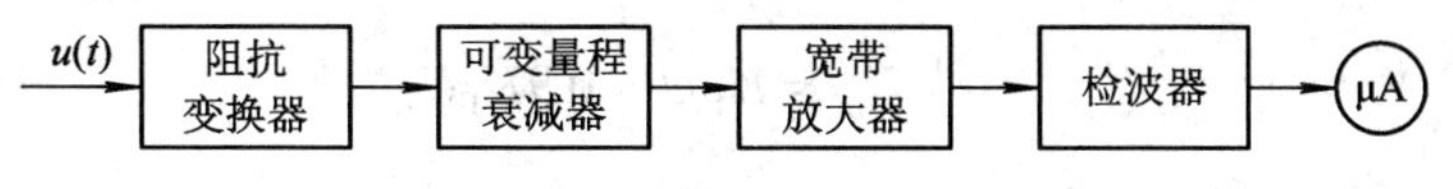

图 4-3　均值电压表的组成

1) 均值检波器

图 4-4 为半波检波电路，图 4-5 为全波检波电路，图 4-6 为桥式检波电路，它们都是常见的均值检波电路。微安表两端并联电容用于滤除检波后的交流成分，避免指针抖动。

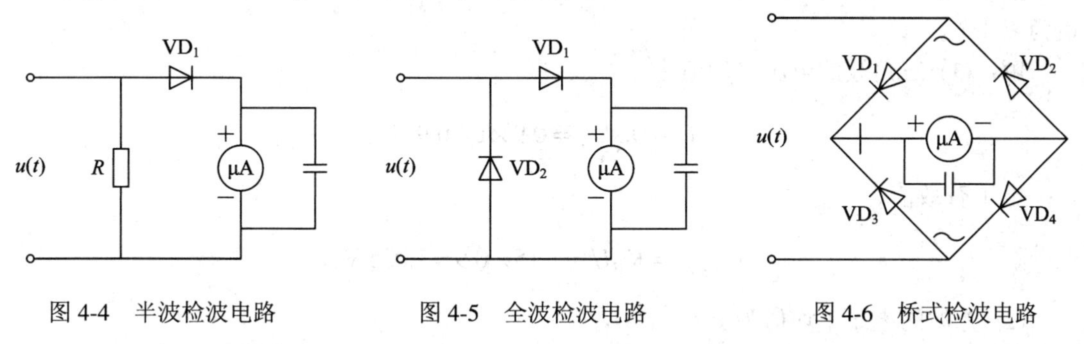

图 4-4　半波检波电路　　图 4-5　全波检波电路　　图 4-6　桥式检波电路

2) 均值表的刻度特性及波形换算

均值电压表指针的偏转角度 α 与被测电压的平均值 $\overline{U}$ 成正比。因此，仪表刻度盘的电压指示值为

$$U_{\alpha}=K_{\mathrm{a}}\overline{U}$$

式中：$\overline{U}$ 为任意被测波形的电压平均值，而且在不特别注明时，都指全波检波平均值；K_{a} 为定度系数。

通常刻度盘按正弦波的有效值进行刻度显示，则

$$K_{\mathrm{a}}=K_{\mathrm{F}\sim}\approx 1.11$$

式中：$K_{\mathrm{F}\sim}$ 为正弦波的波形系数。

$$U_{\alpha}=K_{\mathrm{a}}\overline{U}=K_{\mathrm{F}\sim}\overline{U}=1.11\overline{U} \tag{4-6}$$

从式(4-6)可以看出，如用均值电压表测量纯正弦信号的电压，其示值 U_{α} 就是被测正弦电压的有效值。如果被测电压是非正弦电压，则其示值并无直接的物理意义。

下面讨论波形换算问题。

首先从式(4-6)可知，均值电压表遵守“均值相等，示值相等”的原则，波形换算时，先将示值折算成被测电压的平均值：

$$\overline{U}=\frac{U_{\alpha}}{1.11}\approx 0.9U_{\alpha} \tag{4-7}$$

再利用波形系数 K_F (如果被测电压的波形已知)，即可求出被测电压的有效值：

$$U_x = K_F\overline{U}\approx 0.9K_F U_{\alpha} \tag{4-8}$$

常见电压的波形系数见表 4-1。

因此，对于利用全波检波电路的电压表来讲，有

$$U_x = 0.9K_F U_{\alpha} \tag{4-9}$$

例 1 用全波式均值电压表分别测量三角波及方波电压，示值均为 1 V，被测电压有效值为多少？

解：(1) 三角波的电压平均值为

$$\overline{U}\approx 0.9U_{\alpha}=0.9\times 1=0.9\ \text{V}$$

电压有效值为

$$U_{\text{x.rms}}=K_F\overline{U}\approx 1.15\times 0.9=1.035\ \text{V}$$

(2) 方波的电压平均值为

$$\overline{U}\approx 0.9U_{\alpha}=0.9\times 1=0.9\ \text{V}$$

电压有效值为

$$U_{\text{x.rms}}=K_F\overline{U}\approx 1\times 0.9=0.9\ \text{V}$$

2. 峰值电压表

峰值电压表又称为先检波后放大式电子电压表，即被测交流电压进行检波后再放大，然后驱动直流表表头指针偏转，其电路组成如图 4-7 所示。

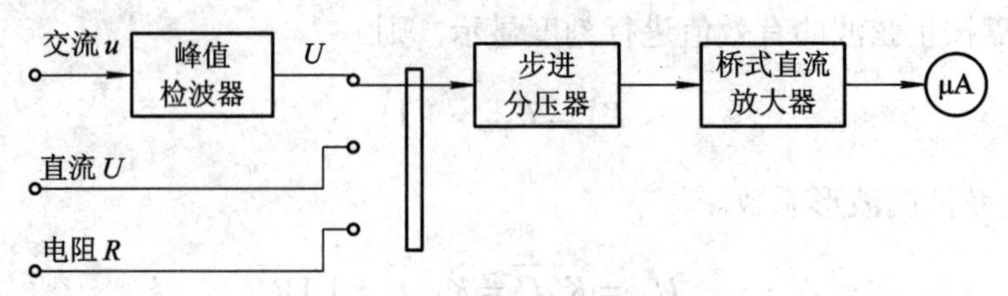

图 4-7 峰值电压表的组成

峰值电压表中都采用了二极管峰值检波器，即检波器采用了峰值响应方式。

因采用的桥式直流放大器增益不高，故峰值电压表的灵敏度不高，最小量程一般约为 1 V。该表的工作频率范围取决于检波二极管的高频特性，一般可达几百兆赫，故通常也称峰值电压表为高频电压表。

1) 峰值检波器

峰值检波器一般都采用二极管检波器，如图 4-8 所示。图 4-8(a)为串联式，类似于半波

整流滤波电路，其输出电压平均值$\overline{U}_R$近似为输入电压$u_x(t)$的峰值，$\overline{U}_R=\overline{U}_C=U_P$。

图 4-8(b)为并联式，$u_x(t)$正半周时，通过二极管 VD 给电容 C 迅速充电，而负半周时，电容 C 两端电压缓慢向 R 放电，使$\left|\overline{U}_R\right|=\left|\overline{U}_C\right|\approx U_P$。

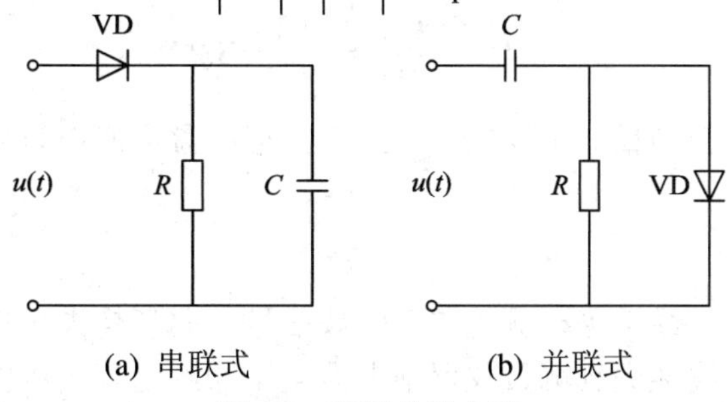

(a) 串联式　　(b) 并联式

图 4-8　峰值检波电路

2) 峰值电压表的刻度特性及波形换算

(1) 刻度特性：峰值电压表和均值电压表类似，一般也按正弦波的有效值进行刻度显示。仪表刻度盘的电压指示值为

$$U_\alpha=K_aU_P=\frac{U_P}{K_{P\sim}}=\frac{U_P}{\sqrt{2}} \tag{4-10}$$

式中，U_P为被测电压的峰值；K_a为定度系数；$K_{P\sim}$为正弦波的波峰系数。

因此，用峰值电压表测量非正弦波电压时，其示值没有直接的物理意义。

(2) 波形转换：从式(4-10)可知，峰值电压表遵循“峰值相等，示值相等”原则，在波形换算时，先根据指针示值求出被测信号的 U_P，然后再利用波峰系数(如果被测电压波形已知)换算成被测电压 $u_x(t)$的有效值，即

$$U_P=\sqrt{2}U_\alpha$$

$$U_x=\frac{1}{K_P}U_P=\frac{\sqrt{2}}{K_P}U_\alpha \tag{4-11}$$

例 2　用峰值电压表测量正弦波、方波及三角波电压，指针示值为 10 V，求被测电压的有效值各是多少？

解：(1) 对于正弦波，有

$$u_x=u_\alpha=10\text{ V}$$

(2) 对于方波，有

$$u_\alpha=10\text{ V}$$

$$U_P=\sqrt{2}U_\alpha=14.1\text{ V}$$

$$U_x=\frac{U_P}{K_P}=\frac{14.1}{1}=14.1\text{ V}$$

(3) 对于三角波，有

$$U_{\mathrm{P}}=\sqrt{2}U_{\alpha}=14.1\,\mathrm{V}$$

$$U_{\mathrm{x}}=\frac{U_{\mathrm{P}}}{K_{\mathrm{P}}}=\frac{14.1}{\sqrt{3}}\approx 8.2\,\mathrm{V}$$

可见，用峰值电压表测量非正弦电压时，直接把读盘示值作为被测电压的有效值是不对的，必须进行换算。

3. 有效值电压表

在电压测量技术中，经常需要测量非正弦波信号，尤其是失真正弦波电压的有效值。例如，噪声的测量，非线性失真测量仪器中谐波电压的测量等。所以，有效值电压测量十分重要。

1) 有效值电压表的工作原理

在有效值电压表中经常采用两种方法——热电变换和模拟计算机电路来实现有效值电压的测量。

图 4-9 所示为热偶式电压表的示意图，AB 为不易熔化的金属丝，称加热丝，M 为电热偶，它由两种不同材料的导体连接而成，其交界面 C 与加热丝热耦合，故称“热端”，而 D、E 为冷端。

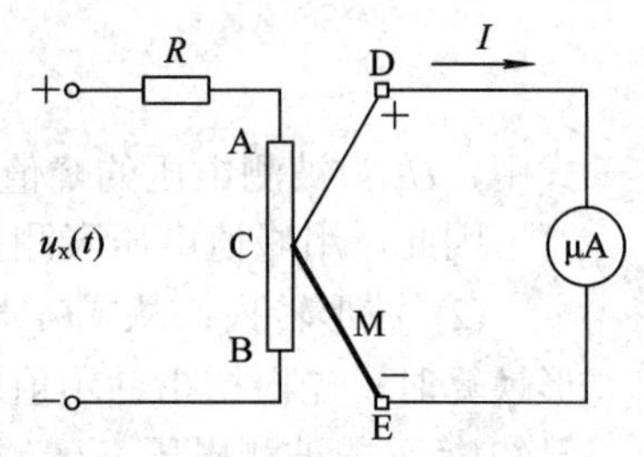

图 4-9　热电偶式电压表示意图

当加入被测的电压 $u_x(t)$时，加热丝温度升高，热电偶 CD 和 CE 由于是两种不同材料的导体，D、E 两端由此存在温差而产生热电动势，于是热电偶电路中将产生一个直流电流 I 而使 μA 表偏转，而且这个直流电流正比于所产生的热电动势。因为热端温度正比于被测电压有效值的平方U_{x}^2，而热电动势又正比于热端与冷端的温差，这样，通过电流表的电流正比于U_{x}^2，这就完成了从交流电压有效值到直流电流之间的变换，不过这种变换是非线性的，即 I 不是正比于被测电压的有效值U_{x}，而是U_{x}^2。在实际的有效值电压表中，必须采取措施使表头刻度线性化。

图 4-10 所示为 DA−24 型有效值电压表的简化组成方框图，它采用热电偶为 AC/DC 变换元件，其中上面一个 M_1 为测量热偶，而下面一个 M_2 为平衡热偶，用来使表头刻度线性化，并提高热稳定性。

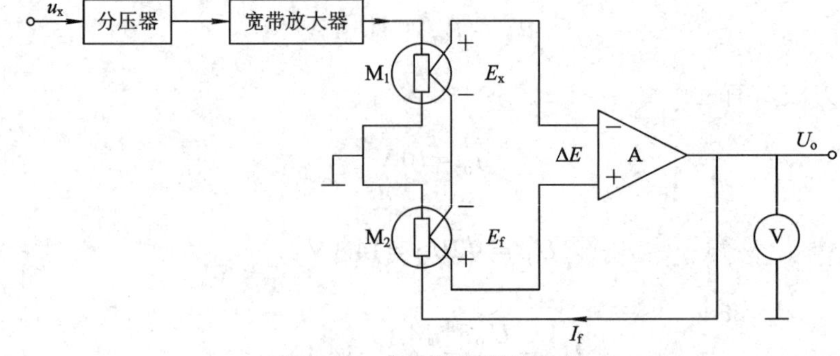

图 4-10　有效值电压表组成

工作原理说明如下：

测量热偶 M_1 的热电动势 E_x 正比于被测电压(经放大)有效值 U_x 的平方，即 $E_x = KU_x^2$。同时，一个直流反馈电压 U_o 加到平衡热偶 M_2 的加热丝上，其热电势为 $E_f = KU_o^2$，E_f 与 E_x 反极性串联加到直流放大器输入，即 $\Delta E = E_x - E_f$。当放大器增益很大，这个反馈系统平衡时，$\Delta E \to 0$，则 $E_x \approx E_f$，故 $U_o \approx U_x$。可知，若两个热偶特性相同(即 K 一样)，那么输出直流电压 U_o 就等于被测电压 $u_x(t)$ (经放大)的有效值 U_x。同时，两个热偶受温度的影响也将相互抵消，提高了热稳定性。

热偶式电压表的一个缺点是具有热惯性，故在使用时需等待表头指针偏转稳定后再读数。同时，由于热偶的加热丝的过载能力差，易烧毁，故当测量电压估值未知时，宜先置于大量程挡，然后再逐步减小。目前，模拟计算电路的普及和广泛应用，使得我们有实际可能利用模拟计算来实现其有效值电压的测量，也就是利用计算电路直接完成下列运算：

$$U = \sqrt{\frac{1}{T}\int_0^T u^2(t)\mathrm{d}t} \tag{4-12}$$

由模拟计算电路组成的 AC/DC 变换电路称做计算型 AC/DC 变换器，通常又称为直接计算型 RMS 变换器，图 4-11 示出了它的组成。

第一级接成平方运算的模拟乘法器，其输出正比于 $u_x^2(t)$；第二级接成积分平均电路，第三级将积分器的输出进行开方，最后输出的电压正比于被测电压的有效值，通过仪表显示出来。

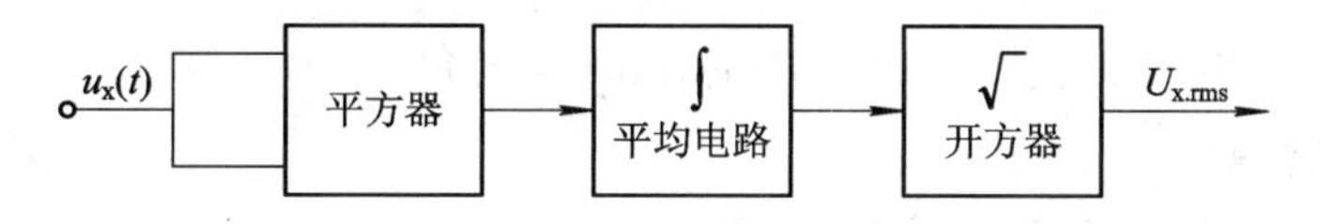

图 4-11　计算型 AC/DC 变换器

2) 刻度特性和波形误差

以正弦有效值作为刻度的有效值电压表，当测量非正弦波时，理论上不会产生波形误差。这是不难理解的，一个非正弦波可以分解成基波和一系列谐波，具有有效值响应的电压表，其有效值/直流变换器输出的直流电流(或电压)可写成

$$\overline{I} = k(U_1^2 + U_2^2 + U_3^2 + \cdots) \tag{4-13}$$

式中：k 为转换效率；U_1、U_2…为基波和各次谐波的有效值。

可见，变换后得到的直流电流正比于基波和各次谐波的平方和，而与它们之间的相位差无关，即与波形无关。所以，利用有效值电压表可直接从表头读出被测电压的有效值而无需换算。必须指出，当测量失真的正弦波时，若把有效值电压表的读数误认为是基波有效值，那将产生误差，其相对误差为

$$\gamma = \frac{U_x^2 - U_1^2}{U_1^2} = \frac{U_2^2 + U_3^2 + \ldots}{U_1^2}$$

可见，相对误差刚好等于被测电压的非线性失真系数。

实际上，用有效值电压表测量非正弦波时，有可能产生波形误差，其原因有二：第一，受电压表线性工作范围的限制，当测量波峰系数大的非正弦波时，有可能削波，从而使这一部分波形得不到响应；第二，受电压表带宽的限制，使高次谐波受到损失，以上两个限制都使读数偏低。

4.2.4 分贝的测量

1. 数学定义

在通信系统的测试中，通常不直接计算或测量电路中某测试点的电压或负载吸取的功率，而是计算它们与某一电压或功率基准量之比的对数，这就需引入一个新的度量名称——分贝。

1) 功率之比的对数—分贝(dB)

对两个功率之比取对数，就得到$\lg\frac{P_1}{P_2}$，若$\frac{P_1}{P_2}=10$，则

$$\lg\frac{P_1}{P_2}=\lg 10=1$$

这个无量纲的数 1 叫做 1 贝尔(Bel)。在实际应用中，贝尔太大，常用分贝来度量，写为 dB，即 1 分贝等于 10 dB，所以，以 dB 表示功率比为

$$1\,\text{dB}=10\lg\frac{P_1}{P_2} \tag{4-14}$$

当$P_1>P_2$时，dB 值为正；当$P_1<P_2$时，dB 值为负。

2) 电压比的对数

电压比的对数可以从下列关系式中引出：

$$\frac{P_1}{P_2}=\frac{U_1^2/R_1}{U_2^2/R_2}=\frac{U_1^2R_2}{U_2^2R_1}$$

当$R_1=R_2$时，有

$$\frac{P_1}{P_2}=\frac{U_1^2}{U_2^2}$$

两边取对数可得

$$10\lg\frac{P_1}{P_2}=20\lg\frac{U_1}{U_2} \tag{4-15}$$

同样，当电压$U_1>U_2$时，dB 值为正；当$U_1<U_2$时，dB 值为负。

3) 绝对电平

在(4-14)、(4-15)两式中，P_2与U_2分别为基准量P_0与U_0时，可引出绝对电平的定义。

(1) 功率电平(dBm)。

以基准量$P_0=1\,\text{mW}$作为 0 功率电平(0 dBm)，则任意功率(被测功率)P_x的功率电平定

义为

$$P_{\mathrm{W}}=10\lg\frac{P_{\mathrm{x}}}{P_{\mathrm{o}}}=10\lg\frac{P_{\mathrm{x}}\,(\mathrm{mW})}{1(\mathrm{mW})} \tag{4-16}$$

(2) 电压电平(dBv)。

以基准量$U_0=0.775\ \mathrm{V}$(正弦有效值)作为0电压电平(0 dBv)，则任意电压(被测电压)U_{x}电压电平定义为

$$P_{\mathrm{V}}=20\lg\frac{U_{\mathrm{x}}}{U_{\mathrm{o}}}=20\lg\frac{U_{\mathrm{x}}\,(\mathrm{V})}{0.775(\mathrm{V})} \tag{4-17}$$

注意：这里定义的绝对电平，都没有指明阻抗大小，所以P_{x}或U_{x}应理解为任意阻抗上吸收的功率或其两端的电压。很明显，若在600 Ω电阻上进行测量，那么功率电平等于电压电平，因为600 Ω电阻上吸取1 mW功率，其两端电压刚好为0.775 V。

2. 分贝的测量

在测量放大器增益或与音响设备有关的参数时，往往不是直接测量电压或功率，而是测量它们对某一基准比值的对数值，一般取值单位为分贝，所以简称分贝测量。

分贝测量实际上是交流电压的测量，只是表盘以dB来作为刻度。

图4-12所示为某一电压表读盘上的分贝刻度，其测量范围为-80 dB～+52 dB。

分贝刻度的特点：在刻度线中间位置有一个0 dB点，它是以基准功率(电压)来确定的。一般规定，一个基准阻抗$Z_0=600\ \Omega$上加上交流电压，使其产生$P_0=1\ \mathrm{mW}$的功率为基准，相当于在仪表输入端加上电压$U_{\mathrm{o}}\approx 0.775\ \mathrm{V}$，即在1 V刻度线上0.775处定为0 dB。当被测电压有效值$U_{\mathrm{x}}>0.775\ \mathrm{V}$时其分贝数为正值；当$U_{\mathrm{x}}<0.775\ \mathrm{V}$时，其分贝数为负值，该仪表读盘刻度为-20 dB～+2 dB。

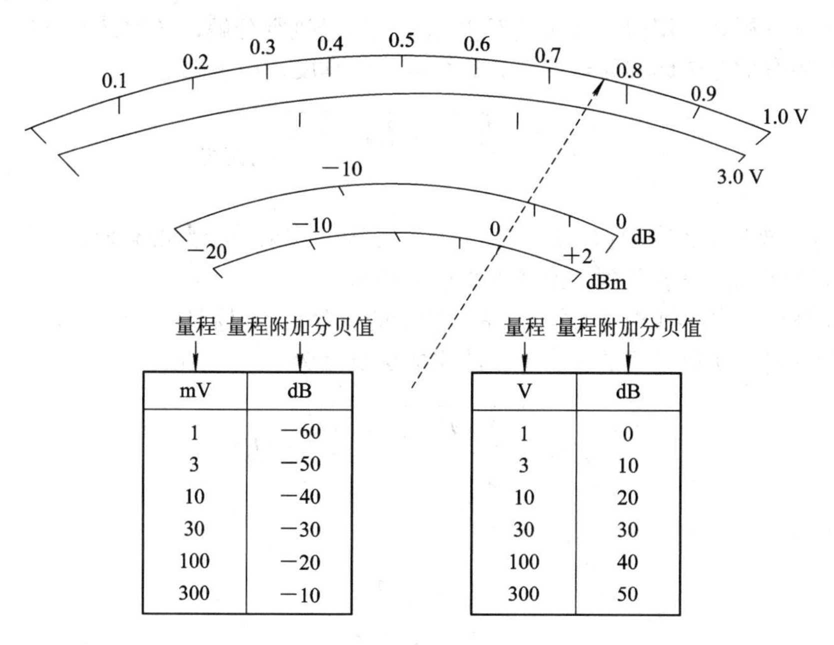

mV	dB
1	−60
3	−50
10	−40
30	−30
100	−20
300	−10

V	dB
1	0
3	10
10	20
30	30
100	40
300	50

图4-12　分贝刻度

例 3 $U_x = 1$ V 时，对应的分贝值为

$$20\lg\frac{1}{0.775} \approx +2\ \text{dB}$$

所以，1 V 刻度处的分贝值刻度为+2 dB。

例 4 被测电压为 10 V 时，我们选用电压表上的 10 V 量程，指针还在 1 V 刻度，而 10 V 电压的分贝值为

$$\begin{aligned} 20\lg\frac{10}{0.775} &= 20\lg\left(10\times\frac{1}{0.775}\right) \\ &= 20\lg 10 + 20\lg\frac{1}{0.775} \\ &= 20 + 2 \\ &= 22\ \text{dB} \end{aligned} \tag{4-18}$$

这时电压表指针还在+2 dB(1 V 电压的分贝值)处，我们把式(4-18)中的 20 dB 叫做 10 V 量程的附加分贝值。

因此，被测电压分贝值 = 表头分贝指示值 + 量程的附加分贝值。当然，分贝值的测量必须是在额定频率范围内，而且只有在被测电压的波形是正弦波的情况下，其测量结果才是正确的。

4.2.5 失真度的测量

在线性电路中，输入正弦信号时，输出信号中产生了新的频率成分；或单一频率正弦波通过非线性电路时，输出信号中有了新的频率成分，即称为出现了非线性失真。

1. 非线性失真的定义

根据谐波分析法，用傅立叶级数对失真正弦信号进行分解，各次谐波分量总的有效值与基波分量的有效值之比称为非线性失真系数或失真度，用 γ 表示

$$\gamma = \frac{\sqrt{U_2^2 + U_3^2 + \cdots U_n^2}}{U_1} \times 100\% \tag{4-19}$$

式中：U_1 为基波分量的有效值；U_2、U_3、…、U_n 为 n 次谐波分量的有效值，但一般高次谐波分量较小，实际上只要取到三次或五次谐波即可。

实际工作中，式(4-19)中被测信号基波分量的有效值难以测到，而测量被测信号的电压有效值比较容易，所以常用的失真度仪给出的失真度为

$$\gamma' = \frac{\sqrt{U_2^2 + U_3^2 + \cdots + U_n^2}}{U} \times 100\% \tag{4-20}$$

式中：

$$\gamma' = \frac{\gamma}{\sqrt{1+\gamma^2}} \tag{4-21}$$

当$\gamma < 30\%$时，可视$\gamma^2 << 1$，$\gamma' = \gamma$。

这样就可用式(4-20)来代替式(4-19)的定义，使测量仪器便于制作，又能够满足一般要求，否则需要两套选择性网络，分别测出基波分量有效值及谐波分量总的有效值。

当失真度在$\gamma > 30\%$时，应用式(4-21)计算出定义值γ：

$$\gamma = \frac{\gamma'}{\sqrt{1 + (\gamma')^2}} \tag{4-22}$$

2. 失真度测量原理

测量非线性失真的方法有多种，第一种方法是基波抑制法(单音法)，可通过抑制基波的网络来实现。第二种方法是交互调制法(双音法)，对被测设备输入两个正弦信号，测量其交调失真度。这里我们主要介绍基波抑制法测量失真度，其原理图如图 4-13 所示。

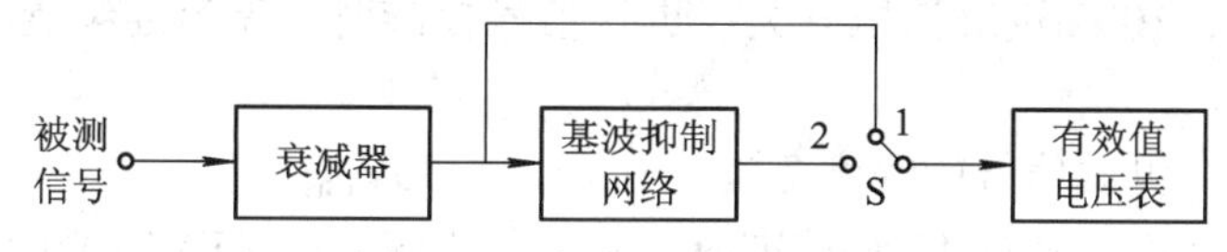

图 4-13　基波抑制法原理图

测量中，首先将开关 S 置于“1”位，电压表测出包括基波在内的被测信号总的电压有效值。然后将开关置于“2”位，调节基波抑制网络的参数，使网络的谐振频率与被测信号的基波频率相同，将基波“全部”滤除，这时电压表的示值等于所有谐波电压的总有效值(不含基波)，则失真度近似等于电压表两次示值之比的百分数。

通常抑制基波电压常采用陷波滤波器，常见的有文氏电桥组成的 RC 陷波电路及双 T 型电桥组成的陷波电路。

3. HM 8027 型失真度仪的使用

1) *面板介绍*

HM 8027 型失真度仪的面板组成如图 4-14 所示。

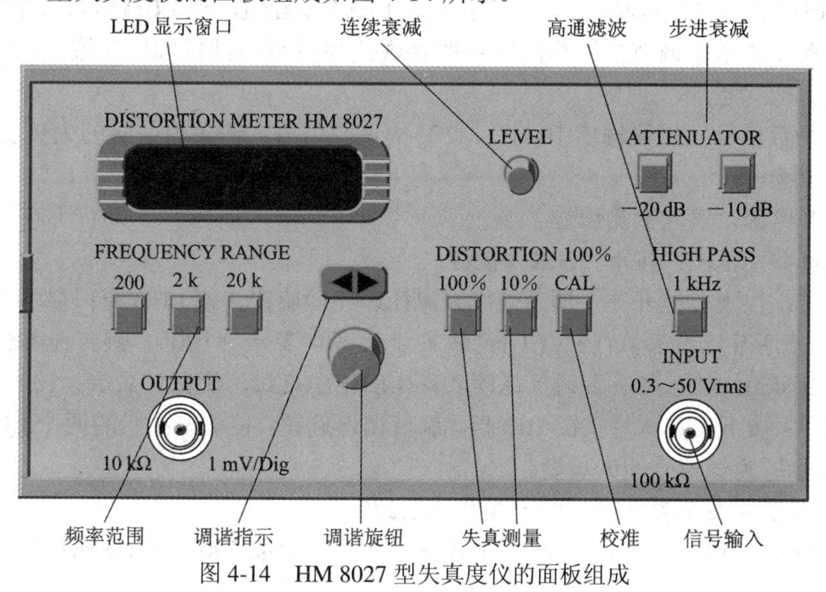

图 4-14　HM 8027 型失真度仪的面板组成

下面对面板各部分进行说明。

(1) 频率范围按键：本仪器的频率测试范围为 20 Hz～20 kHz。“200”按键对应 20 Hz～200 Hz，“2K”按键对应 200 kHz～2 kHz，“20K”按键对应 2 kHz～20 kHz。

(2) 调谐旋钮：调整内插滤波器，使其对基波频率有最大抑制，若调谐指示的两个 LED 灯均熄灭，则表示滤波器严格同步。

(3) 调谐指示器：若内插滤波器未调恰当，调谐指示的两个 LED 灯中的一个会指示滤波频率偏离输入频率的方向，反向调整旋钮直至两个 LED 均熄灭即可。

(4) 失真测量按键：

按键分为 10%和 100%两挡，当信号失真在 10%以内时，应选择 10%按键进行测量；当信号失真大于 10%时，应选择 100%按键进行测量；测试时，一般先选择 10%挡，若 LED 显示“888”，则选择 100%挡。

(5) 校准开关：100%校准按压开关，进行信号校准时，调节连续衰减(LEVEL)旋钮，使 LED 显示“100”。

(6) 信号输入：测试信号的幅度范围为 $0.3V_{rms}$～$50V_{rms}$。

(7) 步进衰减按键：进行 100%校准时，若调节连续衰减(LEVEL)旋钮，LED 不能显示“100”，此时可按压“-10dB”或“-20dB”步进衰减按键，使窗口显示“100”。

(8) 高通滤波按键：抑制 1 kHz 以下的低频噪声。

(9) 连续衰减(LEVEL)旋钮：进行校准时，可用此旋钮对被测信号进行连续衰减，最大衰减为-15 dB。

(10) LED 显示窗口：本仪器为 3 位 LED 显示。

2) 操作指导

测量信号失真度的具体操作过程如下：

(1) 打开电源，输入被测信号(注意被测信号的频率与大小)。

(2) 选择频率范围。

(3) 100%校准：按下校准开关，调节衰减(LEVLE)旋钮，使 LED 窗口显示“100”。

(4) 失真度测量：调节基波抑制网络的参数，使网络的谐振频率与被测信号的基波频率相同，将基波“全部”滤除。

例 5 函数信号发生器输出 10 kHz、2 V 的正弦信号，测量该信号的失真度。

操作步骤如下：

(1) 打开电源，输入被测信号。

(2) 选择频率范围：按下“20K”按键。

(3) 校准：按下校准开关，调节连续衰减(LEVEL)旋钮，使 LED 窗口显示“100”。

注意： 若调节连续衰减(LEVEL)旋钮不能使窗口显示“100”，则可先按下步进衰减(-10 dB、-20 dB)按键，之后再调节连续衰减(LEVEL)旋钮，使窗口显示“100”。

(4) 测量：按下失真测量按键 10%挡，调节调谐旋钮，使调谐指示的两个 LED 均熄灭，此时窗口显示即为该信号的失真度。

注意： 若窗口显示为 0.27，即失真度为 0.27%。

例 6 分别从 EE1641B 型、40 型函数信号发生器上取 500 Hz/500 mV、1 kHz/1 V、

15 kHz/5 V 的三组正弦信号，测试其失真度，并依此比较两台信号源的性能。

3) HM 8027 型失真度仪的技术指标

(1) 频率范围：20 Hz～20 kHz，分为三挡。

(2) 失真测量范围：分为 10%、100%两挡。

(3) 分辨率：100%挡的分辨率为 0.1%；10%挡的分辨率为 0.01%。

(4) 精确度：100%挡的精确度为 ±5%；10%挡的精确度为 ±5%。

(5) 输入电压：100%挡校正时，300 mV(最小)～50 V(最大)。

(6) 输入阻抗：50 kΩ。

(7) 工作环境：温度范围为+10℃～+40℃，最大相对湿度为 80%。

4.3 数字电压表

4.3.1 电压测量的数字化方法

数字化测量是将连续的模拟量转化为断续的数字量，然后进行编码、储存、显示和打印等。数字电压表(DVM)在近几年内已成为极其精确、灵活多用、价格也正在逐渐下降的电子仪器，并能很好地与计算机相连接，在自动测试系统发展中占有重要地位。

这里只讨论用于直流电压测量的 DVM，其组成如图 4-15 所示。

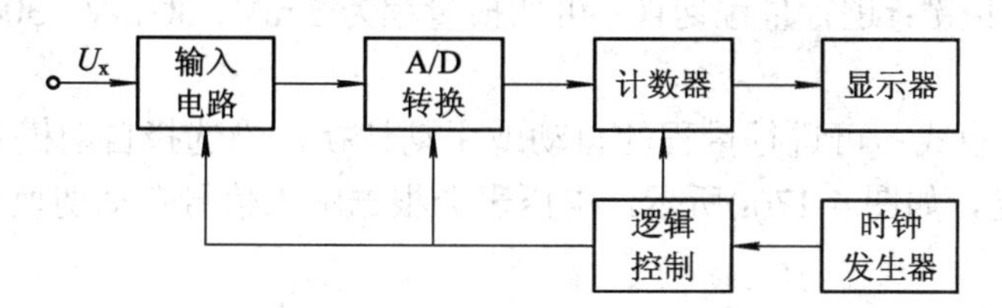

图 4-15　直流 DVM 的组成框图

加到 DVM 的直流电压，可以是被测电压本身，也可以是被测交流电压经检波器转化的直流电压。

DVM 的核心：模拟量的数字化测量，即 A/D 转换器是 DVM 的核心部分。

A/D 转换的形式：比较型与积分型等。

比较型 A/D 转换器：采用对输入模拟电压与标准电压进行比较的方法，是一种直接转换形式。其中又分为反馈比较式和无反馈比较式。具有闭环反馈系统的逐次逼近比较式是常用的类型。

积分型 A/D 转换器：这是一种间接转换形式。首先对输入的模拟电压通过积分器变成时间(T)或频率(f)等中间量，再把中间量转换成数字量。根据中间量的不同分为 U-T 式和 U-f 式。U-T 式利用积分器产生与模拟电压成正比的时间量，U-f 式利用积分器产生与模拟电压成正比的频率量。

4.3.2 数字电压表的使用

本节以 SG2172B 型双路数显毫伏表为例，对数字电压表的基本功能进行介绍。

1. SG2172B 型双路数显毫伏表面板介绍

SG2172B 型双路数显毫伏表的面板如图 4-16 所示。

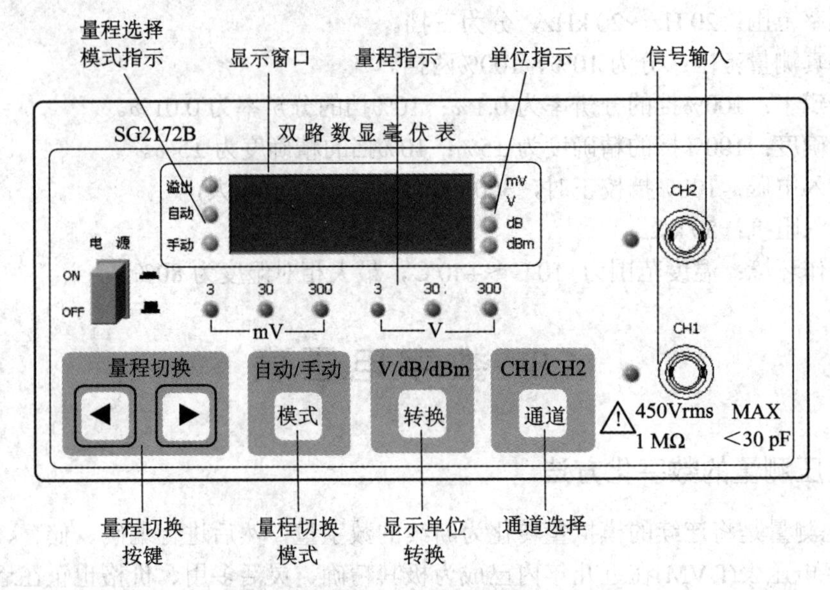

图 4-16 SG2172 双路数显毫伏表面板

下面对面板主要部分进行说明。

(1) 量程切换按键：进行量程切换，可切换量程为 3 mV、30 mV、300 mV、3 V、30 V、300 V。

(2) 量程切换模式：可进行量程的自动或手动切换，当选择自动模式时，显示窗口左边的自动指示灯亮，如图 4-17(a)所示，电压表会根据输入信号自动切换量程，直到找到合适的量程。

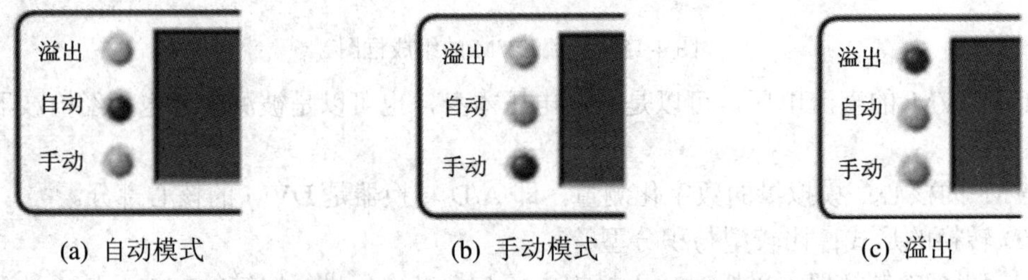

(a) 自动模式 (b) 手动模式 (c) 溢出

图 4-17 量程选择时各指示灯显示

当选择手动切换时，需要用户自己根据输入信号选择合适量程，这时显示窗口左边的手动指示灯亮，如图 4-17(b)所示。

如果找不到合适的量程，则溢出指示灯亮，如图 4-17(c)所示。

(3) 量程指示：当选择电压表的某一个量程时，该量程的指示灯亮。如图 4-18 所示，当选择 30V 量程时，该量程的指示灯亮。

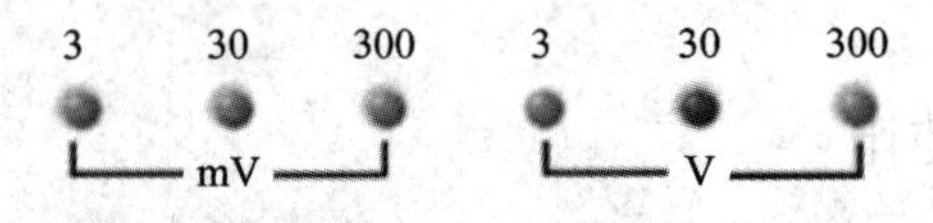

图 4-18 量程指示

(4) 显示单位转换：用户可根据自己的测试需要选择测量单位，使其在 mV、V、dB、dBm 之间切换，此时显示窗口左边的单位指示灯亮。例如，如果选择 dB 为单位，则如图 4-19 所示。

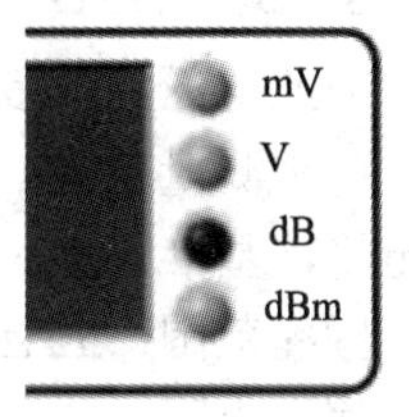

图 4-19　单位指示

(5) 通道选择：用户可根据信号大小结合通道的技术参数选择相应的通道。

2. 操作指导

信号电压的测量过程如下：

(1) 打开电源。

(2) 刚开机时，机器处于 CH1 输入、自动测量、电压显示方式；如果采用手动测量，则需在加入被测量电压前选择合适的量程。

(3) 两个通道有记忆功能，如果输入信号没变，则转换通道不必重新设置量程。

(4) 当处于手动测试时，从 INPUT 端接入被测电压后，应马上显示被测电压数据；当处于自动测试时，加入被测电压后，需几秒钟显示数据。

例 7　EE1641B 型函数信号发生器输出正弦信号，频率为 5 kHz，峰峰值为 8 V，输入到 SG2172B 型双路数显毫伏表的 CH1 通道，测量其有效值。

操作步骤如下：

(1) 将信号从电压表的 CH1 通道输入。

(2) 打开仪器电源，默认量程切换模式是自动、显示单位为电压(V)。

(3) 几秒钟后，相应的量程指示灯亮，显示窗口显示数据。此时电压表显示如图 4-20 所示。

注意：电压表显示的是正弦波的有效值。

(4) 当需要进行信号的电平测量时，将测量单位调整为“dB”或“dBm”即可。

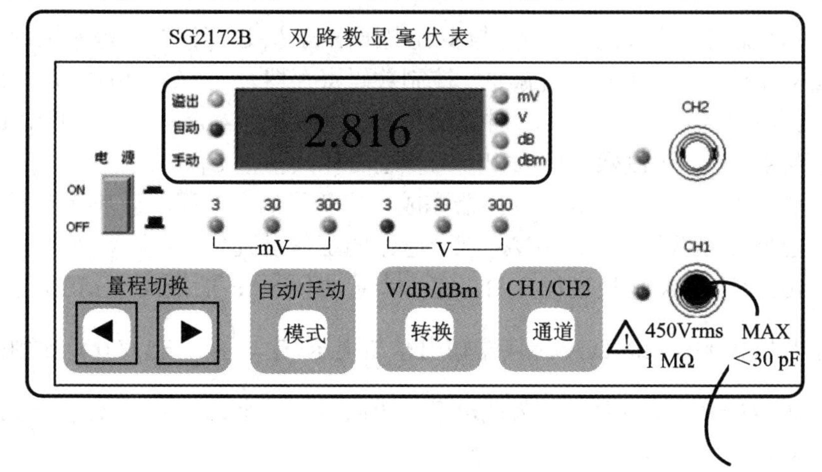

图 4-20　某次测量时电压表的状态

注意：$U_{P\text{-}P} = 8$ V 的正弦信号，理论计算有效值为 $U_{rms} = 2.828$ V，本次测量电压表显示“2.816”。通常信号的大小以电压表测量结果为准，因为传统信号源的幅度显示误差较大，一般在 10%左右。

3. SG2172B 型双路数显毫伏表技术参数

交流电压测量范围：30 μV～300 V。

电平测量范围：–79 dB～+50 dB；–77 dBm～+52 dBm。其中，基准量 $U_0 = 1$ V 为零电压电平，基准量 $P_0 = 1$ mW(阻抗为 600 Ω)为零功率电平。

频率范围：5 Hz～2 MHz。

输入电阻：(1 ± 10%)MΩ。

输入电容：不大于 30 pF。

4.3.3 逐次逼近比较型 DVM 的工作原理

逐次逼近比较型 DVM 原理框图如图 4-21，它的原理类似于天平。

逐次逼近比较型 DVM，其基本原理是用被测电压与一可变的已知电压(基准电压)进行比较，直到达到平衡，测出被测电压。比较的过程是将基准电压分成若干基准码，未知电压按指令与最大的一个码(D/A 变换)比较，逐次减小，比较时大者(码大者)弃，小者(码小者)留，直到逼近被测电压。

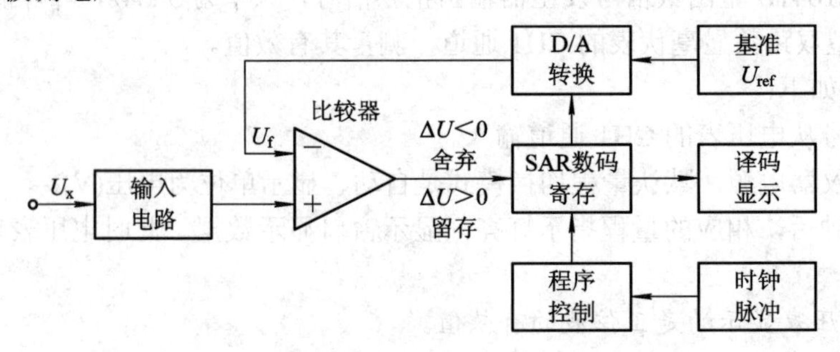

图 4-21　逐次逼近比较型 DVM 原理框图

图中，比较器用于将被测电压 U_x 与步进电压砝码 U_f 进行比较，程序控制器将时钟脉冲发生器送入的时序脉冲变成节拍脉冲，控制数码寄存器。当 $U_x < U_f$ 时，$\Delta U < 0$，数码寄存器不保留数码(舍弃)；而当 $U_x > U_f$ 时，$\Delta U > 0$，数码寄存器保留数码。其中 D/A 转换器用来将寄存器送来的二进制数变换成相应的步进变化模拟量 U_f。

下面我们讨论一个 4 位 D/A 变换器完成一次变换的全过程。设基准电压的满度值为 $U_{ref} = 10$ V，被测电压为 $U_x = 3.280$ V，则全电路的工作过程如下：

(1) 起始脉冲使 D/A 变换过程开始，第一个脉冲使 SAR 的最高位 MSB 置“1”，SAR 输出一个基准码$(1000)_2$，经 D/A 转换器输出基准电压 $U_f = \frac{U_{ref}}{2} = 5.000$ V 加到比较器，由于 $U_x < U_f$，即 $\Delta U < 0$，比较器输出为低电平，所以当第二个钟脉冲到来时，SAR 的最高位回到“0”，这就是“大者弃”。

(2) 第二个脉冲到来时，SAR 的最高位回到“0”，而第二位被置“1”，故 SAR 的输出为$(0100)_2$，经 D/A 变换输出一个电压砝码为 $U_f = (0 + 2^{-2})U_{ref} = \frac{U_{ref}}{4} = 2.500$ V，这一次，$U_x > U_f$，即 $\Delta U > 0$，比较器输出为高电平，这样 SAR 的第二位保留在“1”，即“小者留”。

(3) 第三个脉冲到来时，SAR 的第三位置“1”，SAR 输出$(0110)_2$，经 D/A 转换器输出电压砝码$U_{\mathrm{f}}=(0+2^{-2}+2^{-3})U_{\mathrm{ref}}=\left(\frac{1}{4}+\frac{1}{8}\right)U_{\mathrm{ref}}=3.750\ \mathrm{V}$，相当于又加入一个$\frac{U_{\mathrm{ref}}}{8}$的电压砝码，$U_{\mathrm{x}}<U_{\mathrm{f}}$，即$\Delta U<0$，比较器输出为低电平，所以当第四个钟脉冲到来时，SAR 的第三位返回“0”。

(4) 第四个脉冲到来时，SAR 的第四位置“1”，SAR 的输出为$(0101)_2$，经 D/A 转换器输出电压砝码$U_{\mathrm{f}}=(0+2^{-2}+0+2^{-4})U_{\mathrm{ref}}=\left(\frac{1}{4}+\frac{1}{16}\right)U_{\mathrm{ref}}=3.125\ \mathrm{V}$，相当于把$\frac{U_{\mathrm{ref}}}{8}$电压砝码换成$\frac{U_{\mathrm{ref}}}{16}$，这一次，$U_{\mathrm{x}}>U_{\mathrm{f}}$，即 $\Delta U>0$，比较器输出为高电平，这样 SAR 的第四位保留在“1”。

经过上述四次比较，SAR 的输出为(0101)(或 3.125 V)，这就是 A/D 变换器的输出数据。该数据送到译码器，然后以十进制数显示被测结果。

由于 D/A 变换器输出的基准电压是量化的，因此，最后变换的结果为 3.125 V，即偏低了 0.155 V，这就是 D/A 转换器的量化误差。

逐次逼近比较式 D/A 变换器的准确度，由基准电压、D/A 变换器、比较器的漂移等决定，其变换时间与输入电压大小无关，仅由它输出数码的位数和钟频决定。这种 D/A 转换器能兼顾成本、准确度、速度三方面的较好平衡，发展较快，现已做到 10 位以上，这种变换其测量精度高，速度快，但抗干扰性能差。

4.3.4 双斜式积分型 DVM 的工作原理

双斜式积分型 DVM，其特点是在一次测量过程中，用同一积分器先后进行两次积分。首先对被测电压 U_{x} 定时积分，然后对基准电压 U_{ref} 定值积分。通过两次积分的比较，将U_{x}变换成与之成正比的时间间隔，这种 A/D 变换属于 U–T 变换。图 4-22 为双斜式积分型 DVM 的原理框图。它由积分器、零比较器、逻辑控制、闸门、计数器及电子开关(S_1～S_4)等部分组成。

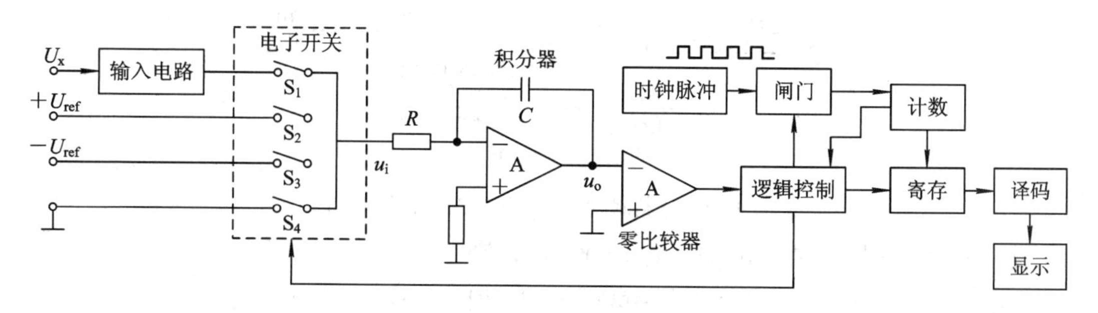

图 4-22　双斜式积分型 DVM 的基本原理图

其工作过程分三阶段，如图 4-23 所示。

准备阶段(t_0～t_1)：由逻辑控制电路将电子开关中的 S_4 闭合，使积分器输入电压 $u_{\mathrm{i}}=0$，其输出电压 $u_{\mathrm{o}}=0$，作为初始状态，对应图 4-23 中的 t_0～t_1 区间。

采样阶段(t_1～t_2)：对被测电压的定时积分过程。设被测电压 U_{x} 为负值，在 t_1 时刻，逻辑控制电路将电子开关 S_4 打开、S_1 闭合，接入被测电压 U_{x}，积分器对被测电压作正向积分，输出电压 u_{o1} 线性增加，就在此瞬间，逻辑控制电路将闸门打开，释放时钟脉冲(即计时)。当经过预定时间 $T_1(T_1 = N_1T_{s1}$，也即计数器计数容量到达 N_1)时，即 t_2 时刻，计数器溢出，产生一个进位脉冲，通过逻辑控制电路将开关 S_1 断开，获得时间间隔 T_1，则

$$u_{o1} = -\frac{1}{RC}\int_{t_1}^{t_2}(-U_x)\mathrm{d}t \tag{4-23}$$

在 t_2 时刻，有

$$u_{o1} = U_{om} = \frac{T_1}{RC}\overline{U}_x$$

当 U_x 为直流时，有

$$\overline{U}_x = U_x$$

$$U_{om} = \frac{T_1}{RC}U_x \tag{4-24}$$

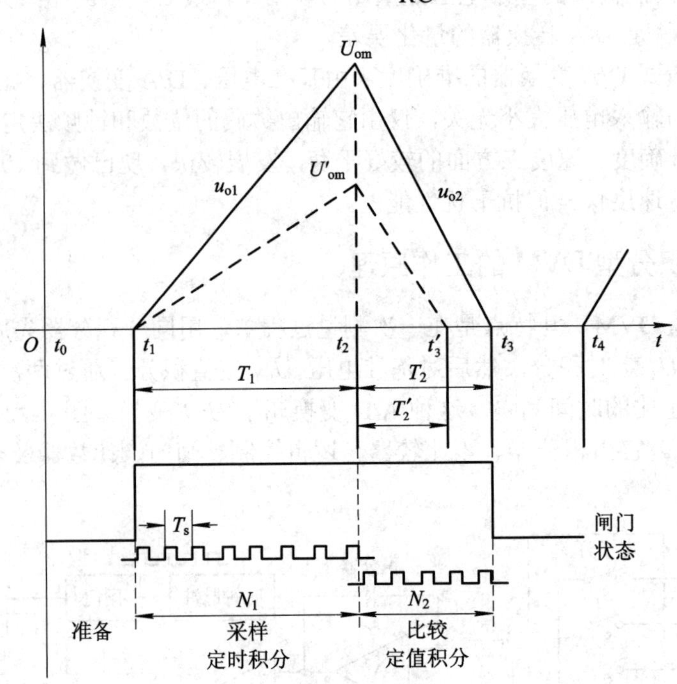

图 4-23　双斜式积分型 DVM 的工作波形图

设时钟脉冲的周期 $T_s = 10\ \mu s$，$N_1 = 6000$ 时，则

$$T_1 = N_1T_s = 6000\times10\times10^{-6} = 60\ \text{ms}$$

所以，$t_1 \sim t_2$ 区间是定时积分，T_1 是预先设定的。u_{o1} 斜率由 U_x 决定(U_x 越大，充电电流越大，斜度越陡，U_{om} 的值则也越大)。当 U_x (绝对值)减小时，其顶点 U'_{om} 如图中虚线所示，由于是定时积分，因而 U'_{om} 和 U_{om} 在一条直线上。

比较阶段($t_2 \sim t_3$)：对基准电压的定值积分过程。在 t_2 时刻 S_1 断开，同时将 S_2 合上，接入正的基准电压 U_{ref}，则积分器从 t_2 时刻开始对 U_{ref} 进行反向积分，同时 t_2 时刻计数器清零，闸门仍然开启，重新计数，送入寄存器。

到 t_3 时刻，积分器输出电压 $u_{o2}=0$，获得时间间隔 T_2，在此期间有

$$u_{o2}=U_{om}+\left(-\frac{1}{RC}\int_{t_2}^{t_3}U_{ref}\,dt\right)=U_{om}-\frac{T_2}{RC}U_{ref} \tag{4-25}$$

在 t_3 时刻，将式(4-24)和式(4-25)联立，得

$$U_{om}=\frac{T_1}{RC}U_x=\frac{T_2}{RC}U_{ref}$$

得

$$T_1U_x=T_2U_{ref}$$

$$U_x=\frac{T_2}{T_1}U_{ref} \tag{4-26}$$

因为，U_{ref} 和 T_1 均为固定值，则被测电压 U_x 正比于时间间隔 T_2，从而完成了 U-T 变换作用。

又因为 $T_1=N_1T_s$，$T_2=N_2T_s$，故

$$U_x=\frac{U_{ref}}{N_1}N_2 \tag{4-27}$$

可见，若参数选择合适，则被测电压 U_x 可以直接通过计数器上的读数来显示。

同时，在 t_3 时刻，$u_{o2}=0$，由零电平比较器发出信号，通过逻辑电路关闭闸门，停止计数，并令寄存器释放脉冲数到译码显示电路，显示出 U_x 的数值。同时将开关 S_2 断开，合上 S_4，C 放电，进入休止阶段(t_3～t_4)，开始准备并自动转入下一个测量周期。

这种仪表的准确度主要取决于基准电压 U_{ref} 的准确度，而与积分器的参数无关(RC 等)，即不必选用精密的积分元件，从而提高了整个仪表的准确度，这是双斜式积分型 DVM 的主要特点。

由于两次积分都是对同一时钟脉冲源进行计数，从而降低了对脉冲源频率准确度的要求。

由于测量结果所反映的是被测电压在采样时间 T_1 内的平均值，故串入被测电压信号中的各种干扰成分通过积分过程而减弱。一般选取时间 T_1 均为交流电源周期(20 ms)的整数倍，使电源干扰电压的平均值接近 0，因而这种 DVM 具有较强的抗干扰能力。但是，也正因为这个原因使它的测量速度较低，一个周期约为几十到几百毫秒。

4.3.5 DVM 的工作特性

1. 电压测量范围

DVM 利用量程、显示位数及超量程能力来反映它的测量范围。

1) 量程

DVM 的量程是由输入通道中的步进衰减器及输入放大器的适当配合来实现的。

基本量程：未经衰减和放大的量程，亦即 A/D 转换器的电压范围。

扩展量程：借助于步进衰减器和输入放大器向两端扩展，下限可低于 1 mV，上限为 1 kV 左右。

DVM 的基本量程多半为 1 V、10 V，也有 2 V 和 5 V 等。例如，某 DVM 的量程有

200 mV、2 V、20 V、200 V、1000 V，其中 2 V 是它的基本量程。

实现量程转换除手动外，一般都可自动转换。自动转换方式是借助于逻辑控制电路来实现的。当被测电压超过量程满度值时，DVM 的量程自动提高一挡；当被测电压不足满度值的 1/10 时，DVM 的量程自动降低一挡。

2) 显示位数

满位：在 DVM 的各位数码显示中，能够显示 0～9 十个数码的位，叫做满位。

半位：有的位上只能显示 0、1、2 等几个数字，这样的位称为半位。

DVM 的显示位数是指能显示 0～9 十个数码的位数。例如，一台 DVM 的最大显示为 9999，另一台 DVM 的最大显示为 19999，根据上述定义，二者均为 4 位。但前者表示为 4 位，后者经常可表示为 $4\frac{1}{2}$ 位。

3) 超量程能力

超量程能力是 DVM 所能测量的最大电压超过量程值的能力，它是数字电压表独有的特性。数字式电压表有无超量程能力，要根据它的基本量程和能够显示的最大数字情况来决定。

显示位数全是完整位的 DVM，没有超量程能力。带有 1/2 位的数字式电压表，如果按 2 V、20 V、200 V 为量程，也没有超量程能力。

带有 1/2 位，并以 1 V、10 V、100 V 等为量程的 DVM，才具有超量程能力。例如，$4\frac{1}{2}$ 的 DVM 在 10 V 量程上，最大显可为 19.999 V，因此允许有 100%的超量程能力。

2．分辨力

分辨力(或称最高灵敏度)指 DVM 能够显示出的被测电压的最小变化值。显然，在不同量程上，分辨力是不同的。在最小量程上，DVM 有最高的分辨力，这里的分辨力应理解为最小量程上的分辨力。例如，某 DVM 的最小量程为 0.5 V，最大显示正常数为 4999，末位显示为 100 μV；某型号 DVM 的最小量程为 0.2 V，最大显示正常数为 19999，所以分辨力为 10 μV。

利用 DVM 高分辨力的特点，可以测量弱信号电压。

3．测量速度

对被测电压每秒钟所进行测量的次数，称为测量速度，或者用测量一次所需要的时间来表示。测量速度取决于 A/D 转换器的转换速度。DVM 完成一次测量(从信号输入到数字显示)只需几到几十毫秒，有的更快。例如逐次逼近式 DVM，其测量速度每秒可达 10^5 次以上。

4．输入阻抗

一般的 DVM 输入阻抗为 10 MΩ 左右，最高可达 10^{10} Ω。通常 DVM 在基本量程时具有最大的输入电阻，而在较大量程时，由于输入电路使用了衰减器，因而使输入电阻变小。

交流电压挡，除输入电阻外，还有输入电容 C_i，一般为几到几百皮法(pF)。而且还有频率响应问题，由于所采用的线性检波器等电路的频带较窄，所以积分型 DVM 的上限频

率 f_H 较低，一般只能到几十千赫，精度高的 DVM 可达数百千赫。

5．抗干扰能力

由于 DVM 的灵敏度较高，因而干扰信号对测量精确度的影响更为显著，故抗干扰能力是 DVM 尤为重要的特性。

第 5 章　示波器的使用

学习目标

1. 学会模拟示波器的使用。
2. 学会数字示波器的使用。
3. 掌握示波器的工作原理。

5.1　概　　述

示波测量即波形测量。所谓波形，在电子技术领域中主要是指各种电参数作为时间函数的图形。波形测试属于对电信号的时域测量，即将被测信号的幅度同所对应的时间关系显示出来。示波器是时域分析的典型仪器。

一般来说，电学中的信号大部分是时间的变量，通常可以用一个时间的函数 $f(t)$ 来描述它。示波器荧光屏上的 X 轴代表时间，Y 轴代表 $f(t)$ 函数，利用电子运动轨迹实时反映电磁现象变化的理论，在屏幕上描绘出被研究信号随时间变化的规律。

实际上，从广义来看，示波器是一种 X-Y 图示仪，只要能把两个关系的变量转化为电参数，分别加至示波器的 X、Y 通道，就可以在荧光屏上通过光点的运动轨迹显示出这两个变量之间的关系。例如，本书后面要介绍的频谱分析仪，还有近代对计算机和数字系统测试的典型产品——逻辑分析仪，都是示波测试技术的应用。

1．示波器的种类

根据示波器对信号的处理方式的不同，示波器可分为模拟、数字两大类。

(1) 模拟示波器：采用模拟方式对时间信号进行处理和显示。

(2) 数字示波器：对信号进行数字化处理后再显示。

2．示波器的主要特点

(1) 由于电子束的惯性小，因而响应速度快，工作频率范围宽，适应于测试快速脉冲信号。

(2) 灵敏度高。因为配有高增益放大器，所以能够观测微弱信号的变化；由于不用表针指示方式，因而过载能力强。

(3) 输入阻抗高，对被测电路影响小。

3. 示波器的主要性能指标

示波器的技术性能指标有几十项，为了正确选择和使用示波器，必须了解下列五项主要性能指标。

1) 频率响应

加至示波器输入端(包括 Y 轴和 X 轴，不加说明时均指 Y 轴)的信号在屏幕上所显示的图像幅度对应中频段频率显示幅度下降 3 dB 的范围，即上限频率 f_H 与下限频率 f_L 之差，称为频率响应(也称频带宽度 f_B)。一般情况下 $f_H >> f_L$，所以频率响应可用上限频率 f_H 来表示，此值愈大愈好。

2) 时域响应

时域响应(也称瞬态响应)，表示放大电路在方波脉冲输入信号作用下的过渡特性，如图 5-1 所示。用上升时间 t_r、下降时间 t_f、上冲 s_b、下冲 s_n、预冲 s_d 及下垂 δ 等参数表示。

(1) 上升时间 t_r 是正脉冲波的前沿从基本幅度 A 的 10%上升到 90%所需的时间。

(2) 下降时间 t_f 是正脉冲波的后沿从下垂后幅度 A_1 的 90%下降到 10%所需的时间。

(3) 上冲 s_b 是脉冲波前沿的上冲量 b 与 A 之比的百分数，即

$$s_b = \frac{b}{A} \times 100\%$$

(4) 下冲 s_n 是脉冲波后沿的下冲量 f 与 A 之比的百分数，即

$$s_n = \frac{f}{A} \times 100\%$$

(5) 预冲 s_d 是脉冲波阶跃之前的预冲量 d 与 A 之比的百分数，即

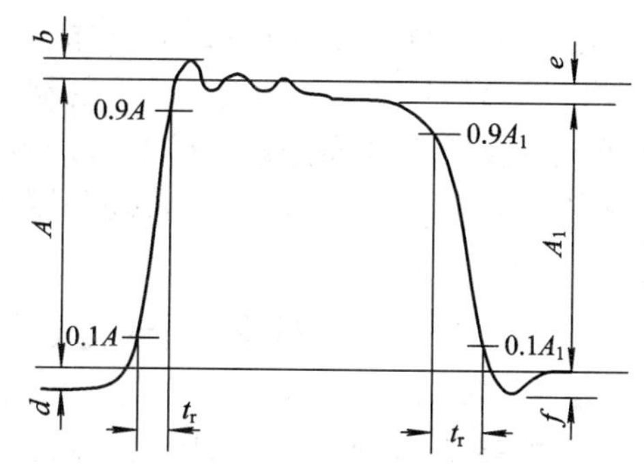

图 5-1　脉冲信号各参数

$$s_d = \frac{d}{A} \times 100\%$$

(6) 下垂 δ 是脉冲波平顶部分的倾斜幅度 e 与 A 之比的百分数，即

$$\delta = \frac{e}{A} \times 100\%$$

示波器说明书上一般只给出上升时间 t_r 及上冲 s_b 的数值。由于示波器中的放大器是线性网络，放大器的频带宽度 f_B 与上升时间 t_r 之间有确定的内在联系：

$$f_B \times t_r \approx 350$$

当知道频带宽度 f_B 的值时，可以算出上升时间：

$$t_r = \frac{350}{f_B}$$

式中：f_B 及 t_r 的单位分别为 Hz 与 ns。对于示波器，一般有 $f_B \approx f_H$。

例如：$f_H = 30$ MHz，上升时间 $t_r \approx \frac{350}{f_H} = \frac{350}{30 \times 10^6} \approx 12$ ns，此值愈小愈好。

上述的频率响应和时域响应两种指标，在相当大程度上决定了可以观测的信号的最高

频率(指周期性连续信号)或脉冲信号的最小宽度。

3) 偏转灵敏度

偏转灵敏度指输入信号在无衰减的情况下，亮点在屏幕上偏转 1 cm(或 1 格)所需信号电压的峰峰值。它反映了示波器观察微弱信号的能力，其值愈小，偏转灵敏度愈高。

由于放大器受增益-带宽积的限制，灵敏度与频带之间是有矛盾的，而且灵敏度还受噪声、漂移等因素的影响，所以一般示波器的灵敏度为每厘米若干毫伏的数量级。

4) 输入阻抗

输入阻抗用示波器输入端测得的直流电阻值 R_i 和并联的电容值 C_i 分别给出。在理想情况下，希望电阻值大，电容值小。例如，示波器的 $R_i = 1\ \text{M}\Omega$，$C_i = 33\ \text{pF}$；当接入探极时，$R_2' = 10\ \text{M}\Omega$，$C_i' < 10\ \text{pF}$。该指标为对使用者提供了示波器输入电路对被测电路产生影响的依据。

5) 扫描速度

在无扩展情况下，亮点在屏幕 X 轴方向移动单位长度 1 cm(或 1 格)所需要的时间称为扫描速度，简写为“t/cm 或 t/div(格)”。扫描速度愈高(即 t/cm 的值愈小)，表明示波器能够展开高频信号或窄脉冲信号波形的能力愈强。反之，为了观测缓慢变化的信号，要求示波器具有较低的扫描速度。所以示波器扫描速度的范围愈宽愈好。例如，示波器的扫描速度范围为 0.05 μs/cm～0.5 s/cm，还是比较宽的。

5.2 HG2020 型通用示波器的使用

本节以 HG2020 型通用示波器为例进行介绍。

5.2.1 HG2020 型通用示波器面板简介

HG2020 型通用示波器的面板如图 5-2 所示。

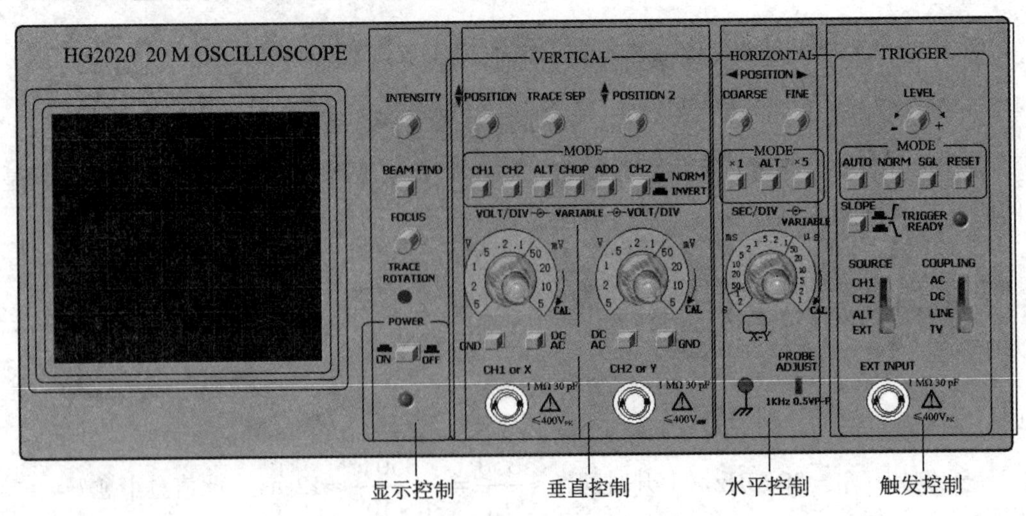

图 5-2　HG2020 型示波器面板

下面对面板各部分进行说明。

1. 显示(DISPLAY)控制

HG2020 型示波器的显示控制如图 5-3 所示。

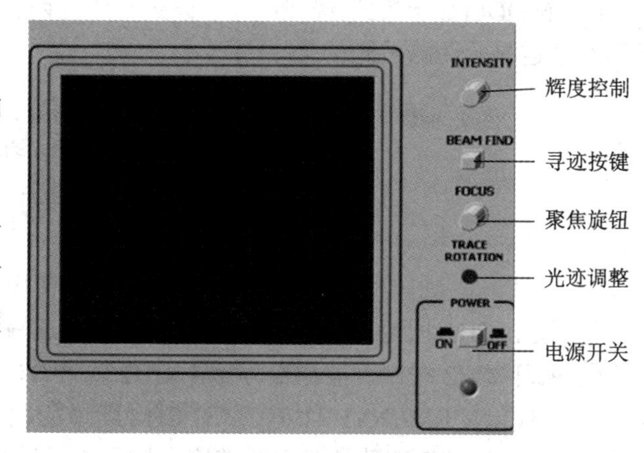

图 5-3 HG2020 型示波器显示控制的按键及旋钮

(1) INENSITY(辉度)控制旋钮：辉度，即亮暗程度。该旋钮用于调节波形(或光点)的亮暗，顺时针方向可调整增加亮度，反之变暗。使用该旋钮，使波形亮暗适中即可。

(2) BEAM FIND(寻迹)按键：用于寻找波形(或光点)的痕迹，主要用在屏幕上没有任何显示的情况下。

(3) FOUCE(聚焦)旋钮：调节聚焦可使光点圆而小，达到波形清晰。

(4) TRACE ROTATION (光迹调整)：用于使时基线与刻度线平行，从而保证显示波形不倾斜。这个电位器一般用小起子调整。

(5) POWER(电源)开关：仪器电源开关，ON 为电源打开，仪器通电；OFF 为电源关闭，仪器断电。

2. 垂直(VERTICAL)控制

本仪器为双通道示波器，因此，CH1 与 CH2 是两个完全相同的被测信号通道。图 5-4 所示为 HG2020 型示波器的垂直控制。

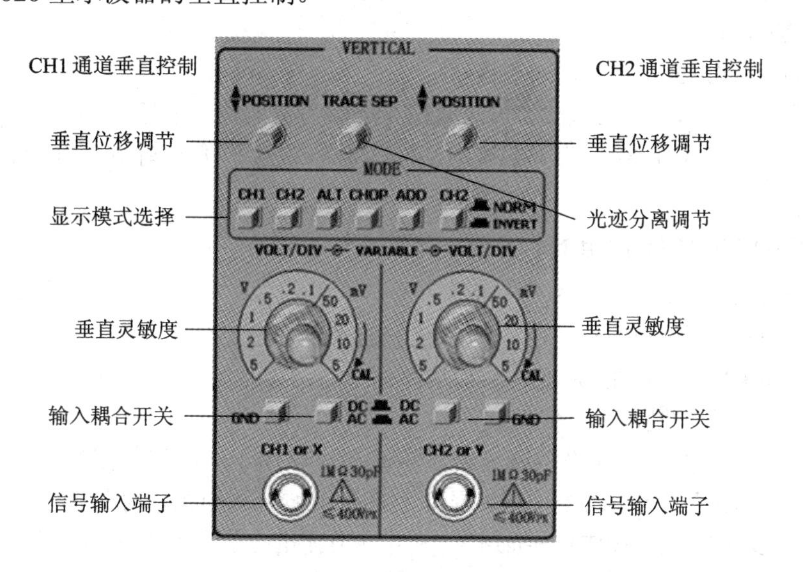

图 5-4 HG2020 型示波器垂直控制的按键及旋钮

(1) POSITION(位移)旋钮：用于调节波形的垂直位置。

(2) TRACE SEP(光迹分离)旋钮：用于水平扩展时，原始信号与扩展信号两个光迹的分离。

(3) MODE(显示模式)选择：显示模式一般为两种，即单通道(CH1 或 CH2)显示被测信号和双通道显示两路被测信号(见图 5-5)。

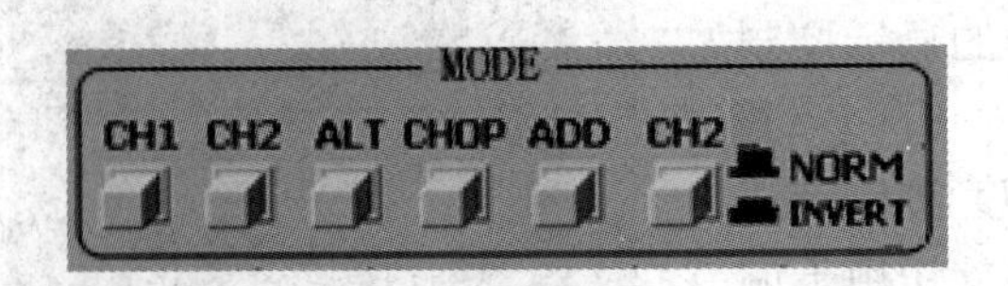

图 5-5　HG2020 型示波器显示模式选择按键

① 按下 CH1 按键，被测信号可由 CH1 输入端输入，进行显示。

② 按下 CH2 按键，被测信号可由 CH2 输入端输入，进行显示。

③ CH2(NORM/INVER)按键可对 CH2 通道的输入信号进行正常/倒相选择。

④ ALT/CHOP 按键是对双通道信号显示方式进行选择，按下 ALT(交替)按键，用于被测信号频率较高的情况，一般为 1 kHz 以上；按下 CHOP(断续)按键，用于被测信号频率较低的情况，一般为几赫兹到几十赫兹。

(4) VOLT/DIV(VARIABLE)(垂直灵敏度(粗/细调))旋钮：单位为“VOLT/DIV”，按 1—2—5 形式步进。调节此旋钮，可以改变波形在垂直方向上的高度。该旋钮内套的小旋钮即为“细调”旋钮，若将旋钮顺时针旋转到底，即 CAL(校准)位置，则“细调”被关闭。

(5) DC/AC GND(输入耦合)开关。

① 开关置“DC”耦合位，用于被测信号频率很低或带有直流分量的信号测量。

② 开关置“AC”耦合位，用于被测信号为纯交流信号的测量。

③ 按下 GND 按键，用于确定零电平，即在不需要断开被测信号的情况下，可为示波器提供接地参考电平。

(6) CH1/X，CH2/Y(信号输入)端口。

① 当示波器工作在 Y-T 方式时，CH1/CH2 都为被测信号的输入端。

② 当示波器工作在 X-Y 方式时，CH1 端口即为 X(水平)信号输入口，CH2 端口为 Y(垂直)信号输入口。

3．水平(HORIZONTAL)控制

水平部分的按键及旋钮如图 5-6 所示。

(1) POSITION(位移)旋扭：用于调节波形的水平位置。

(2) MODE(水平模式)按键如图 5-7 所示。

① 按下“×1”按键，水平实时显示波形。

② 按下“×5”按键，水平扩展 5 倍显示波形，以便于观测被测信号的细节。

③ 按下“ALT”、“×5”两个按键，屏幕上将显示波形的原始信号与扩展 5 倍后的信号。

(3) SEC/DIV(VARIABLE)(扫描速度(粗/细调))旋扭：单位为“SEC/DIV”，用于调节波形水平宽度，将该旋钮逆时针旋到底，仪器处于 X-Y 工作方式。

该旋钮内套的小旋钮即为“细调”旋钮，将旋钮顺时针旋到底，即 CAL(校准)位置“细调”被关闭。

(4) 1 kHz/0.5VP-P：校准信号。

(5) 接地(GND)：与机壳相连的接地端。

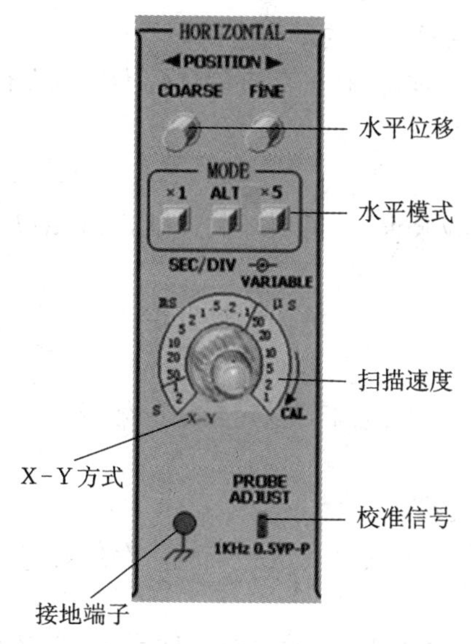

图 5-6　HG2020 型示波器水平控制的按键及旋钮按键

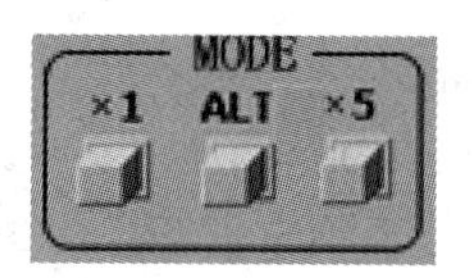

图 5-7　HG2020 型示波器水平模式选择按键

4．触发(TRIGGER)控制

触发控制部分的按键及旋钮如图 5-8 所示。

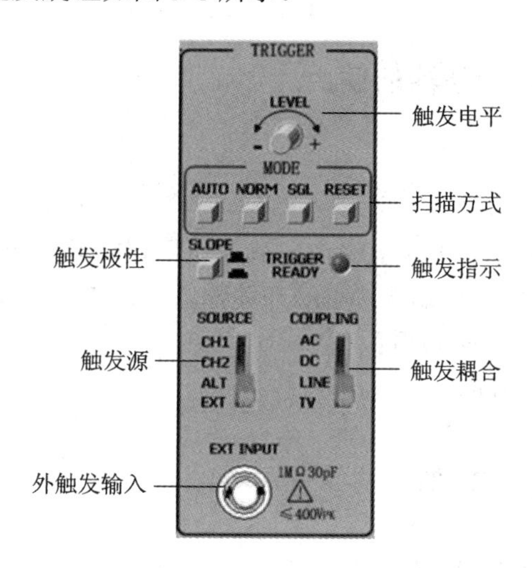

图 5-8　HG2020 型示波器触发控制的按键及旋钮

(1) SOUCE(触发源)选择开关：选择触发信号的来源。

① 选择 CH1，触发信号来自 CH1 输入端的被测信号，用于 CH1 输入信号的稳定显示。

② 选择 CH2，触发信号来自 CH2 输入端的被测信号，用于 CH2 输入信号的稳定显示。

③ 选择 EXT(外触发)，触发信号来自 EXT INPUT 输入端的信号。

④ 选择 ALT(交替触发)，触发信号轮流来自 CH1 输入端和 CH2 输入端的信号，用于双通道稳定显示信号。

⑤ 选择 LINE，触发信号来自交流电源，用于与交流电源频率相关的信号的显示。

⑥ 选择 TV，电视场触发，用于电视场信号的测试。

注意：进行两信号的相位比较时，选择 CH1 或 CH2 信号进行触发，而不用 ALT 触发。

(2) COUPLING(触发耦合)选择开关：选择触发信号的耦合方式。

① 选择 AC，触发信号中的直流成分被阻隔滤除。对于直流偏移较大的触发信号，选择该项便于触发。

② 选择 DC，触发信号直接进入触发电路。

注意：有的示波器还具有 HFR(High Frequency Reject，高频抑制)和 LFR(Low Frequency Reject，低频抑制)等耦合方式。

(3) SLOP(触发极性)选择：触发极性分“+”、“-”两种，即触发点位于触发信号的上升沿或下降沿。

(4) LEVER(触发电平)旋钮：调节触发信号的触发电平，设定合适的触发点，便于波形稳定。

(5) MODE(扫描模式)选择：分为以下三种模式。

① AUTO(自动)：按下此键，无信号时，屏幕上显示光迹扫描线；有信号时，与电平控制配合显示稳定波形。

② NORM(常态)：按下此键，无信号时，屏幕上无显示；有信号时，与电平控制配合显示稳定波形。

③ SINGLE(单次)：按下此键，电路处于等待状态，有信号时扫描只产生一次，下次扫描需再次按动此键。

5.2.2 HG2020 型通用示波器的使用

1．示波器基本操作

1) 电源与扫描

(1) 确认所用市电电压在(220 ± 10%)V。确保所用保险丝为指定的型号。

(2) 断开电源开关，即将电源(POWER)开关弹出，再接入电源线。

(3) 设定各个控制键在下列位置：

亮度(INTENSITY)：中间。

聚焦(FOCUS)：中间。

垂直移位(POSITION)：中间。

垂直显示方式：CH1(CH2)。

垂直灵敏度(V/DIV)：5 mV/div。

触发扫描方式(TRIG　MODE)：自动(AUTO)。

触发源(SOURCE)：内(INT)。

触发电平(TREG　LEVEL)：中间。

Time/Div(扫描速度)：0.5 μs/div。

水平模式：X1。

(4) 接通电源开关，大约 15 s 后，屏幕上出现一条水平亮线，即扫描线(时基线)，如图 5-9 所示。

图 5-9　示波器扫描线

2) 聚焦

(1) 调节“垂直位移”旋钮，使光迹移至荧光屏观测区域的中央。

(2) 调节“辉度(INTENSITY)”旋钮，将光迹的亮度调至所需要的程度。

(3) 调节“聚焦(FOCUS)”旋钮，使光迹清晰。

注意：当“显示方式”选择“ALT”或“CHOP”时，屏幕显示两条扫描线。

3) 探极

(1) 探极操作。为减少仪器对被测电路的影响，一般使用 10∶1 探极。衰减比为 1∶1 的探极用于观察小信号，探极上的接地和被测电路地应采用最短连接，在频率较低、测量要求不高的情况下，可将面板上的接地端和被测电路地连接，以方便测试。

(2) 探头调整。由于示波器输入特性的差异，在使用 10∶1 探头测试以前，必须对探头进行检查和补偿调节，当校准时如发现方波前后出现不平坦现象，则应调节探头补偿电容。

4) 校正

(1) 将下列控制开关或旋钮置于下列位置：

垂直方式：CH1。

输入耦合方式(CH1)：DC。

V/DIV(CH1)：10 mV/div。

微调(CH1)：位于“校准”位置。

Time/Div：0.5 ms/div。

触发耦合方式：AC。

触发源：CH1。

(2) 用探头将校正信号送到 CH1 输入端。

(3) 将探头的衰减比旋钮置于“×10”挡位置，调节“电平”旋钮使仪器触发。

(4) 将触发电平调离“自动”位置，并向反时针方向转动直至方波波形稳定，再微调“聚焦”和“辅助聚焦”使波形更清晰，并将波形移至屏幕中间。此时方波在 Y 轴占 5 div，X 轴占 2 div，否则需校准。

2．观察各种信号波形

将被测信号接示波器的Y轴输入端，观察正弦、方波、三角波等的波形。调节示波器的有关旋钮，使荧光屏上出现稳定的波形。

例1 单通道显示波形：函数信号发生器输出正弦信号，$f = 1.0\ \text{kHz}$，$U_{\text{P-P}} = 4.0\ \text{V}$，用示波器观察其波形。

将探头的“衰减比”置于“×1”挡位置，被测信号与示波器正确连接后再进行如下设置：

(1) 垂直系统的操作。

垂直显示模式：单通道显示信号，按下垂直方式的“CH1”或“CH2”按键，此时被选中的通道有效，被测信号可从相应的通道端口输入。

输入耦合方式：选择“AC”。

垂直灵敏度旋钮：1 V/div(可适当调节)

垂直位移：适当调节，使波形在显示屏上下位置合适。

(2) 水平系统的操作。

扫描速度：设定为0.5 ms/div(可适当调节)。

水平模式按键：按下“×1”按键。

水平位移：适当调节，使波形在显示屏左右位置合适。

(3) 触发控制。

扫描触发方式：选择“AUTO”。

触发源：选择“CH1”或“CH2”，与显示模式相对应。

触发极性：“+”、“−”都可以。

触发耦合：选择“AC”。

触发电平：调节后使波形同步，显示稳定。

示波器面板上各按键及旋钮的设置如图5-10所示；荧光屏上的波形如图5-11所示。

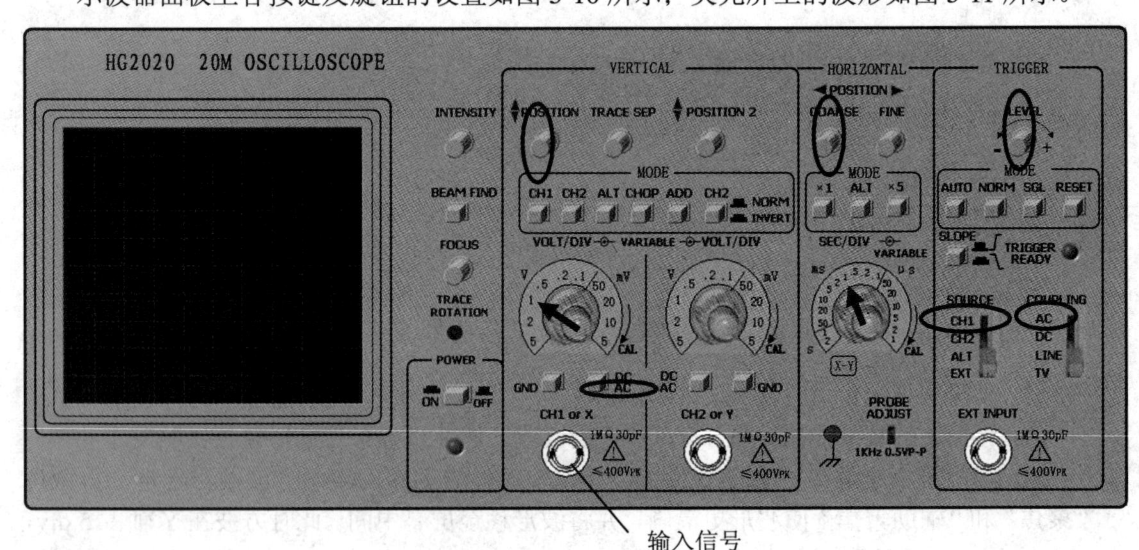

图5-10 单通道显示时示波器按键及旋钮设置

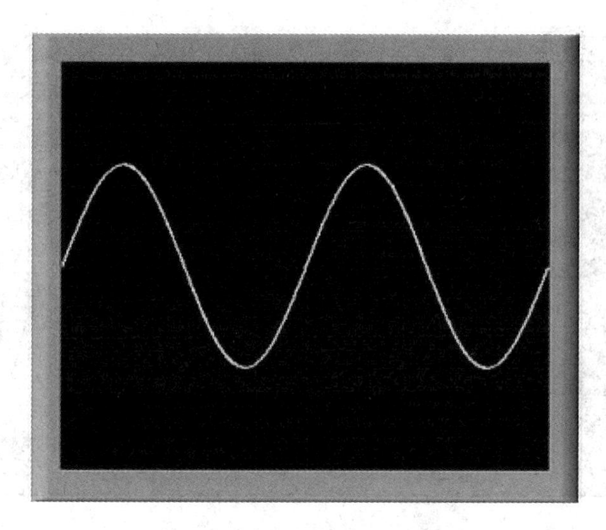

图 5-11　正弦信号的显示

例 2　双通道显示波形：整流电路的测量。

测量整流电路的步骤如下：

(1) 如图 5-12 所示，连接好电路。

(2) 将低频信号发生器输出 3 V/1 kHz 的正弦信号加到电路输入端，同时用示波器观察输入和输出波形，画出此时的实验电路并记录输入和输出电压波形(画在坐标纸上)，如图 5-13 所示。

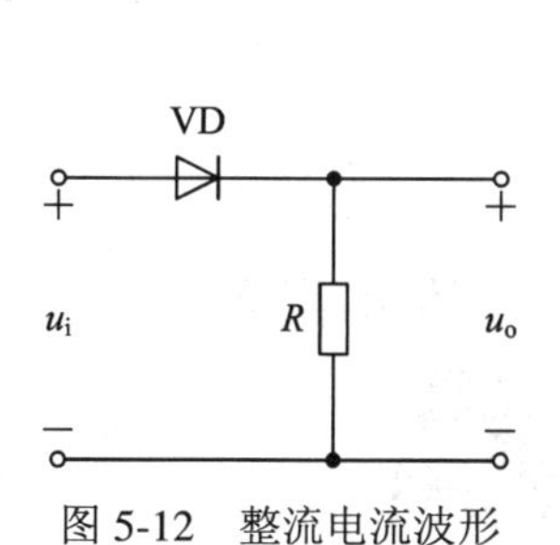

图 5-12　整流电流波形

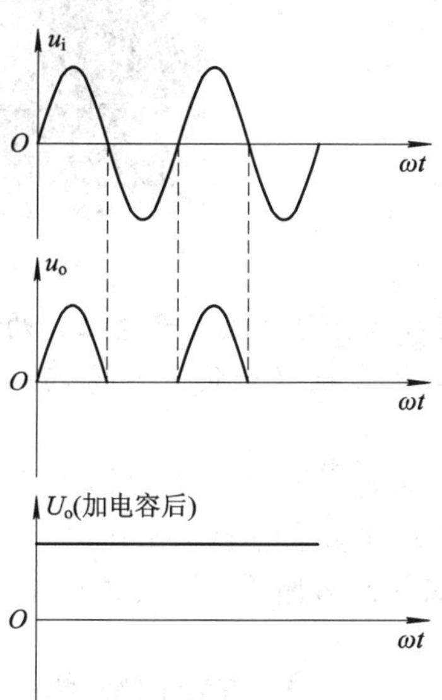

图 5-13　简单整流电流波形图

(3) 如图 5-14 所示设置示波器，分别将 3 V/1 kHz 的正弦信号输入 CH1 端口(探头的“衰减比”旋转置于“×1”挡位置)，电阻两端的输出信号输入 CH2 端口。

适当调整垂直位移旋钮和水平位移旋钮，使波形显示位置合适；适当调整触发电平，使波形同步。整流电路的波形显示如图 5-15 所示。

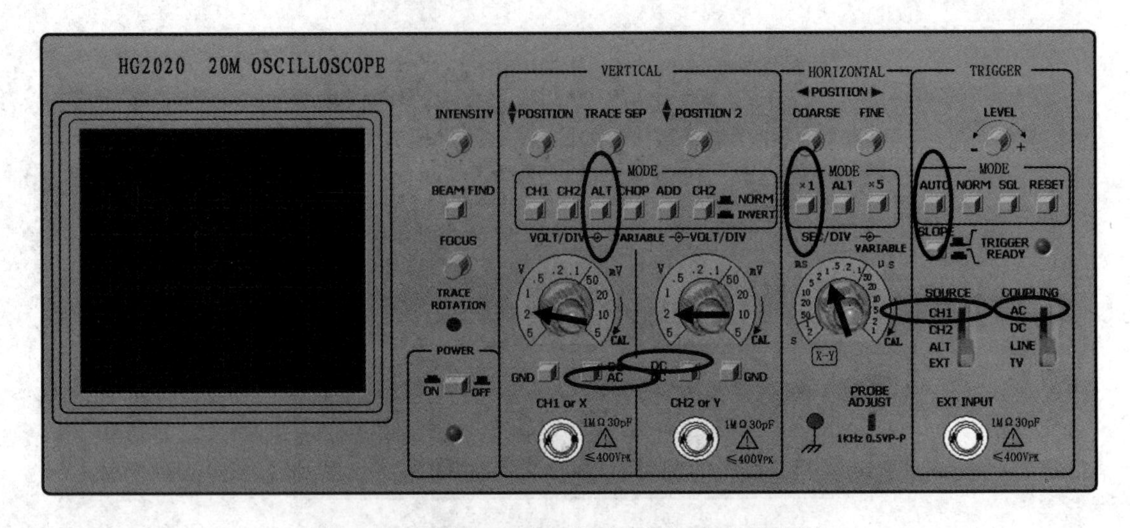

图 5-14　测量整流电路时的示波器按键及旋钮设置

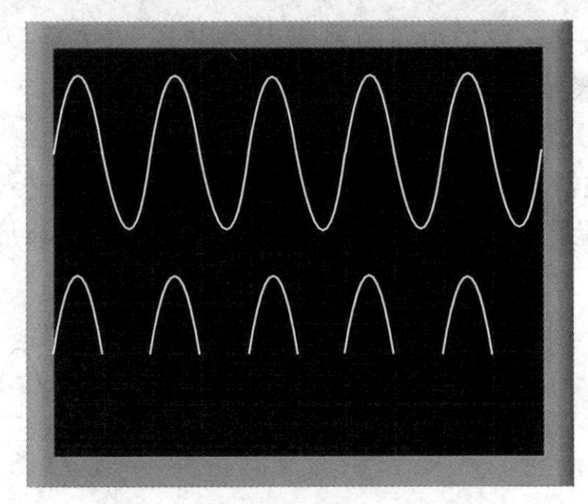

图 5-15　整流电路波形显示

注意：(1) 为了正确显示电阻 R 两端的输出信号，输入耦合方式应设置为“DC”。

(2) 为了正确显示输入信号与输出信号的相位关系，触发源(SOURCE)应设置为“CH1”。

例 3　双通道显示波形：微分电路的测试。

测试微分电路的步骤如下：

(1) 如图 5-16 所示，连接好电路，电阻为 1 kΩ，电容为 1000 μF/25 V。

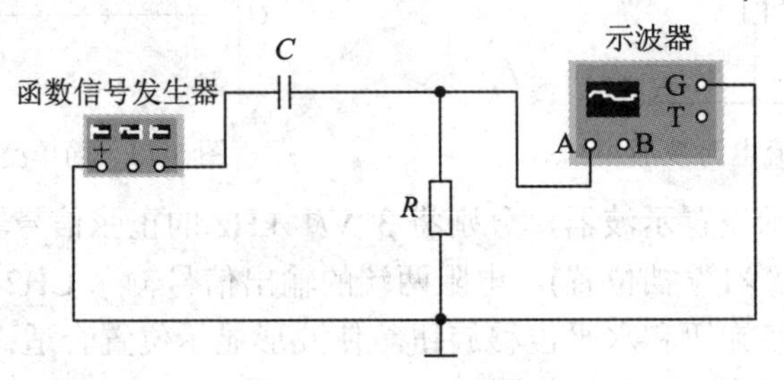

图 5-16　微分电路测试电路

(2) 调节函数信号发生器，使其输出幅度为 1 V、频率为 1 kHz 的方波信号。

(3) 调节示波器，观察电阻两端输出波形，并进行输入、输出信号的比较。

(4) 分别将 1 kHz/1 V 的方波输入信号输入 CH1 端口，电阻两端的输出信号输入 CH2 端口，适当调整垂直位移旋钮和水平位移旋钮，使波形显示位置合适；适当调整触发电平，使波形同步。示波器的设置如图 5-17 所示，波形显示如图 5-18 所示。

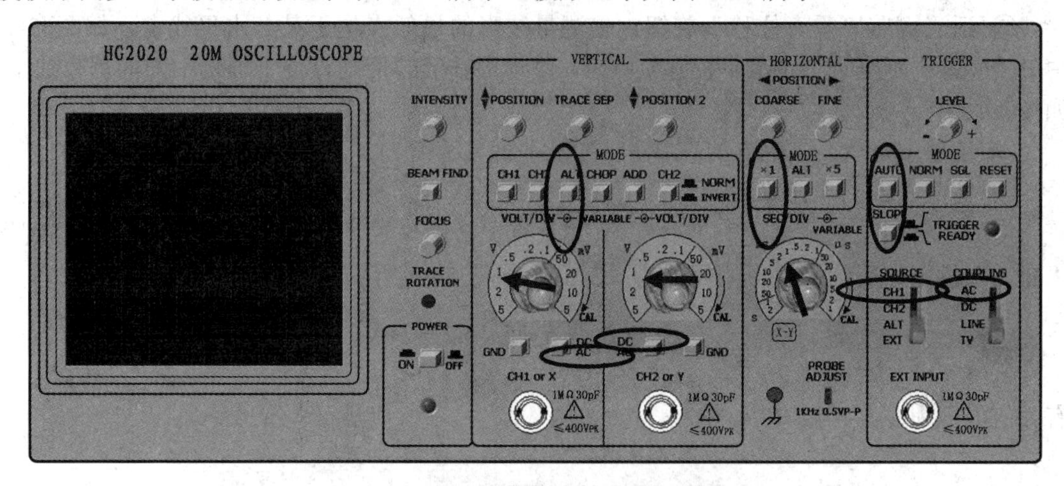

图 5-17　微分电路测量示波器按键及旋钮设置

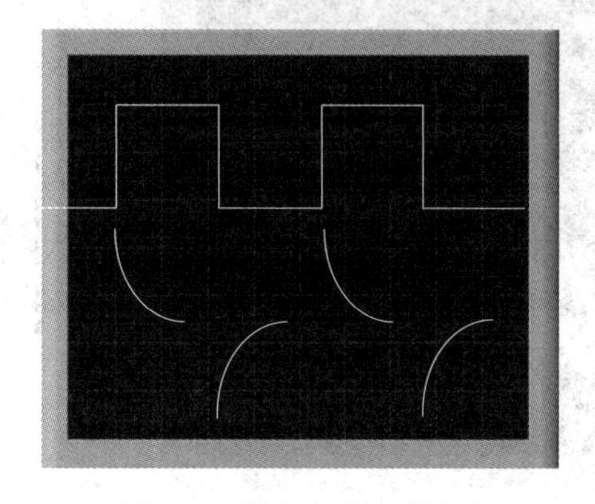

图 5-18　微分电路波形显示

3．示波器的量测功能

1) 电压测量

(1) 电压测量原理。

将“垂直灵敏度”微调旋钮置于“CAL”位置，就可以进行电压的定量测量。

测量值可由下列公式计算后得到：

用探头“×1”位置进行测量时，其电压值为

$$U_{\mathrm{P-P}} = D_{\mathrm{y}} \times h \tag{5-1}$$

式中：$U_{\mathrm{P-P}}$ 为被测电压峰峰值或任意两点间电压值，单位为 V；D_{y} 为垂直灵敏度，单位为 V/div；h 为被测电压波形峰峰高度或任意两点间高度，单位为 div。

用探头“×10”位置进行测量时，其电压值为

$$U_{P-P} = D_y \times h \times 10 \tag{5-2}$$

(2) 交流电压的测量方法。

① 将输入耦合开关置“AC”,“垂直灵敏度”的微调旋钮置“CAL”，稳定显示波形。

注意：通常被测波形高度为5个格左右，水平显示1～4个周期。

② 适当调节“垂直位移”旋钮，使测量波形的最低点位于某一水平线上，如图5-19中B点所示。适当调节“水平位移”旋钮，使测量波形的最高点位于屏幕中间的垂直线上，如图5-19中A点。

③ 读出波形A、B两点的高度 h，读出垂直灵敏度 D_y。

④ 按照式(5-1)，计算 U_{P-P}。

例如，将探头衰减比置于“×1”挡，“垂直灵敏度”置“5 V/div”位置，微调旋钮置于“CAL”位置，所测得波形峰峰值为4.2 div，如图5-19所示，则

$$U_{P-P} = D_y \times h = 5 \times 4.2 = 21\,\text{V}$$

有效值电压为 $U = \dfrac{21}{2\sqrt{2}} = 7.4\ \text{V}$。

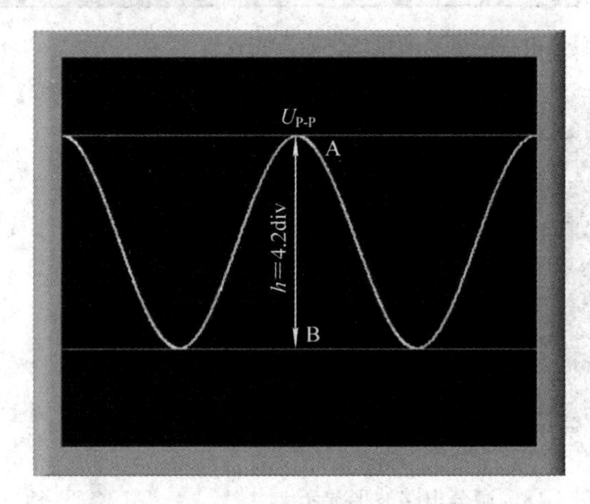

图5-19　交流电压测量示例

(3) 直流电压的测量方法。

① 设置屏幕显示水平扫描基线。

② 输入耦合方式置“GND”；确定零电平线。

注意：此时零电平扫描线的位置不一定在屏幕中线，当被测直流量为正时，零电平线尽量下调；被测直流为负时，尽量上调。

③ 输入被测信号。

④ 输入耦合方式置“DC”，调整“垂直灵敏度”旋钮(微调旋钮置于“CAL”位置)，使水平亮线位于屏幕中一个合适的位置。

⑤ 确定被测电压的极性。若水平亮线上移，则被测电压为正；若水平亮线下移，则被测电压为负。

⑥ 测量水平亮线在垂直方向上偏移零电平线的距离 h，如图 5-20 所示。

⑦ 按公式计算被测直流电压值。

图 5-20　直流电压测量示例

例如，将探头衰减比置于“×10”挡，“垂直灵敏度”置于“0.5 V/div”，微调旋钮置于“CAL”位置，所测得的扫描光迹偏高 4 div。根据公式，被测电压为

$$U_{\mathrm{P-P}} = D_{\mathrm{y}} \times h = 0.5 \times 4 \times 10 = 20\ \mathrm{V}$$

当测量叠加在直流电压上的交流电压时，将“AC-GND-DC”开关置于“DC”位置就可测出所包含直流分量的值。如果仅需测量交流分量，则将该开关置于“AC”位置。按这种方法测得的值为峰峰值电压($U_{\mathrm{P-P}}$)。正弦波信号的有效值为

$$U_{\mathrm{rms}} = \frac{U_{\mathrm{P-P}}}{\sqrt{2}}$$

2) 时间测量

(1) 测量原理。

信号波形两点间的时间间隔可按下列公式进行计算：

$$T = D_{\mathrm{x}} \times x \tag{5-3}$$

式中：D_{x} 为示波器扫描速度，单位为 s/div、ms/div 或 μs/div；x 为被测时间所对应的光迹在水平方向的格数。

考虑示波器的水平扩展倍率 k_{x}，则

$$T = D_{\mathrm{x}} \cdot \frac{x}{k_{\mathrm{x}}} \tag{5-4}$$

(2) 信号周期的测量。

① “扫描速度”的微调旋钮置“CAL”。

② 输入被测信号，输入耦合开关置“AC”处，稳定显示被测波形。

③ 适当调节“垂直位移”旋钮，使测量波形的最高(低)点位于屏幕中间的水平线(这条线上具有小刻度)上。

④ 适当调节“水平位移”旋钮，使测量波形的第一个测量点位于某一垂直线上。

⑤ 读出被测交流信号的一个周期在荧光屏水平方向所占的格数，读出扫描速度。

⑥ 计算被测交流信号的周期。

例如，荧光屏上显示的波形如图 5-21 所示，信号在一个周期内 $x = 5$ div，扫描速度开关置于 1 ms/div，x 轴无扩展，根据公式可得到被测信号的周期：

$$T = D_{\mathrm{x}} \times x = 1 \times 5 = 5\,\mathrm{ms}$$

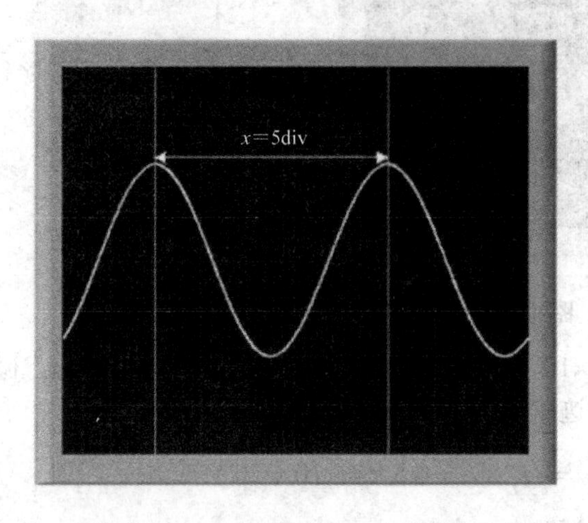

图 5-21　信号周期测量示例

(3) 脉冲宽度的测量。

① 调节脉冲波形的垂直位置，使脉冲波形的顶部和底部距刻度水平线的距离相等，如图 5-22 所示。

② 调节“扫描速度”旋钮到合适位置，使扫描信号光迹易于观测。

③ 读取上升沿和下降沿中点之间的距离，即脉冲沿与水平刻度线相交的两点之间的距离，然后用公式计算脉冲宽度。

例如，图 5-22 中“扫描速度”旋钮设定在 10 μs/div 位置，则脉冲宽度为

$$t_{\mathrm{a}} = 10 \times 2.5 = 25\,\mu\mathrm{s}$$

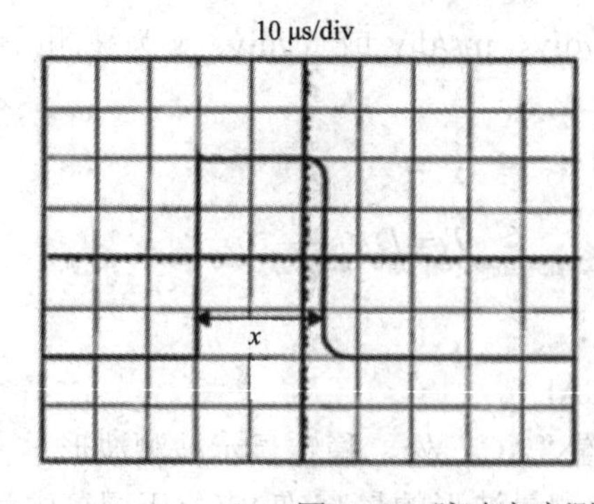

图 5-22　脉冲宽度测量示例

(4) 脉冲上升(或下降)时间的测量。

① 调节脉冲波形的垂直位置和水平位置，方法和脉冲宽度测量方法相同。

② 在图 5-23 中，读取上升沿从 U_m 的 10%到 90%所经历的时间 t_r，则

$$t_r = 50 \times 1.1 = 55\ \mu s$$

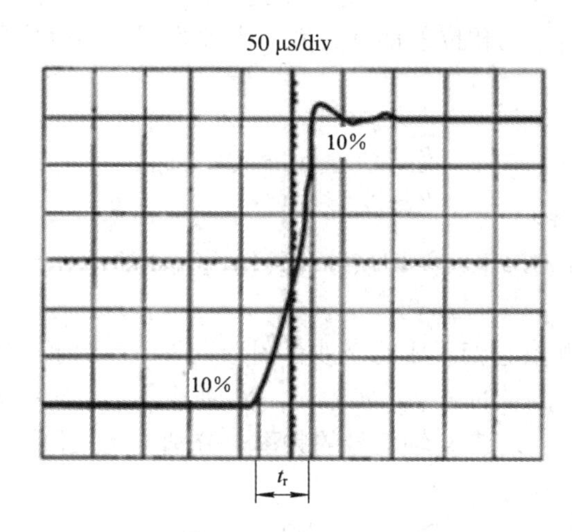

图 5-23　脉冲上升时间测量示例

3) 相位测量

同频率的两个信号之间相位差的测量可以利用示波器的双踪显示功能进行。

图 5-24 给出了两个具有相同频率的超前和滞后的正弦波信号通过双踪示波器显示的例子。此时，“触发源”开关必须置于与超前信号相连接的通道，同时调节“扫描速度”旋钮，使显示的正弦波波形大于 1 个周期，相位差的计算公式为

$$\Delta\Phi = \frac{t}{T} \times 360° \tag{5-5}$$

式中：t 表示两个信号在相同时刻点之间的时间，可直接用两个时刻点之间的格数代替；T 表示信号周期，也可直接用周期所占的格数代替。

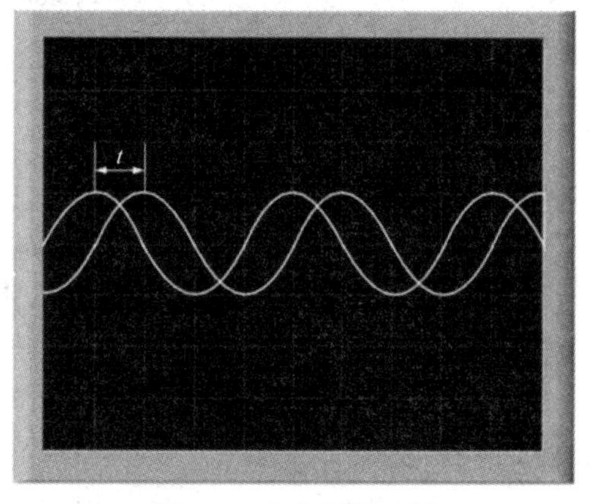

图 5-24　相位测量示例

4) 观察李沙育图形

对于 HG2020 型示波器，将“扫描速度”旋钮置于“X-Y”方式，此时由“CH1”端口输入的信号就为 X 轴信号，其偏转灵敏度仍按该通道的垂直偏转因数开关指示值读取，

从“CH2”端口输入 Y 轴信号，这时示波器就工作在 X-Y 显示方式。

在示波器 X 轴和 Y 轴同时各输入正弦信号时，光点的运动是两个相互垂直谐振动的合成，若它们的频率比值 $f_x:f_y$ = 整数时，合成的轨迹是一个封闭的图形，称为李沙育图形。李沙育图形与两信号的频率比及两信号的相位差都有关系，李沙育图形与两信号的频率比有如下简单的关系：

$$\frac{f_y}{f_x}=\frac{n_x}{n_y}$$

式中：n_x、n_y 分别为李沙育图形的外切水平线的切点数和外切垂直线的切点数，如图 5-25 所示。

因此，如 f_x、f_y 中有一个已知，观察它们形成的李沙育图形，得到外切水平线和外切垂直线的切点数之比，即可测出另一个信号的频率。实验时，X 轴输入某一频率的正弦信号作为标准信号，Y 轴输入一待测信号，调节 Y 轴信号的频率，分别得到三种不同的 $n_x:n_y$ 的李沙育图形，计算出 f_y。

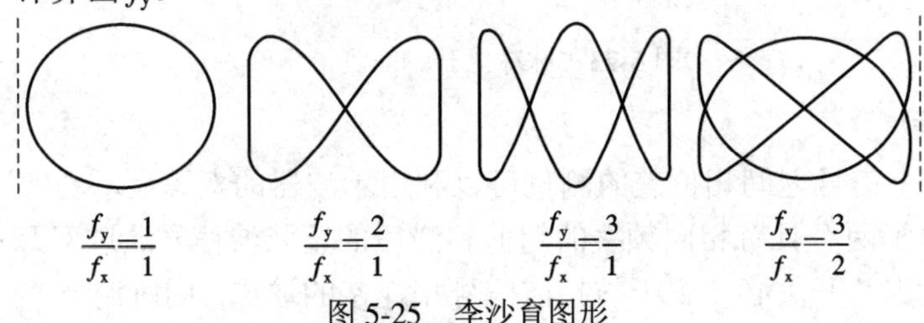

$\frac{f_y}{f_x}=\frac{1}{1}$　$\frac{f_y}{f_x}=\frac{2}{1}$　$\frac{f_y}{f_x}=\frac{3}{1}$　$\frac{f_y}{f_x}=\frac{3}{2}$

图 5-25　李沙育图形

例 4　放大电路动态工作过程的测量与观察。

实验电路(如图 5-26 所示)为单电源供电电路，R_b 由 51 kΩ 电阻与 500 kΩ 电位器相串联组成，R_c 为 1 kΩ，R_L 为 1 kΩ，三极管 V 选用 S9013 型。

实验仪器：0 V～30 V 双路直流稳压电源 1 台，双踪示波器 1 台，数字万用表 1 块。

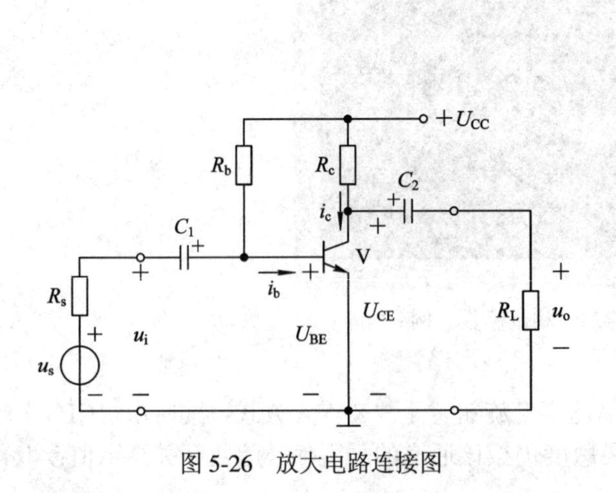

图 5-26　放大电路连接图

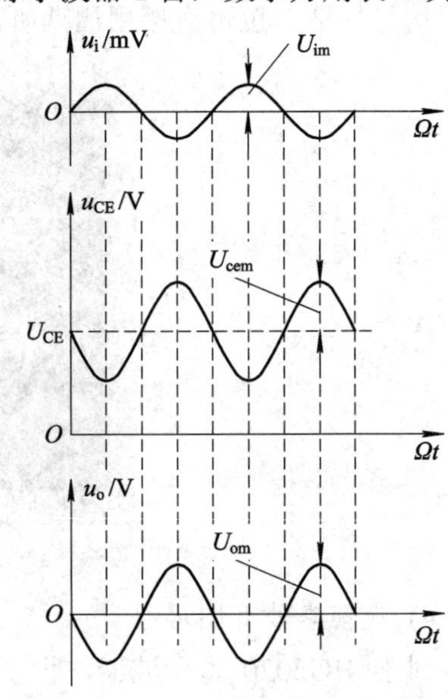

图 5-27　放大电路的各点的理想波形

实验步骤如下：

(1) 不接 u_i，接入 $U_{CC}=+20$ V，用万用表测量三极管的静态工作点。

(2) 调节 R_b，使 $U_{CE}=10$ V。

(3) 保持步骤(2)，输入端接入 u_i ($f_i=1$ kHz，$u_i=10$ mV)，用示波器 CH1 通道(AC 输入)观察其波形，CH2 通道(DC 输入)观察 u_{CE}(交直流叠加量)波形，并记录 u_i、u_{CE} 的波形。

示波器的设置如图 5-28 所示，并适当调节“垂直位移”、“水平位移”旋钮以及“触发电平”旋钮，得到测量波形。显示波形如图 5-29(a)所示，并与图 5-27 进行比较。

注意：因为 u_{CE} 为交直流叠加量，测量前输入耦合开关置 GND，确定扫描线的零位置。

(4) 保持步骤(3)，改用示波 CH2 通道 Y2 轴输入信号，观察 u_o 的波形和幅度大小。

由于电容 C_2 的隔直流作用，实际的输出电压 u_o 中不含有直流成分，此时可将 CH2 通道的输入耦合选择为“AC”，并适当调节“扫描速度”旋钮。显示波形如图 5-29(b)所示，并与图 5-27 进行比较。

(5) 保持步骤(4)，观察和比较 u_i 与 u_o 的相位关系(u_i 与 u_o 的相位关系为反相)。

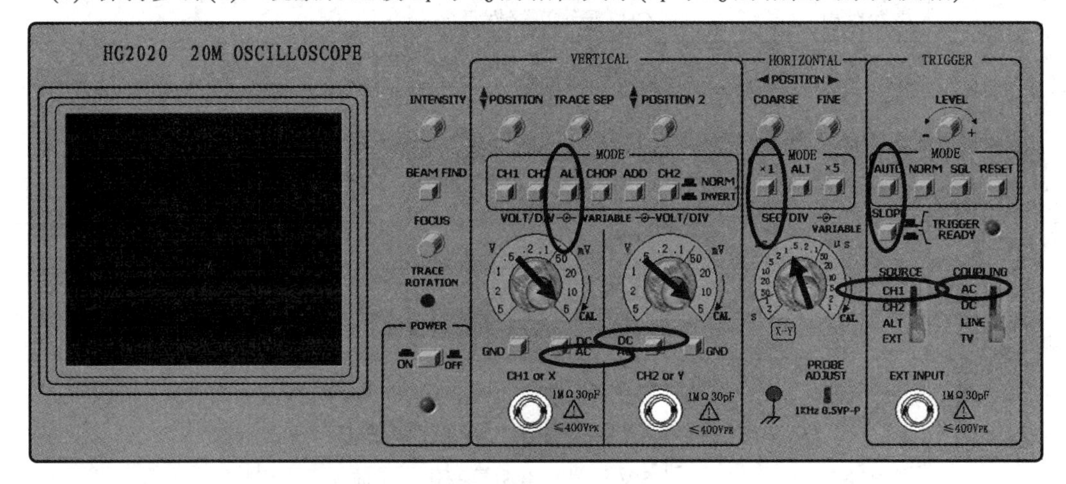

图 5-28　实验中示波器各按键及旋钮设置

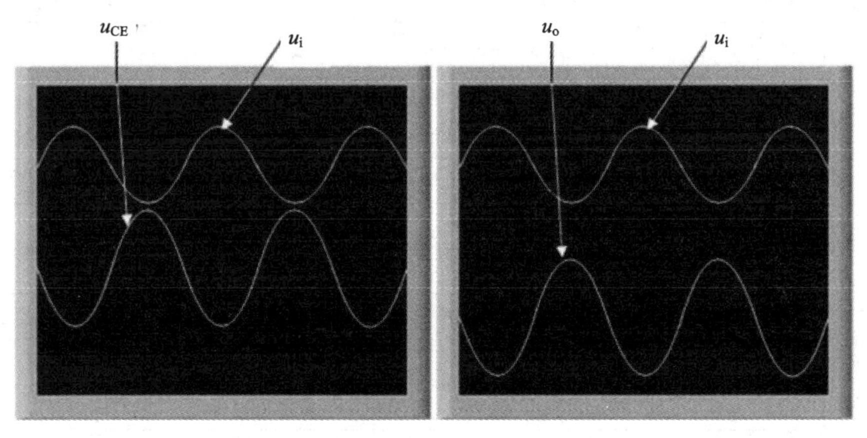

(a) u_i 与 u_{CE} 的显示波形　　(b) u_i 与 u_o 的显示波形

图 5-29　示波器观察放大电路时的各波形显示

5.2.3 HG2020 型通用示波器的主要技术指标

表 5-1 所示为 HG2020 型通用示波器的技术指标。

表 5-1 HG2020 型通用示波器技术指标

项目 \ 型号		HG2020
垂直系统	频带宽度	DC～20 MHz
	灵敏度	5 mV/div～5 V/div(按 1—2—5 步进，共 10 挡)
	显示方式	CH1，CH2，ALT，CHOP，ADD
	输入阻抗	1 MΩ//25 pF
	输入耦合	AC，DC，GND
	上升时间	≤17.5 ns
	轨迹分离	≥3 div
	极性反相	CH2 通道可极性反向
水平系统	扫描时间	0.1 μs/div～2 s/div(按 1—2—5 步进，共 20 挡)
	工作方式	X1， ALT， X5， X-Y
	扫描扩展	5 倍
	灵敏度	同 CH1
触发系统	扫描方式	AUTO，NORM，SGL SWP
	触发源	CH1，CH2，ALT，EXT
	触发耦合	DC，AC，LINE，TV
	触发灵敏度	INT：5 MHz 0.5 div，20 MHz 1.5 div EXT：5 MHz 0.2 V，20 MHz 0.5 V
Z 轴调制	灵敏度	5 V 信号亮度明显变化，正向信号亮度减弱
	频率范围	DC～1 MHz
校准信号	波形	方波
	幅度	$0.5V_{P-P} \pm 3\%$
	频率	$(1 \pm 3\%)$kHz
CRT	屏幕尺寸	10 cm × 8 cm
	加速电压	约 12 kV
电源	电压范围	$(220 \pm 10\%)$V
	频率	50 Hz
	消耗功率	≤40 W
其他	外形尺寸	327 mm(w) × 138 mm(h) × 443 mm(l)
	重量	约 7 kg
	附件	X10/X1 可转换探头 2 根

5.2.4 电子测量仪器的放置

在电子测量中，完成一项电参数的测量，往往需要数台测量仪器及各种辅助设备。例如，要观测负反馈对单级放大器的影响，就需要低频信号发生器、示波器、电子电压表及直流稳压电源等仪器。电子测量仪器放置位置、连接方法等是否合理都会对测量过程、测量结果及仪器自身安全产生影响，因此，要注意以下两点:

(1) 进行测量前应安排好电子测量仪器的位置。

放置仪器时，应尽量使仪器的指示电表或显示图与操作者的视线平行，以减少视差；对那些在测量中需频繁操作的仪器，其位置的安排应方便操作者的使用；在测量中当需要两台或多台仪器重叠放置时，应将重量轻、体积小的仪器放在上层；对散热量大的仪器还要注意它的散热条件及对邻近仪器的影响。

(2) 电子仪器的连接要符合要求。

电子测量仪器之间的连线除了稳压电源输出线外，其他的信号线均要求使用屏蔽线，而且要尽量短，尽量做到不交叉，以免引起信号的串扰和寄生振荡。例如图 5-30 所示的仪器布置中，(a)、(c)的布置和连线是正确的，(b)的连线过长，(d)的连线有交叉，这两种情况都是不妥当的。

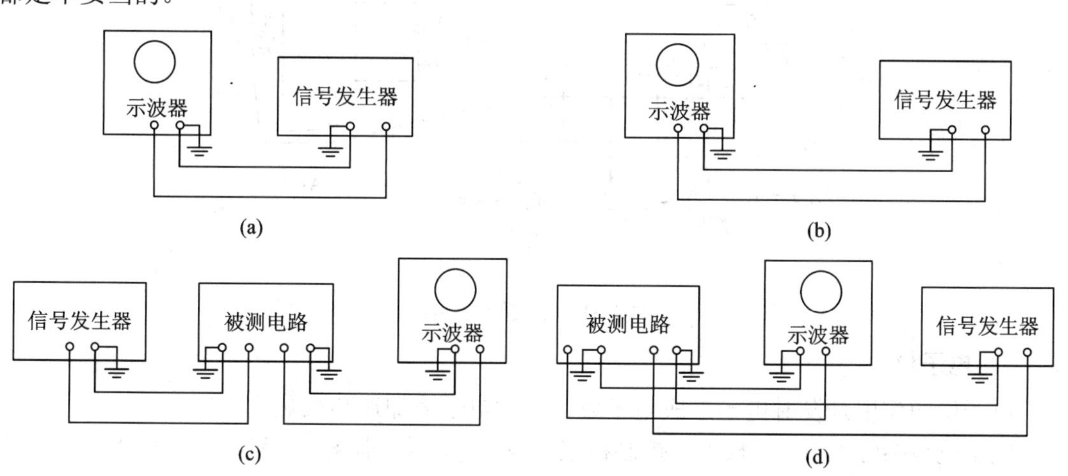

图 5-30　电子仪器的连接

(3) 注意电子测量仪器的接地良好。

电子测量仪器的接地有两层意义，一是以保障操作者人身安全为目的的安全接地；二是以保证电子测量仪器正常工作为目的的技术接地。

安全接地的“地”是指真正的大地，即实验室大地。大多数电子测量仪器一般都使用 220 V 交流电源，而仪器内部的电源变压器的铁芯及初、次级之间的屏蔽层都直接与机壳连接。正常时，绝缘电阻一般很大(达 100 MΩ)，人体接触机壳是安全的；当仪器受潮或电源变压器质量不佳时，绝缘电阻会明显下降，人体接触机壳就可能触电，为了消除隐患要求接地端接地良好。

技术接地是一种防止外界信号串扰的方法。这里所说的“地”并非大地，而是指等电位点，即测量仪器及被测电路的基准电位点。技术接地一般有一点接地和多点接地两种方式，前者适用于直流或低频电路的测量，即把测量仪器的技术接地点与被测电路的技术接地点连在一起，再与实验室的总地线(大地)相连；多点接地则应用于高频电路的测量。

5.3　示波器的工作原理

5.3.1　阴极射线示波管(CRT)

示波管是示波器的核心。近代示波器多采用高灵敏度示波管。

普通示波管的基本结构如图 5-31 所示，主要由电子枪、偏转系统和荧光屏三个部分组成，整体密封在玻璃管壳内，成为大型的电真空器件。就其用途而言，示波管是将电信号转换为光信号的转换器。

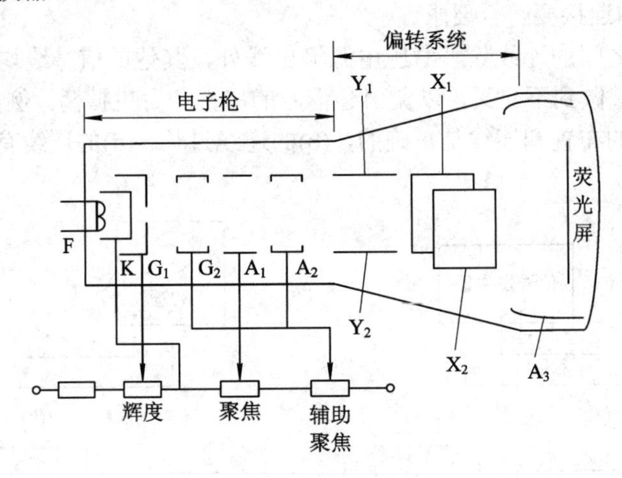

图 5-31　示波管结构图

1．电子枪

电子枪的作用是发射电子形成电子束，并对电子束加速和聚焦。

电子枪包括灯丝 F、阴极 K、控制栅极 G_1 和 G_2、第一阳极 A_1 和第二阳极 A_2。灯丝用于加热阴极；阴极是一个表面涂有氧化物的金属圆筒，在灯丝加热下发射电子。控制栅极是一个顶端有小孔的圆筒，套在阴极外边，其电位低于阴极，依次控制穿过栅极小孔的电子流密度，即初速度较大的电子才能穿过小孔，初速度较小的电子将折回阴极，如果栅极电位足够低，就会使电子全部返回阴极，因此，通过调节栅极电位(这个电位器旋钮即示波器面板上的“辉度”旋钮，如图 5-32 所示)可以控制射向荧光屏的电子流密度，从而改变光点的亮暗。

第一阳极 A_1 是一个与阴极同轴的比较短的金属圆筒，A_1 的电位远高于阴极。第二阳极 A_2 也是与阴极同轴的圆筒，其电位高于 A_1。栅极 G_2 位于 G_1 与 A_1 之间，与 A_2 相连，对电子束进行加速，同时它还起隔离作用，减弱 A_1 的电场对栅极的作用，避免调节聚焦时影响光点的辉度。G_1、G_2、A_1、A_2 共同对电子束的加速并构成聚焦系统，改变第一阳极 A_1 的电位(即面板上的“聚焦”旋钮，如图 5-32 所示)及第二阳极电位(即面板上的“辅助聚焦”，有的示波器上有此旋钮)，使电子束在荧光屏上聚为细小的亮点，保证显示波形的清晰度。电子在荧光屏上显示的光点如图 5-33 所示。

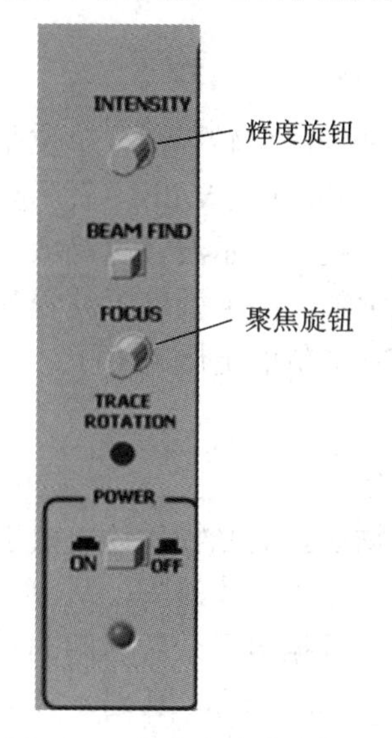

图 5-32　辉度和聚焦旋钮

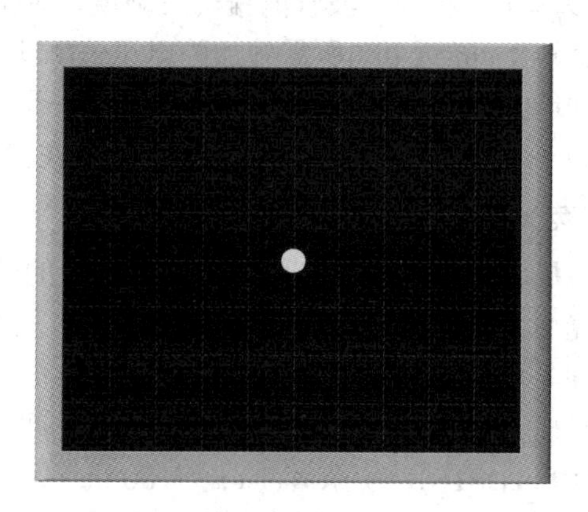

图 5-33　荧光屏上的光点

> **注意**：示波器测量前，应在“光点”状态下，进行“辉度”、“聚焦”调节，以使光点细小、亮暗适中、测量波形清晰。

2．偏转系统

偏转系统是由两对相互垂直的平行金属板构成的，分别称为 X 偏转板与 Y 偏转板。Y 偏转板在前(靠近第二阳极)，X 偏转板在后，如图 5-31 所示。垂直偏转板 Y_1、Y_2 间所施加的电压使电子束在垂直方向上发生偏转；水平偏转板 X_1、X_2 间所施加的电压则使电子束在水平方向发生偏转，如图 5-34 所示。

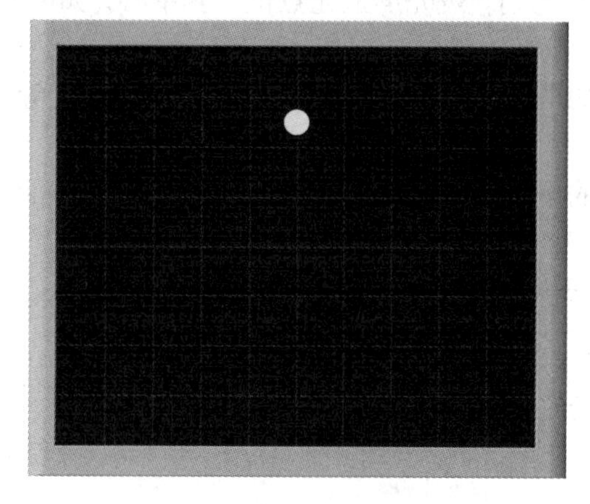

(a) 垂直偏转板加电压

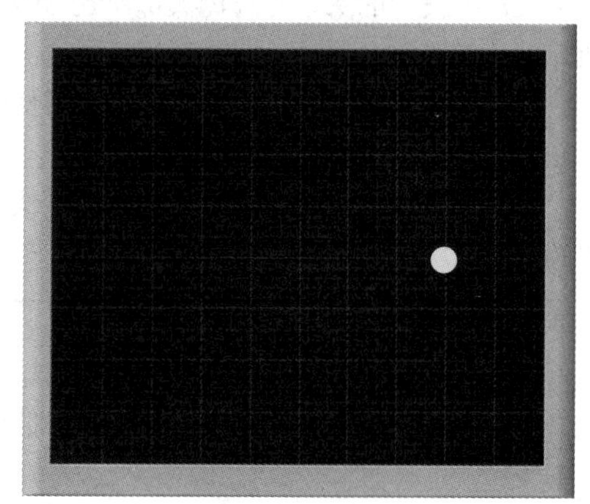

(b) 水平偏转板加电压

图 5-34　光点的偏移

以 Y 偏转系统为例，由电磁原理可知，电子束在偏转电场作用下的偏转距离与外加偏转电压成正比。

$$y = S_{\mathrm{y}} U_{\mathrm{y}} \tag{5-6}$$

这是示波管观测波形的理论依据。比例系数 S_{y} 称为示波管的偏转因数，单位是 cm/V；其倒数 $D_{\mathrm{y}} = 1/S_{\mathrm{y}}$ 称为示波管的偏转灵敏度，单位是 V/cm、mV/cm 或 V/div，表示亮点在荧光屏上偏转 1 cm(或 div)所需施加的电压值(峰峰值)。这个值越小，示波管越灵敏，观察微弱信号的能力越强。偏转灵敏度是与外加电压大小无关的常数，高灵敏度示波管其值一般为 2 V/cm～3.6 V/cm，欲偏转 10 cm，只需在偏转板上加 20 多伏的电压就够了。

3．荧光屏

荧光屏将电信号变为光信号，是示波管的波形显示部分。

荧光屏的发光强度取决于电子流的密度、速度和荧光物质。荧光物质还取决于色调和余辉时间。电子束从荧光屏上移去后，光点仍在屏上保持一定时间才消失，从电子束移去到光点亮度下降为原始值的 10%所延续的时间叫余辉时间。根据电子余辉时间的长短分为长余辉(10 ms～1 s)、中余辉(1 ms～100 ms)及短余辉(10 μs～10 ms)等。普通示波器多采用中余辉和长余辉示波管，而慢扫描示波器则采用长余辉示波管。

注意：使用示波器时，应避免电子束长时间地停留在荧光屏的一个位置，否则将使荧光屏受损。因此在示波器开启后不使用的时间内，可将“辉度”调暗。

5.3.2 波形显示原理

电子枪中，电子通过加速与聚焦，最终在荧光屏的中心位置打出一光点，如果偏转系统发生作用，光点将出现偏移。

根据示波管的工作原理，可知：

(1) 示波管的 X、Y 偏转板都不施加电压信号时，荧光屏上光点位于其中心，如图 5-33 所示。

(2) 当示波管的 Y 偏转板施加连续变化的电压信号时，荧光屏上显示一条垂直亮线。以正弦波的显示为例，如图 5-35 所示。

(3) 当示波管的 X 偏转板施加连续变化的电压信号时，荧光屏上显示一条水平亮线。以锯齿波的显示为例，如图 5-36 所示。

注意：示波器处于 X-Y 方式，通过“Y”通道将信号送入，荧光屏显示一条垂直亮线；通过“X”口将信号送进，荧光屏显示一条水平亮线。

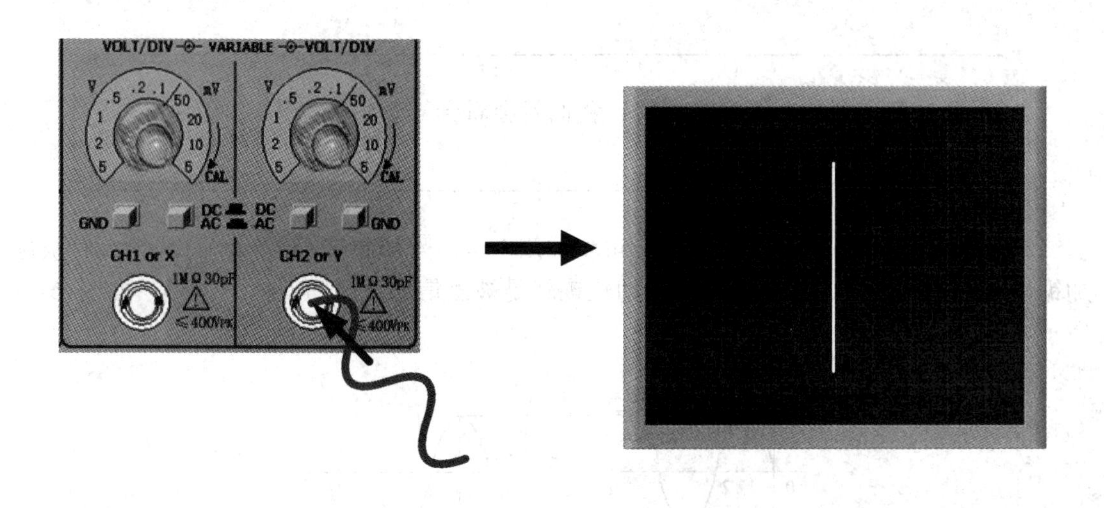

图 5-35　Y 偏转板施加连续变化电压信号时荧光屏显示

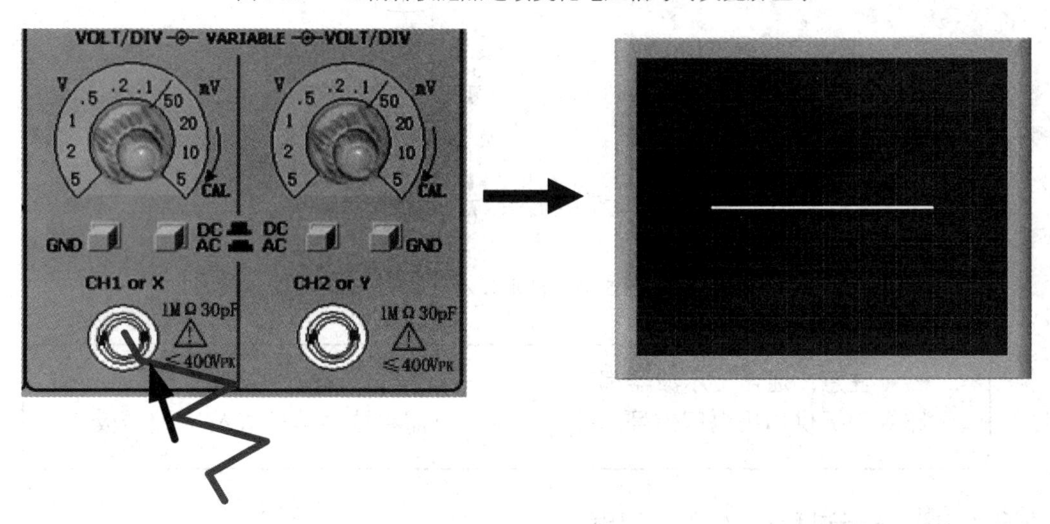

图 5-36　X 偏转板施加连续变化电压信号时的荧光屏显示

但是，无论我们看到的是一条垂直亮线还是一条水平亮线，都是光点的运动轨迹。当输入信号的频率为几到几十赫兹时，我们在屏幕上就会清晰地看到光点的走动过程。

以正弦波的显示为例，只要把被测的信号转变成电压加到 Y 偏转板上，电子束就会在 Y 方向按信号的规律变化，如果水平偏转板上没加电压，荧光屏上就只能看见一条垂直的亮线，如图 5-35 所示。

如果 X 偏转板上加以随时间线性变化的电压，即锯齿波电压，则光点在 X 方向的变化就反映了时间的变化。当 Y 方向不加电压时，光点在荧光屏上形成一条反映时间变化的直线，称时间基线，如图 5-36 所示。当锯齿波电压达到最大值时，屏上光点已达到最大偏转，然后锯齿波电压回到起点，光点也迅速返回到最左边，再重复前面的变化。光点在锯齿波作用下从左到右的反复扫动过程称为扫描。实现扫描的锯齿波电压叫扫描电压。光点从左到右的连续扫动称为扫描正程，光点从屏的右端迅速回到起点的过程叫做扫描回程。

> **注意**：通常，打开示波器，我们就会看到一条水平亮线，即为“扫描线”，或“时间基线”。

示波器显示随时间变化的图形时，可将被测电压信号加到 Y 偏转板，同时 X 偏转板施加锯齿波电压，则荧光屏上光点的运动轨迹就是被测信号随时间变化的波形，如图 5-37 所示。

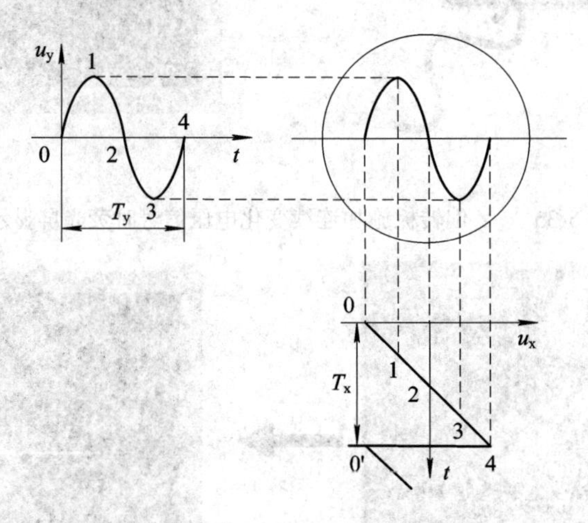

图 5-37　波形显示原理

> **注意**：通常，示波器都工作在 Y-T 方式，示波器内部的水平通道电路专门提供扫描电压信号，故在测量时只需将被测信号送入 Y 偏转板。

5.3.3　波形显示过程中的几个问题

1．被测信号与扫描电压的同步

如图 5-37 所示，扫描电压的周期 T_x 为被测信号周期 T_y 的整数倍，如 $T_x = T_y$ 时，扫描的后一个周期描绘的波形将与前面的波形重叠，荧光屏上得到清晰而稳定的波形，这叫做信号与扫描电压的同步。

当 $T_x = nT_y$ 时，荧光屏上将得到 n 个清晰而稳定的正弦波，如图 5-38 所示。若 $T_x = 2T_y$，则在时刻 8，扫描电压由最大值回到零，这时被测电压恰好经历了两个周期。光点沿 8→9→10 移动时，重复上一扫描周期，光点沿 0→1→2 的移动轨迹形成了稳定的波形。

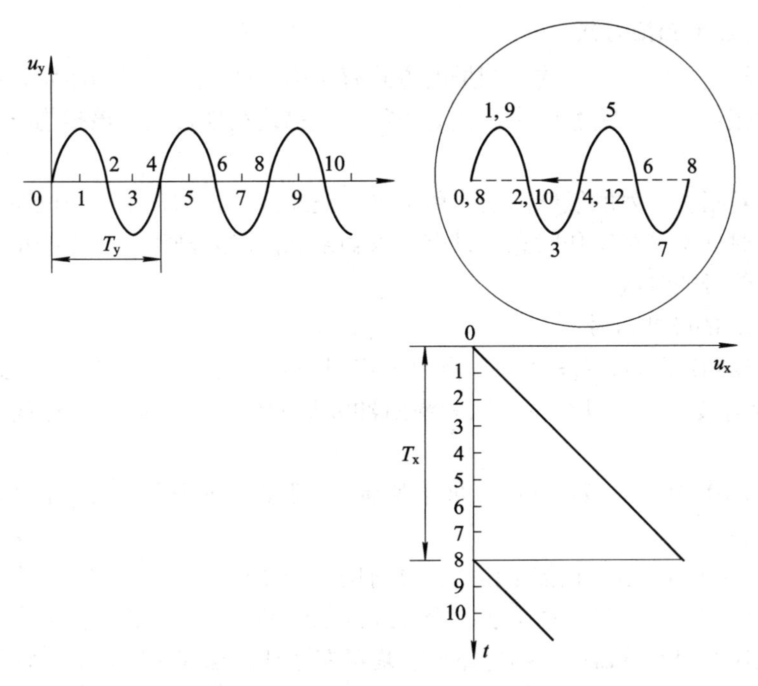

图 5-38　扫描电压与被测信号同步

若 $T_x \neq nT_y$，则扫描电压与被测信号不同步，如图 5-39 所示。

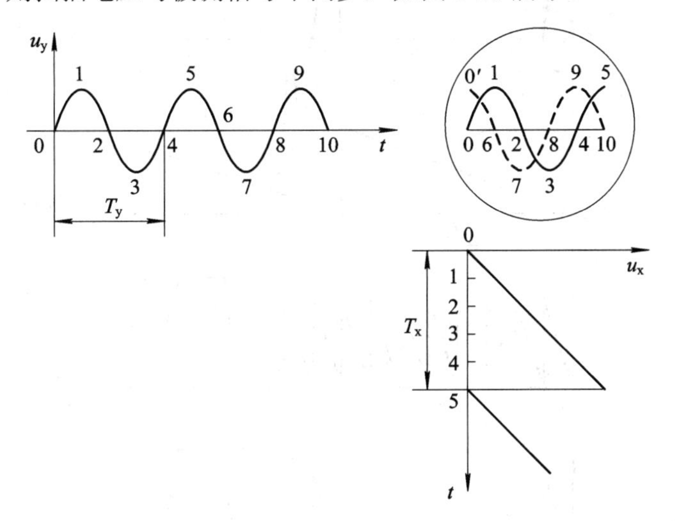

图 5-39　扫描电压与被测信号不同步

例如，$T_x = 5/4T_y$，第一个扫描周期开始，光点沿 0→1→2→3→4→5 轨迹运动。当扫描结束时，光点从 5 回到 0′，接着第二个扫描周期开始，这时光点沿 0′→6→7→8→9→10 的轨迹运动，不与前一次扫描轨迹重合。这样，我们第一次看到的波形为图中实线所示，而第二次看到的波形为图中虚线所示，我们感到波形从右向左移动，即显示的波形不再稳定了。

可见，保证同步是使用示波器的关键。

2. 扫描电压的扫描方式

根据锯齿波电压的工作方式，扫描的方式有两类，即连续扫描和触发扫描。连续扫描是指扫描正程接着逆程，逆程结束又接着正程，扫描连续地发生。该扫描方式适合观察连续信号。

触发扫描是指在有效触发脉冲的作用下锯齿波才开始扫描，工作在触发扫描方式下的扫描发生器平时处于等待工作状态，只有送入触发脉冲时才产生一个扫描电压。这种扫描方式适合脉冲信号的测试。

观测 5-40(a)的脉冲信号：

(1) 如图 5-40(b)所示，$T_x = T_y$ 时，屏幕上出现的脉冲波形集中在时间基线的起始部分，图形在水平方向被压缩，以至于难以看清脉冲波形的细节，例如，很难观测它的前后沿时间。

(2) 如图 5-40(c)所示，$T_x = \tau$ 时，屏幕上显示的脉冲波形很淡，而时间基线却很明亮，且扫描很难同步。

(3) 如图 5-40(d)所示，扫描电压的持续时间等于或稍大于脉冲底宽，则脉冲波形就可展宽到几乎布满横轴。同时，由于在两个脉冲间隔时间内没有扫描，因而不会产生很亮的时间基线。现代通用示波器的扫描电路一般均可在连续扫描或触发扫描两种方式下调节。

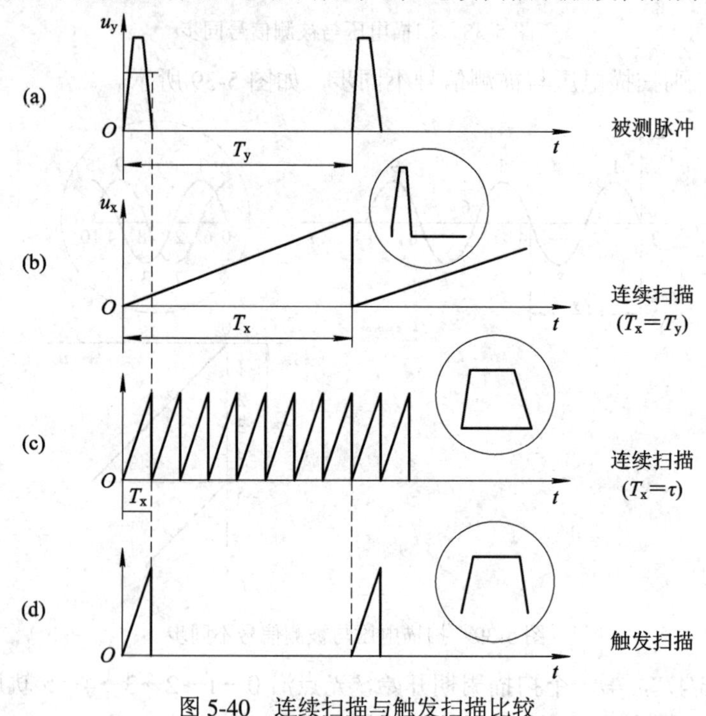

图 5-40　连续扫描与触发扫描比较

3. 扫描过程的增辉

在以上的讨论中假设了扫描回程时间接近于零，但实际上回扫是需要一定时间的，这就对显示波形产生了一定的影响。图 5-41 仍是扫描周期等于两倍信号周期的情况，只是扫描电压有一定的回扫时间(图 5-41 中时刻 7 到 8 的时间)。在这段时间内回扫电压和被测信号共同作用，荧光屏上显示的波形如虚线所示，这当然是不希望的。为使回扫产生的波形不在荧光屏上显示，可以设法在扫描正程时，使电子枪发射更多的电子，即给示波器增辉。这种增辉可以通过在扫描期间给示波管第一栅极 G_1 加正脉冲或给阴极 K 加负脉冲来实现。这样就可以做到只有在扫描正程即有增辉脉冲时才有显示，其他时间荧光屏上没有显示。

对于触发扫描的情况，扫描过程的增辉更为必要。由图 5-40(d)可见，在没有脉冲信号时无扫描输出，或者说扫描发生器处于等待状态。这时 X、Y 偏转电压均为零，荧光屏上只显示一个不变的光点。一个较亮的光点长久集中于屏上一点是不允许的，利用扫描期间的增辉恰好可以解决这个问题。因为在被测脉冲出现的扫描期间，由于增辉脉冲的作用波形较亮；而在等待扫描期间，即波形为一个光点的情况下，由于没有增辉脉冲，光点很暗。这对保护荧光屏是十分重要的。

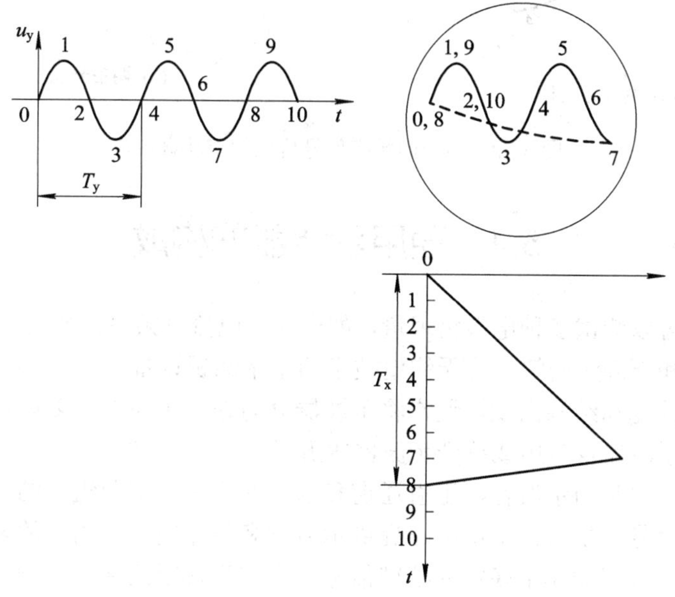

图 5-41　扫描回程对显示波形的影响

5.3.4　显示任意两个变量之间的关系(X−Y 方式)

在示波管中，电子束同时受 X 和 Y 两个偏转板的作用，而且两偏转板上的电压 u_x 和 u_y 的影响又是相互独立的，它们共同决定光点在荧光屏上的位置。这好像两只手共同握住一支笔，但是一只手只允许在 X 方向运动，另一只手只允许在 Y 方向运动。若只有一只手作用，则只能画一条水平或垂直直线，但两只手配合起来，就能够画出任意的波形。利用这种特点就可以把示波器变为一个 X−Y 图示仪，使示波器的功能得到扩展。

图 5-42 表示两个同频率信号分别作用在 X、Y 偏转板上时的情况。如果这两个信号初相相同，则可在荧光屏上画出一条直线；若 X、Y 方向的偏转距离相同，则这条直线与水平轴呈 45°，如图 5-42(a)所示。如果这两个信号初相相差 90°，则在荧光屏上画出一个正椭圆，如图 5-42(b)所示。示波器两个偏转板上都加正弦电压时显示的图形叫李沙育图形，这种图形在相位和频率测量中常会用到。

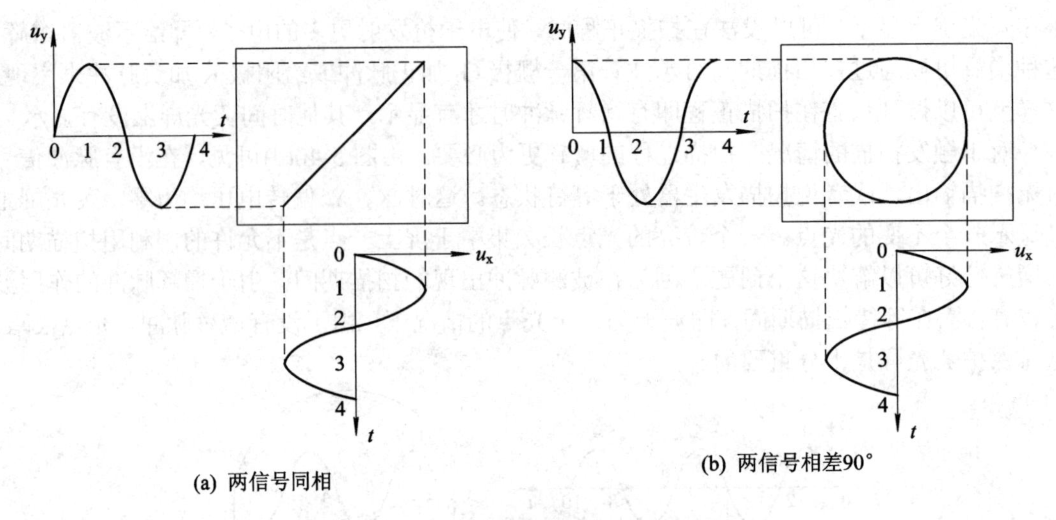

图 5-42　两个同频率信号构成的李沙育图形

5.4　通用示波器的构成

通用示波器可以测试多种电学物理量，如电压、电流、频率、周期、相位差、调幅度、脉冲宽度及上升和下降时间等，是无线电技术的基本测试设备。

从示波器的性能和结构出发，通常将示波器分为通用示波器、多束示波器、取样示波器、记忆和存储示波器及专用或特殊示波器等五类。

通用示波器主要是由示波管、垂直通道和水平通道三个部分组成的，此外，它还包括电源电路和校准信号发生器。电源电路提供示波管和仪器电路中需要的多种电源。校准信号发生器产生幅度或周期非常稳定的校准信号，用它直接或间接与被测信号比较，可以确定被观测信号中任意两点间电压或时间的关系。通用示波器的原理框图如图 5-43 所示。

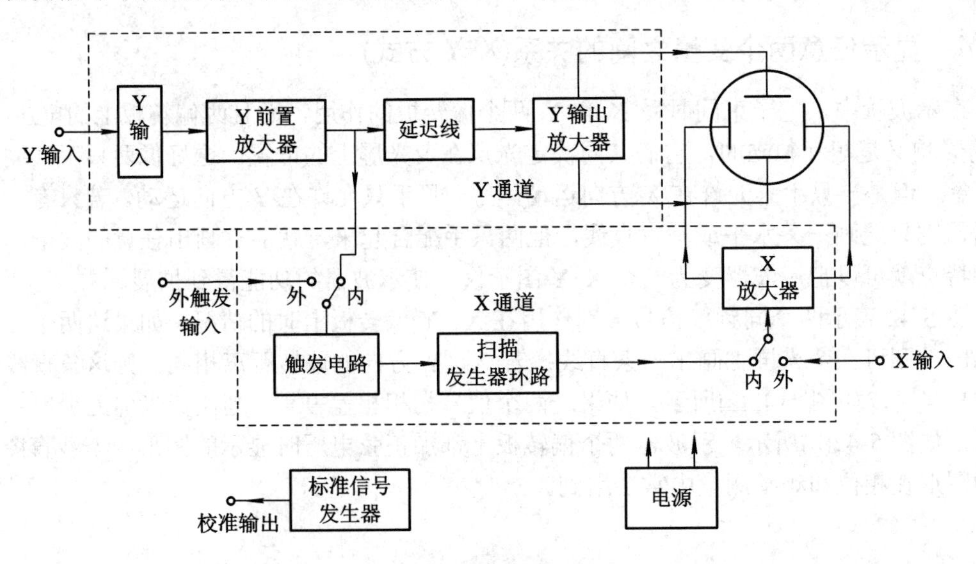

图 5-43　通用示波器的原理框图

5.4.1　示波器的垂直通道(Y 通道)

示波器既要能观测小信号(mV 数量级)，又要能观测大信号(几十伏到几百伏)，而示波管垂直偏转板的灵敏度一般为 4 V/cm～10 V/cm。因此，为扩大观测信号的幅度范围，Y 通道要设置衰减器和放大器等。通常，示波器的垂直通道就是将被测信号进行衰减或线性放大，以便把信号的幅度变换到适合示波管观测的数值，从而保证在荧光屏上不失真地显示信号。

同时，Y 通道还具有倒相作用，以便被测信号对称地加到 Y 偏转板。

另外，为了和水平通道相配合，Y 通道还应具有延时功能，并能向 X 通道提供内触发源。

垂直通道(Y 通道)的构成如图 5-43 所示。

1．输入电路

Y 通道输入电路的基本作用在于检测被测信号，所以它应有较大的输入阻抗和过载能力，以调节输入信号的大小，并具有适当的耦合等。Y 通道输入电路包括探极、耦合方式电路、衰减电路等。

1) 探极

探极是 Y 通道输入电路的重要组成部分。它安装在示波器机体的外部，用电缆和机体相连。其作用是便于直接探测被测信号，提高示波器的输入阻抗，减少波形失真，以及展宽示波器的使用频带等。通常探极分为无源探极和有源探极。

无源探极由 RC 组成，其原理电路如图 5-44(a)所示。其中 C 为可变电容，调整 C 可对频率变化的影响进行补偿。

在进行调整时，可用探极输入一个方波，当荧光屏上显示的图形如图 5-44(b)所示时表明补偿最佳，图 5-44(c)为过补偿，图 5-44(d)为欠补偿。

当被测信号较小时，可以选用有源探极。它可以在无衰减的情况下，取得较好的高频特性。

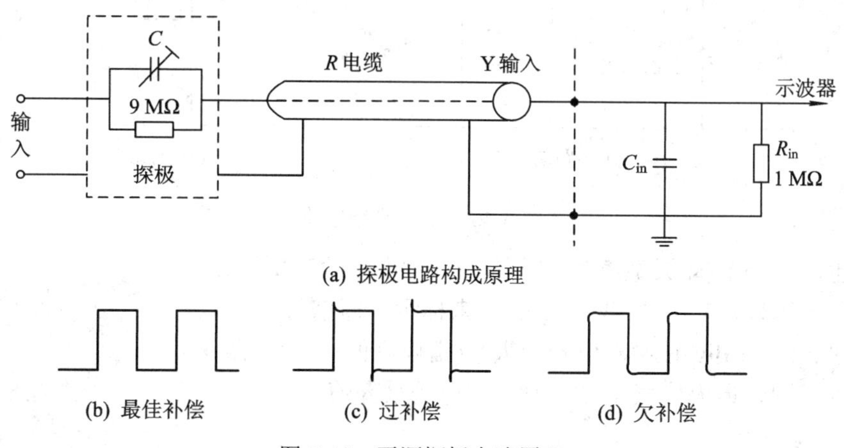

图 5-44　无源探极电路原理

2) 耦合方式电路

加到垂直通道输入端的被测信号通过选择交流耦合或直流耦合方式到达高阻输入衰减

电路，或者断路(接地)，不接通。如图 5-45(a)所示，耦合方式开关 S 有相应的三挡：AC、DC、GND(⊥)。面板如图 5-45(b)所示。

开关 S 置“AC”位，信号必须经电容 C 耦合至高阻衰减器，只有交流成分才可通过；开关置“DC”位，信号可直接通过；开关置“GND”位，输入信号不接通。

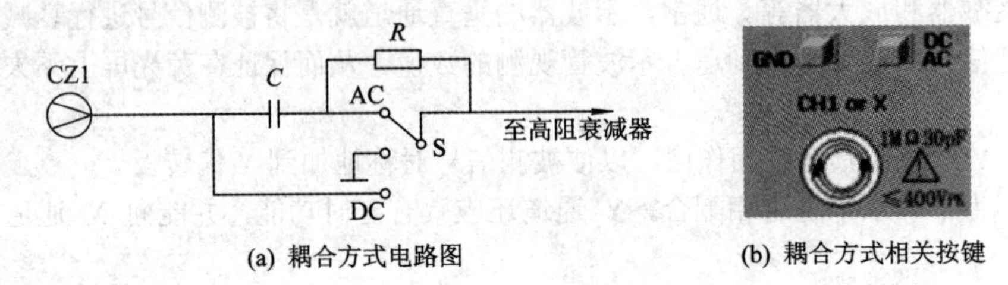

(a) 耦合方式电路图　　(b) 耦合方式相关按键

图 5-45　耦合方式电路原理及在示波器面板上对应的按键

> **注意**：观测交流信号，开关置“AC”位，用于频率很低的信号或带有直流分量的信号测量；开关置“DC”位，信号直接通过；开关置“GND”位，用于确定零电平，即在不需要断开被测信号的情况下，为示波器提供接地参考电平。

3) 衰减电路

为使示波器能测量几百伏的大信号，需对大信号进行衰减。同时，为使信号不发生畸变，通常还需采用电阻电容分压器，改变分压器的分压比可以改变示波器的偏转灵敏度。图 5-46 所示是 10 倍衰减电路。衰减器的阻抗必须足够高(输入阻抗一般为 1 MΩ)，才能不影响被测信号电路的原有状态。

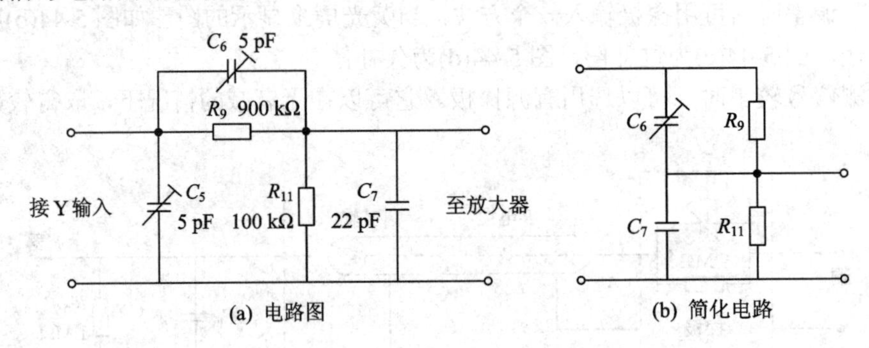

(a) 电路图　　(b) 简化电路

图 5-46　10 倍衰减电路

衰减电路的调节(即灵敏度粗/细调旋钮，如图 5-47 所示)，在示波器面板上以“V/cm”或“V/div”来标示，即信号在垂直方向偏转 1 cm 或 1 div 时输入信号的大小(指峰峰值)。示波器 Y 偏转灵敏度范围的最大值表示允许输入信号的最高值。

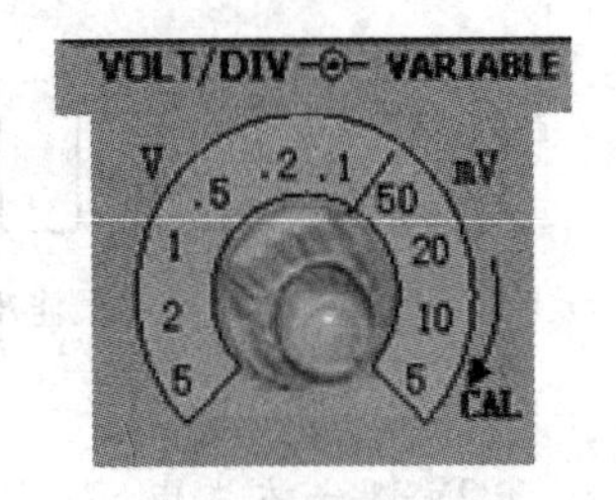

图 5-47　Y 偏转灵敏度旋钮

2．延迟线

设置延迟线的目的是把被测信号无失真地延迟一段时间。示波器的延迟时间通常为 60 ns～200 ns，从而使被测信号能完整地显示，尤其是信号的起始点。这是因为 X 通道扫描电压的启动需要一定的触发电平，而被测信号又有一定的上升时间，当用被测信号启动扫描时，需经过一段时间间隔，即 X 通道从接受触发信号到开始扫描有一段延迟时间，如图 5-48 中的 t_r。考虑到启动扫描电路经 X 放大器至水平偏转板，这个时间还要长一些，这样被测信号显示如图 5-48 中。

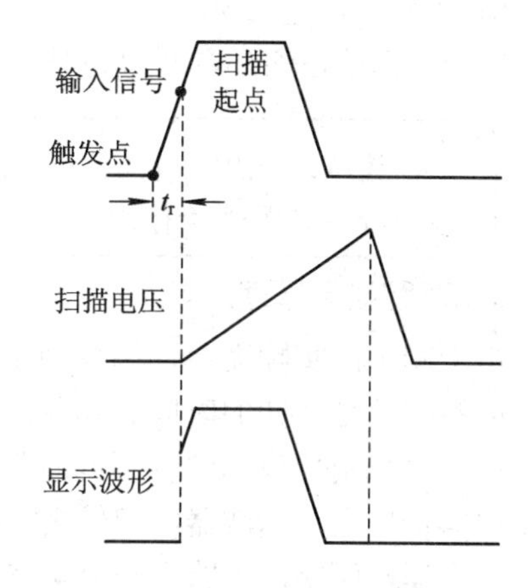

图 5-48　无延迟线时的情况

3. Y 放大器

Y 放大器用来提高示波器观察微弱信号的能力。Y 放大器应该具有稳定的增益、较高的输入阻抗、足够宽的频带和对称输出的输出级。

Y 放大器分前置放大器和输出放大器两个部分。

前置放大器的输出信号一路引至触发电路，作为同步触发信号；另一路经延迟线延迟后引至输出放大器。

输出放大器的基本功能是把由延迟线输入的被测信号放大到足够的幅度，用以驱动示波管垂直偏转系统，使荧光屏上显示被测信号。本级电路应具有足够大的增益和动态范围，以及足够小的非线性失真。

Y 放大器电路通常采用一定的频率补偿电路和较强的负反馈，以保证在较宽的频率范围内增益稳定，且实现增益的变换。

例如，示波器 Y 通道的倍率按键常有“×1”和“×5”两个位置，如图 5-49 所示。常态下，倍率按键置于“×1”位置，若将倍率按键置于“×5”位置，则负反馈减小，增益增加 5 倍。这便于观测微弱信号或观察信号的局部细节。(有的示波器上还有“×10”倍率开关。)

另外，通过调整负反馈还可以进行放大器增益即示波器灵敏度的微调。灵敏度微调电位器处于极端位置时，示波器灵敏度处于“校准”位置。

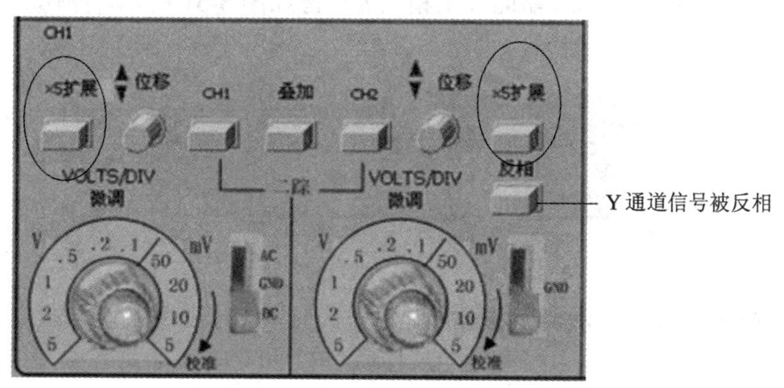

图 5-49　示波器面板上的倍率按键

Y 输出放大器大都采用差分放大电路，输出一对平衡的交流电压。若在差分电路的输入端输入不同的直流电位，则相应的 Y 偏转板上的直流电位和波形在 Y 方向的位置也会改变，即 “Y 轴位移”。

Y 放大器输出级还具有“位移”旋钮调节。

> **注意**：在用示波器进行定量测量时，倍率按键应置于“×1”位置，灵敏度微调旋钮应置于“校准”位置。

4．双踪显示原理

由于测量的实际需要，例如为了能准确而迅速地显示并比较两个既相互关联而又互相独立的被测信号之间的时间、相位及幅度的关系，或比较方便地实现信号“和”、“差”显示，产生了采用单束示波管“同时”显示两个被测信号波形的示波器——双踪示波器。双踪示波器仍属通用示波器，但较之一般的单踪示波器不同之处在于：在 Y 通道中多设一个前置放大器、两个门电路和一个电子开关。图 5-50 是双踪示波器的简化结构图。

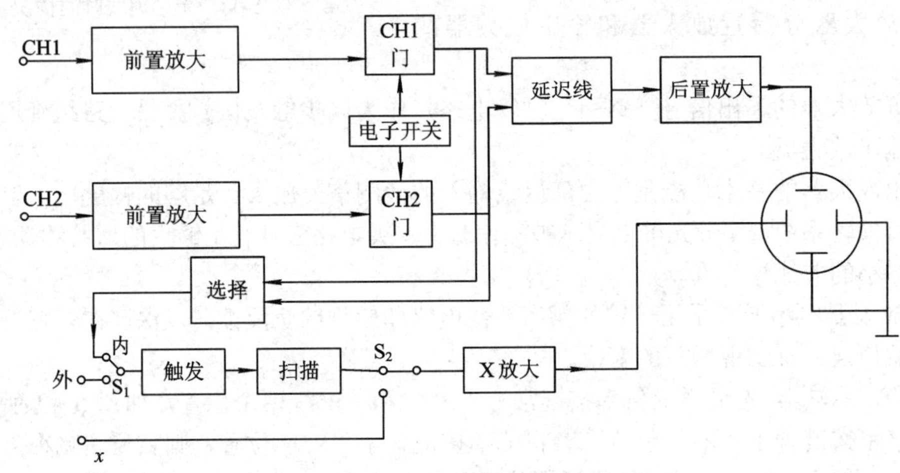

图 5-50　双踪示波器的简化结构图

双踪示波器的显示方式有五种：CH1、CH2、ADD(CH1 ± CH2)、交替 ALT 和断续 CHOP。前三种均为单踪显示，CH1、CH2 与普通示波器相同，只有一个信号；CH1 ± CH2 显示的波形为两个信号的和或差。示波器面板上相应的按键如图 5-51 所示，操作者可根据显示需要来选择。

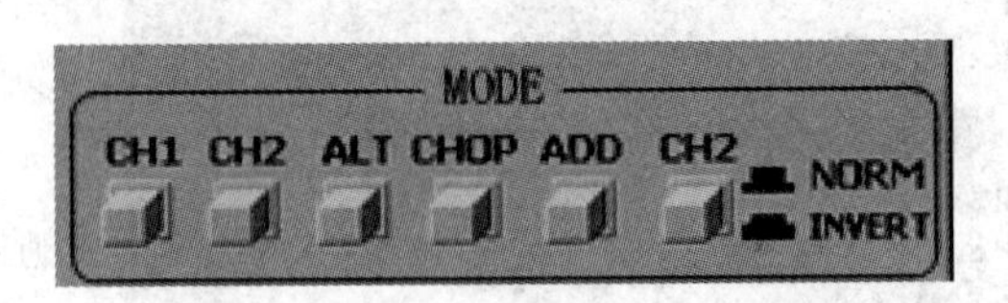

图 5-51　示波器垂直显示方式

(1) 交替(ALT)：双踪示波器工作于此显示方式时，电子开关的转换频率受扫描电路控制，以一个扫描周期为间隔，电子开关轮流接通 CH1 和 CH2。如第一次扫描时，电子开关接通 CH1 的信号，使它显示在荧光屏上，则第二次扫描接通 CH2 的信号，再使它显示在荧光屏上。每隔一个扫描周期，交替轮换一次，如图 5-52 所示。随着扫描的重复，轮流显示 CH1 与 CH2 的波形。因为扫描频率较高(大于每秒 25 次)，两个信号轮流显示的速度很快，加之荧光屏有余辉时间和人眼有视觉滞留效应的原因，从而获得两个波形似乎同时显示的效果。但当扫描频率较低时，就可能看到交替显示波形的过程。同时，电子开关的切换频率是扫描频率的一半。由于扫描频率分挡可调，就要求开关切换频率跟随扫描频率而变化，而一旦扫描频率低于 50 Hz，开关切换频率就低于 25 Hz，显示的波形闪烁，所以交替方式适合于观测高频信号。

需要注意的是：用交替显示方式容易产生所谓的“相位误差”。当示波器处于一般的内触发状态时，即触发信号分别取自电子开关后面 CH1 和 CH2 通道的信号，则原来有相位差的两个信号很容易显示为同相位的信号。解决的办法是用相位超前的信号作固定的内触发源，或者改用“断续”显示方式。

(2) 断续(CHOP)：当示波器工作于此种显示方式时，电子开关工作在自激振荡状态(不受扫描电路控制)，将两个被测信号分成很多小段轮流显示，如图 5-53 所示。由于转换频率比被测信号频率高很多，间断的亮点靠得很近，因而人眼看到的波形好像是连续波形。如被测信号频率较高或脉冲信号的宽度较窄，则信号的断续现象就比较显著。

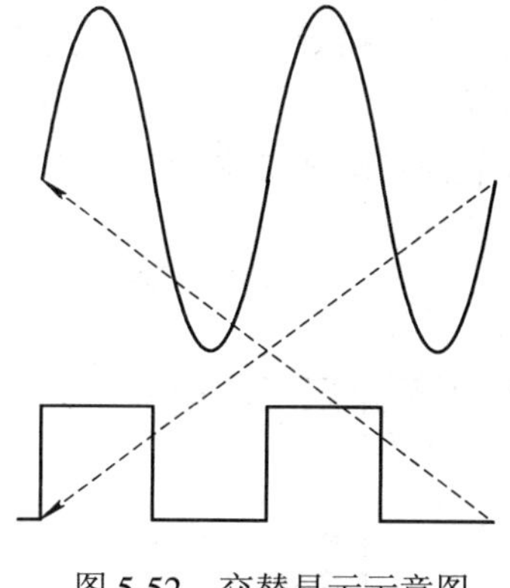

图 5-52　交替显示示意图

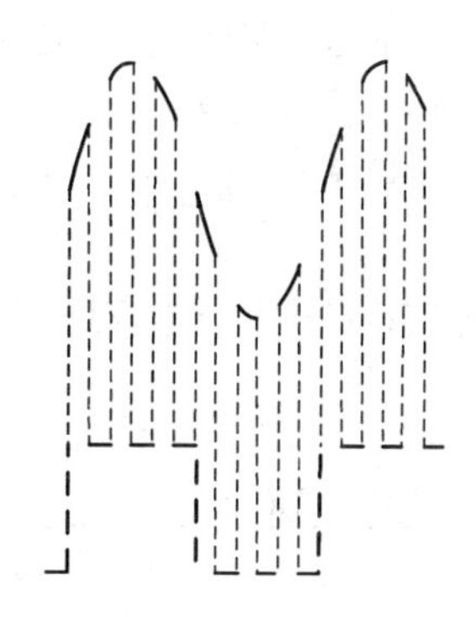

图 5-53　断续显示示意图

> **注意**：交替显示方式只适用于被测信号频率较高的场合。如果显示方式错误，信号显示就不会同步。
>
> 断续显示方式只适用于被测信号频率较低的场合。

5.4.2　示波器的水平通道(X 通道)

示波器的水平通道主要是由扫描发生器环、触发电路和 X 放大器组成的。水平通道的作用是形成、控制和放大锯齿波扫描电压。

扫描发生器环和触发电路用来产生所需要的扫描信号，即锯齿波扫描电压。X 放大器将此电压放大到足够的幅度，加到示波器的水平偏转板上，以形成时间基线。X 放大器也可用来放大直接输入的任意外接信号，因此 X 放大器的输入端有内、外两个位置。X 通道的组成原理框图如图 5-54 所示。

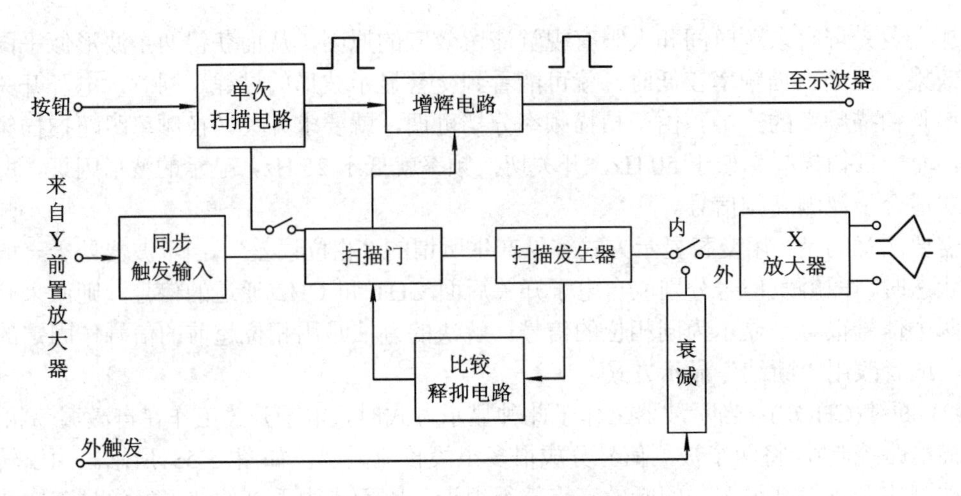

图 5-54　X 通道组成原理图

1. 触发电路

触发电路包括触发输入耦合电路、触发放大整形电路等。它的作用是将不同来源、频率、波形、幅度、极性的触发源信号，转换成幅度、宽度、陡度、极性均满足一定要求而周期与触发源信号本身周期相关的触发脉冲。这个触发脉冲被送至扫描门，以达到稳定显示波形的目的。

触发电路及其在面板上的对应开关如图 5-55 所示。

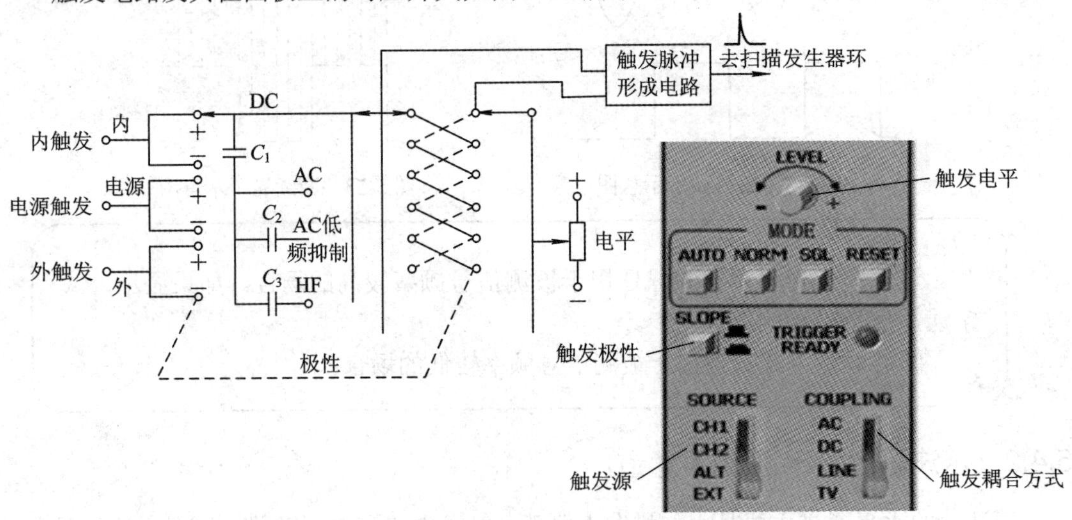

图 5-55　触发电路及其面板对应开关、旋钮

1) 触发源选择

触发源(SOURCE)即触发电路输入信号的来源，一般情况下，触发信号有以下几种来源。

内触发(INT)(通常包括 CH1、CH2 两种选择)：来自仪器内部 CH1 或 CH2 通道的被测信号，适用观测被测量信号。

外触发(EXT)：用外接信号触发扫描。

电源触发(LINE)：来自 50 Hz 交流电源的电源触发，用于观测与交流电源频率有时间关系的信号。

轮流触发(VERT)：有的双通道仪器在进行双路信号显示时，轮流触发可保证双路信号同时同步。

2) 触发耦合方式(COUPLING)选择

如图 5-55 所示，触发信号通常通过直流(DC)、交流(AC)、AC 低频抑制(LF REJ)及高频抑制(HF REJ)等耦合方式加到触发输入放大器上。

DC：直流耦合，接入含有直流或缓慢变化的信号进行触发。

AC：交流耦合，若用交流信号触发，则置 AC 方式，这时电容起到隔直流的作用。

AC 低频抑制：利用 C_1 和 C_2 串联的电容来抑制信号中大约 2 kHz 以下的低频成分，其主要目的是滤除信号中的低频干扰，如图 5-56 所示为具有低频干扰的信号。

HF：高频耦合。C_1 和 C_3 串联后只允许通过频率很高的波形，该方式常用来观测 5 MHz 以上的高频信号。

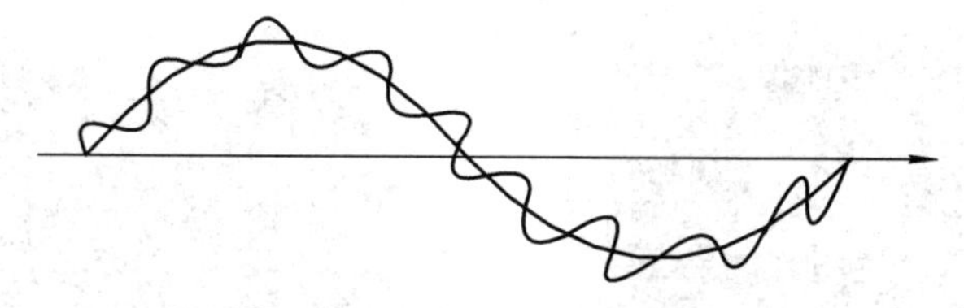

图 5-56 具有低频干扰的信号

3) 触发极性(SLOPE)和触发电平(LEVER)选择

触发脉冲决定了扫描的起始点，与这点相应的触发输入放大器的输出电压瞬时值，就是触发电路的电平。为了任意选择被显示信号的起始点，应在触发电路中设置两种控制，一是调节触发点的电平，二是改变触发极性。触发极性指在触发信号的上升沿或下降沿触发，前者为正极性触发，后者为负极性触发。电平指触发时的直流电位。触发极性和触发电平相互配合，可在被观测波形的任一点触发。二者的选择不同，屏幕上显示图形的起始点也不同。被测正弦波在不同触发极性和电平时显示的波形如图 5-57 所示。

注意：操作时，触发源选择要正确，触发耦合方式要正确，触发极性与触发电平要配合好，这样可以保证显示波形稳定同步。

4) 扫描(MODE)方式

扫描方式通常有常态触发、自动触发和高频触发三种。

常态触发(NORT)：在有触发信号并且产生有交往的触发脉冲时，扫描发生器才工作，屏幕上才有扫描线。

自动触发(AUTO)：在无触发输入信号时，扫描系统仍有扫描输出，屏幕上仍能显示扫描线，当系统加入触发信号时，又能进行触发扫描。

高频触发(HF)：自动触发的另一种形式，它有利于观测高频信号。

扫描方式对应的面板按键如图 5-55 中的“MODE”部分。

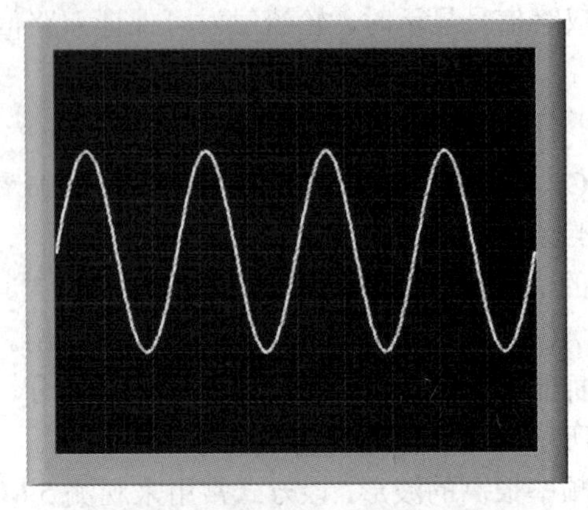

(a) 正极性零电平触发

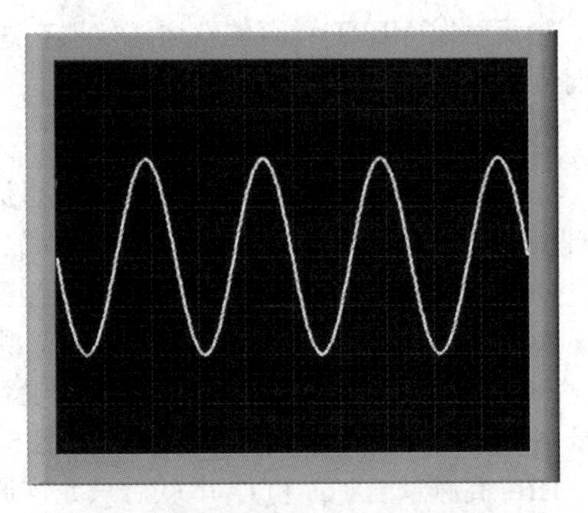

(b) 负极性零电平触发

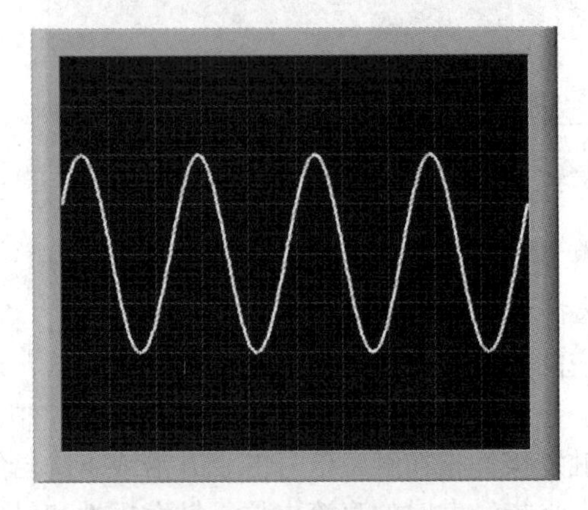

(c) 正极性正电平触发

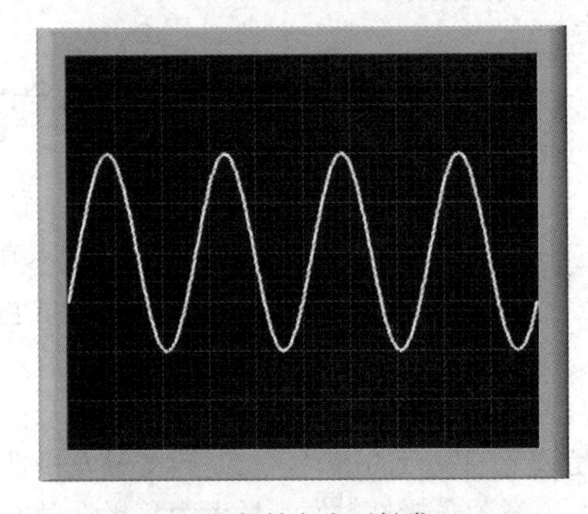

(d) 正极性负电平触发

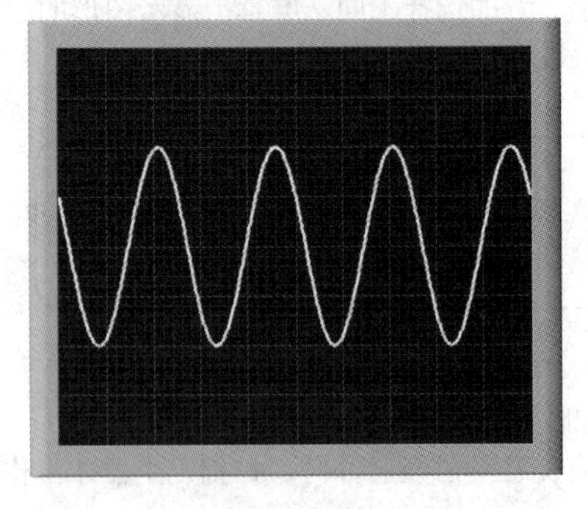

(e) 负极性正电平触发

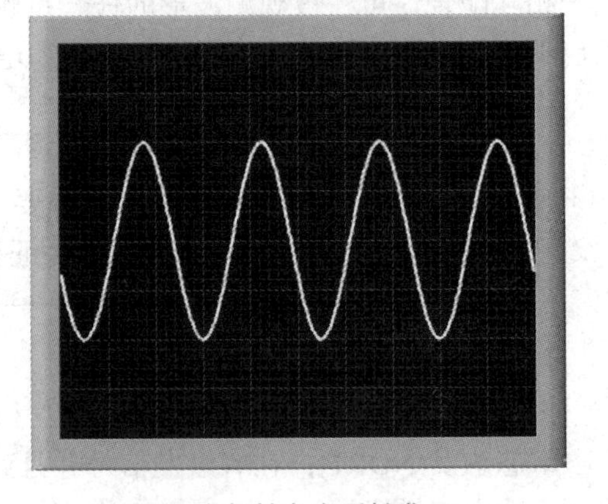

(f) 负极性负电平触发

图 5-57 不同触发极性与触发电平的波形

2. 扫描发生器环

扫描发生器环又叫时基电路，用来产生扫描信号。

扫描发生器环包括扫描门、积分器及比较和释抑电路，如图 5-58 所示。

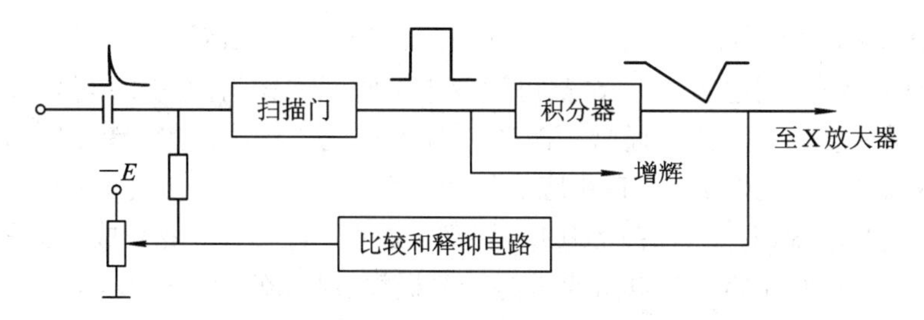

图 5-58　扫描发生器环的组成

扫描门在触发脉冲的作用下，产生快速上升或下降的闸门信号给增辉电路，以加亮扫描正程的光迹。释抑电路主要利用 RC 充放电路组成一个充电时间常数很小而放电时间常数较大的不对称多谐振荡器。在扫描正程，释抑电路充电，在回扫期放电。释抑电路的作用是，在回扫期关闭扫描门电路，使之不再被触发脉冲触发。只有释抑电路期结束后，扫描门才有重新被触发的可能。这样就保证了扫描电路工作的稳定，从而保证信号波形的稳定。

扫描电压是锯齿波，它由积分器产生。常用的积分电路为密勒积分器，它具有良好的线性，其原理如图 5-59(a)所示。图 5-59(a)中，当开关 S 打开时，电源电压 E 通过积分器积分，在理想情况下，($A\to\infty$，$R_i\to\infty$和 $R_0\to0$)，输出电压 u_o 可表示为

$$u_o=-\frac{1}{RC}\int E\,dt=-\frac{E}{RC}t$$

当 E 为正值时，输出信号为负向锯齿波；E 为负值时，输出信号为正向锯齿波。

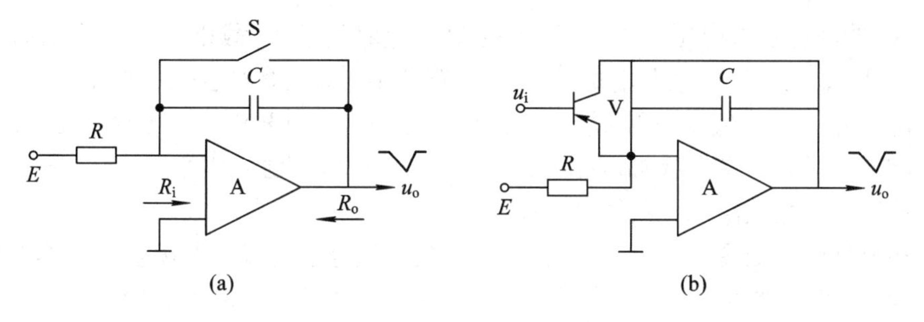

图 5-59　密勒积分器

令充电电流 $I=E/R$ 为一常数，则 u_o 与时间 t 成线性关系。改变时间常数 RC 或微调电源 E 都可以改变 u_o 的变化速率。

实际上，开关 S 可以由扫描门控制的晶体管开关担任，如图 5-59(b)所示。当由扫描门给积分器输入端加高电平时，晶体管 V 截止，相当于开关 S 断开，电源 E 给电容充电，构成扫描正程。当由扫描门给积分器输入端加低电平时，晶体管 V 导通，相当于开关 S 接通，形成扫描回程。

示波器中，把积分器产生的锯齿波电压送入 X 放大器加以放大，再加至水平偏转板。由于这个电压与时间成正比，就可用荧光屏上的水平距离代表时间，定义荧光屏上单位长度所代表的时间为示波器的扫描速度 S_S(t/cm)：

$$S_S=\frac{t}{x}$$

式中：x 表示光迹在水平方向偏转的距离；t 表示偏转 x 距离所对应的时间。

在示波器中，通过调整 E、R、C 都可改变单位时间内锯齿波的电压值，进而改变水平偏转距离和扫描速度。示波器中通常用改变 R 或 C 作为“扫描速度”粗调，用改变 E 作为“扫描速度微调”，在示波器上都有相应的旋钮。

扫描门又叫时基闸门，扫描门的作用是将触发同步输入信号变换成正向矩形脉冲，控制锯齿波的起始点和终止点，该电路通常为一射极耦合型(施密特)触发器，如图 5-60 所示。

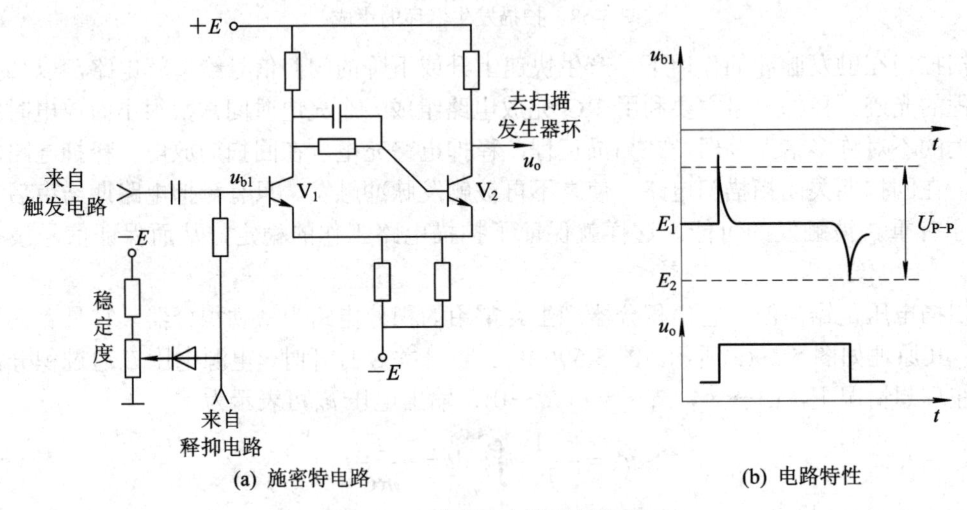

(a) 施密特电路　　(b) 电路特性

图 5-60　施密特电路及其特性

假设 V_1 的静态输入电压介于 E_1 和 E_2 之间，电路处于 V_1 截止、V_2 导通的第一稳态。当触发信号使 u_{b1} 上升到上触发电平 E_1 时，电路从第一稳态翻转到第二稳态，即 V_1 导通，V_2 截止，输出电压 u_o 由低电位跳到高电位。但是即使触发信号消失，u_{b1} 回到 E_1 和 E_2 之间，电路并不翻转，只有当来自释抑电路的信号使 u_{b1} 下降到下触发电平 E_2 时，电路才返回第一稳态，输出电压才从高电位跳回低电位。

比较和释抑电路如图 5-61 所示，它和扫描门及积分器构成一个闭合的扫描发生器环。在扫描过程中，积分器输出一个负的锯齿波电压，通过电位器 RP 加至 PNP 管 V 的基极 B，与此同时直流电源+E 也通过电位器 RP 的另一端加至 B 点，它们共同影响 B 点的电位。

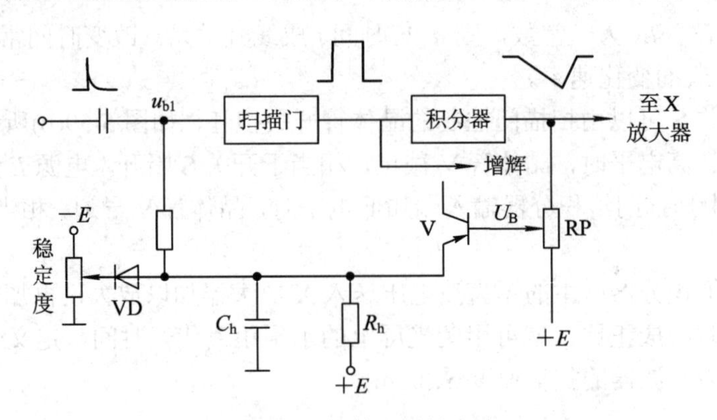

图 5-61　比较和释抑电路

V 管和 C_h 及 R_h 组成一个射极输出器，随着 U_B 点负电压的上升，V 管导通，C_h 被充电；随着 C_h 两端负电压的上升，将使扫描门的基极电位 u_{b1} 下降，u_{b1} 下降到图 5-60(b)中 E_2 电位时，扫描门翻转，积分器中电容放电，形成锯齿波逆程。V 管随之又截止，C_h 将通过 R_h 缓慢放电，其放电速度要比积分器放电缓慢，这样只有当 C_h 放电完毕后，扫描发生器才有可能被再次触发。C_h 放电期间，扫描电路不可能触发，释抑电路处于“抑”状态；C_h 放电完毕，扫描发生器将处于“释”状态。此外，当触发脉冲到时，扫描电路才会开始工作，其工作过程可用图 5-62 来表示。

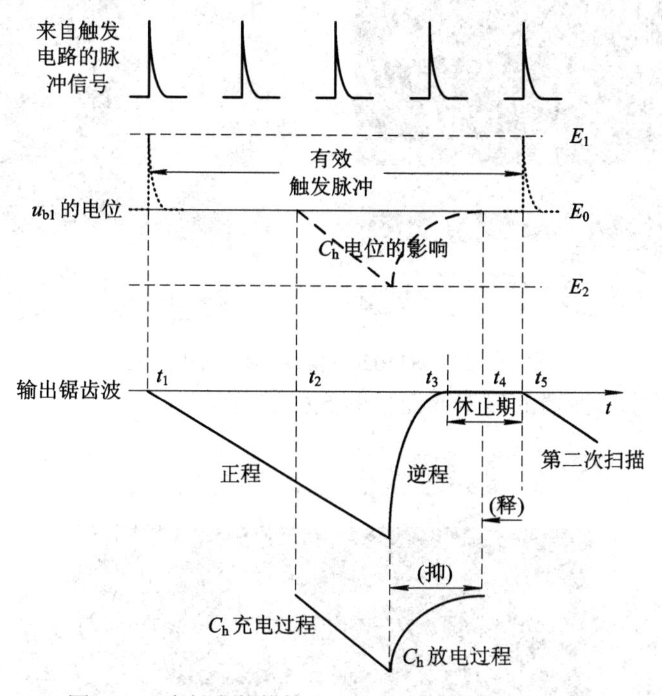

图 5-62　在触发扫描情况下比较和释抑电路的工作

3. X 放大器

X 放大器的作用是放大 X 通道的信号，使光点在 X 方向上足以达到满偏的程度。但是，示波器还可以作为 X-Y 绘图仪使用，因此，X 放大器的输入端有“内”和“外”两个位置。当开关置于“内”时，X 放大器放大扫描发生器环送来的扫描信号，在屏幕上显示被测信号的波形；当开关置于“外”时，由 X 放大器外输入信号，示波器作为 X-Y 图示仪使用，这时触发电路与扫描发生器环不起作用。

与 Y 轴类似，改变 X 放大器的增益可以使光迹在水平方向得到若干倍的扩展，或对扫描速度进行微调，以校准扫描速度。改变 X 放大器有关的直流电位也可使光迹产生水平位移。

5.5　DS1102C 型数字示波器的使用

5.5.1　DS1102C 型数字示波器面板

图 5-63 所示为 DS1102C 型数字示波器的面板。

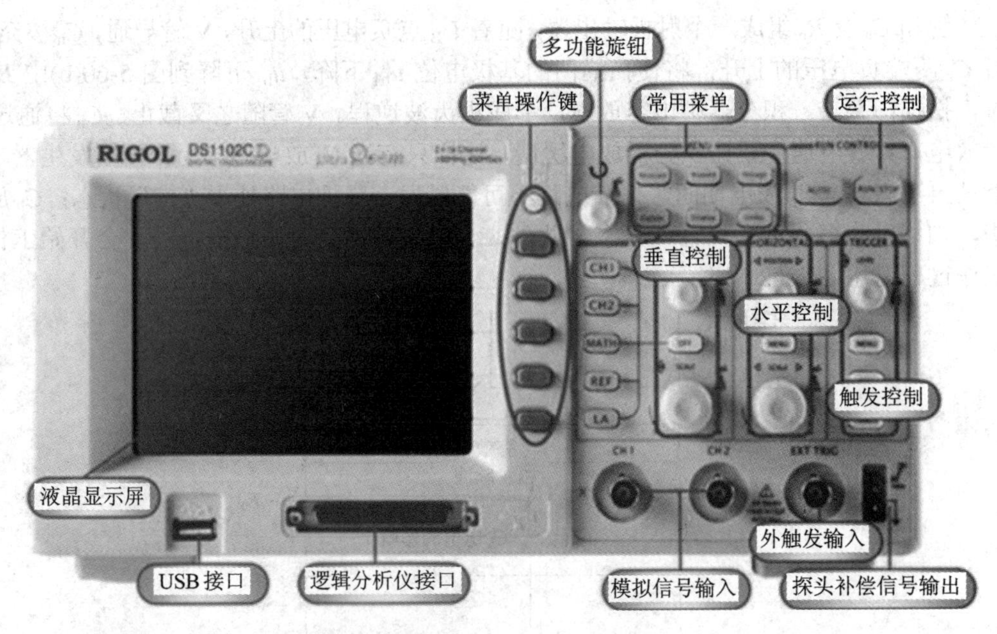

图 5-63　DS1102C 型数字示波器的面板

DS1102C 型数字示波器的显示界面如图 5-64 所示。

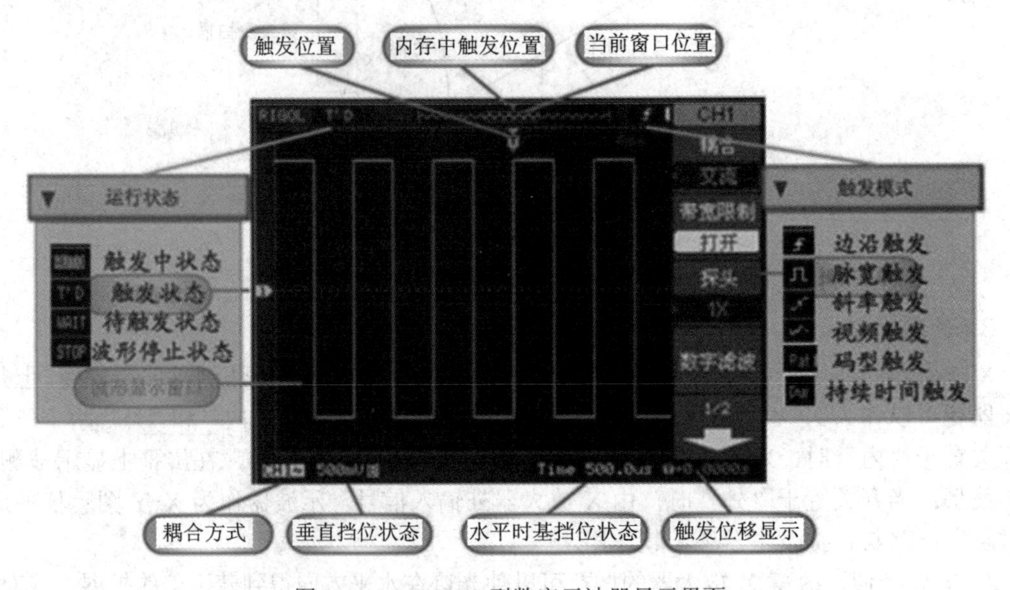

图 5-64　DS1102C 型数字示波器显示界面

5.5.2　DS1102C 型数字示波器面板介绍

1．垂直控制

垂直(VERTICAL)控制区的旋钮、按键如图 5-65 所示。

(1) 垂直(位移)(POSITION)旋钮：控制波形在显示窗口的垂直位置。当转动该旋钮时，指示通道地(GROUND)的标示跟随波形而上下移动。

(2) 垂直位置恢复到零点快捷键：按下该键，可使通道垂直显示位置恢复到零点。

(3) 垂直灵敏度(SCALE)旋钮：单位为 V/div，按 1—2—5 形式步进。转动该旋钮，状态栏会显示对应挡位的变化，窗口显示的波形高度也随之发生变化。

(4) CH1、CH2、MATH、REF、LA 按键：用来在屏幕上显示相应通道的操作菜单、标志、波形和挡位状态等信息。

(5) 粗调/微调(Coarse/Fine)快捷键：作为调节垂直灵敏度旋钮的粗调/微调状态的快捷键。

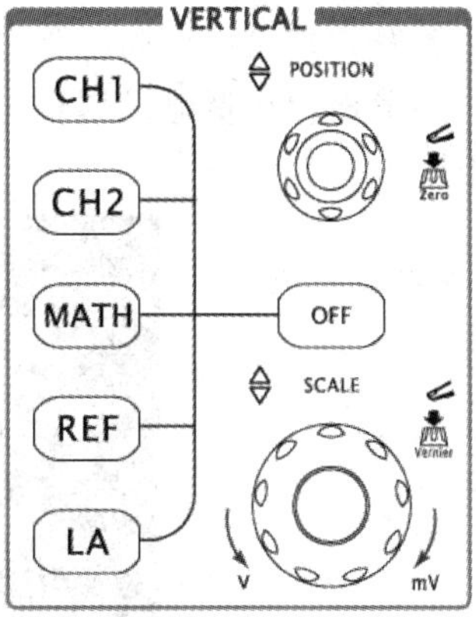

图 5-65　垂直控制区按键、旋钮

2. 水平控制

水平(HORIZONTAL)控制区的按键、旋钮如图 5-66 所示。

(1) 水平位移(POSITION)旋钮：调整波形的水平位置，控制触发位移。当用于触发位移控制时，转动该旋钮，波形可水平移动；按下该旋钮，触发位移恢复到水平零点。

(2) 水平扫描速度(SCALE)旋钮：用来改变水平扫描速度，单位为 s/div，相应的状态栏信息也随之变化。按下该旋钮，即可切换到扫描延迟(Delayed)状态。

(3) 水平控制(MENU)按键：按下该键，显示 TIME 菜单。在此菜单下，可以开启/关闭延时扫描或切换示波器的 Y-T、X-Y 及 ROLL 模式，还可以设置水平触发位移复位。

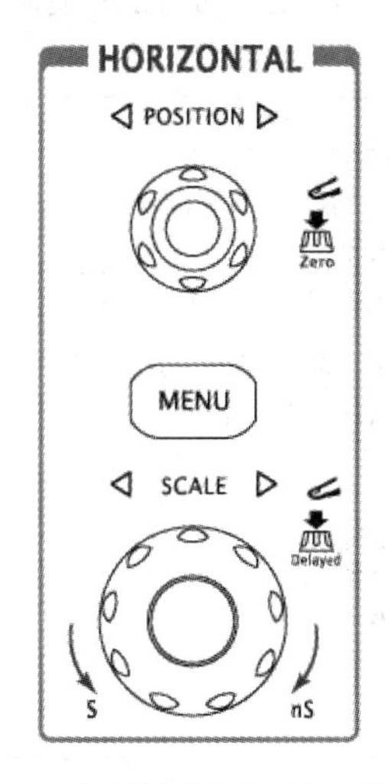

图 5-66　水平控制区按键、旋钮

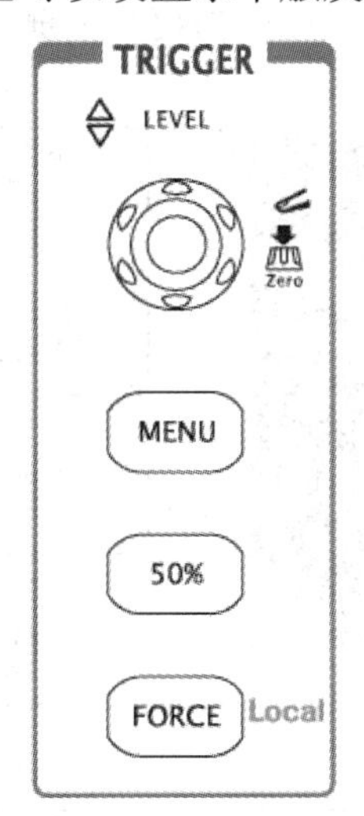

图 5-67　触发控制区按键、旋钮

3. 触发控制

触发(TRIGGER)控制区的旋钮、按键如图 5-67 所示。

(1) 触发电平(LEVEL)调节旋钮：转动该旋钮，屏幕上会出现一条触发线以及触发标志；停止转动旋钮，触发线及触发标志消失；按下该旋钮，触发电平恢复到零。

(2) “50%”按键：使触发电平处于触发信号幅值的垂直中点。

(3) “MENU”按键：按下该键，会出现如图 5-68 所示的触发菜单。

触发模式包括边沿触发、脉宽触发、斜率触发、交替触发、视频触发、码型触发(混合信号示波器)、持续时间触发等。

触发方式包括自动、普通、单次。

触发设置包括触发耦合、灵敏度、触发释抑及复位等，不同的触发模式，触发设置项目不同。

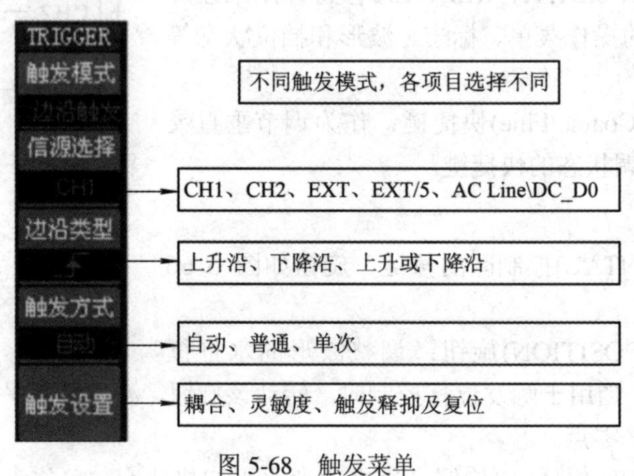

图 5-68　触发菜单

5.5.3　示波器的控制设置

1．垂直通道设置

按下“CH1”或“CH2”按键，屏幕显示 CH1 或 CH2 通道的操作菜单(共两页)，如图 5-69 所示。

功能菜单	设定	说　明
耦合	交流 直流 接地	阻挡输入信号的直流成分 通过输入信号的交流和直流成分 断开输入信号
带宽限制	打开 关闭	限制带宽至20 MHz，以减少显示噪声 满带宽
探头	1× 10× 100× 1000×	根据探头衰减系数选取其中一个值，以保持垂直标尺读数准确
数字滤波		设置数字滤波
(下一页)	1/2	进入下一页菜单(以下均同，不再说明)

(上一页)	2/2	返回上一页菜单(以下均同，不再说明)
挡位调节	粗调 微调	粗调按1—2—5进制设定垂直灵敏度 微调则在粗调设置范围之间进一步细分，以改善垂直分辨率
反相	打开 关闭	打开波形反相功能 波形正常显示

图 5-69　CH1 菜单

(1) “输入耦合”设置：如图 5-69 所示，屏幕显示 CH1 或 CH2 通道的操作菜单，按“耦合”键，选取正确的耦合方式。

① 当被测信号为纯交流正弦信号时，耦合方式设为“交流”，波形显示如图 5-70 所示。

② 当被测信号为含有直流成分的正弦信号时，耦合方式必须设为“直流”，这样被测信号的直流成分、交流成分都可进入仪器，波形显示如图 5-71 所示。

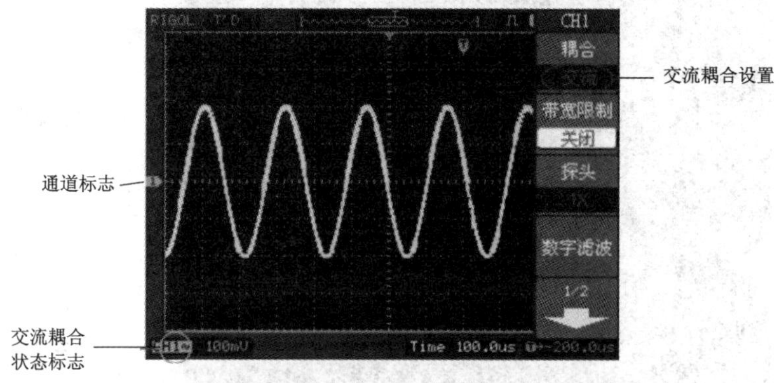

图 5-70　纯交流正弦信号的显示界面

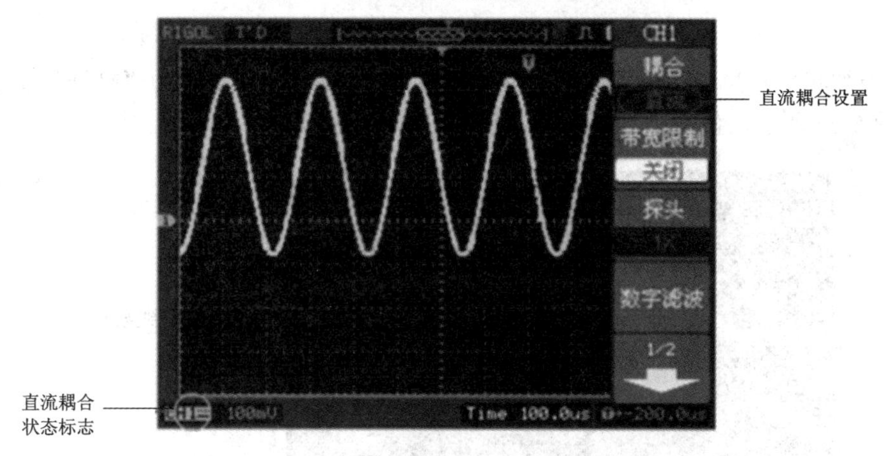

图 5-71　含直流成分的正弦信号的显示界面

③ 当“耦合”设置为“接地”时，被测信号全被阻断，波形显示如图 5-72 所示。

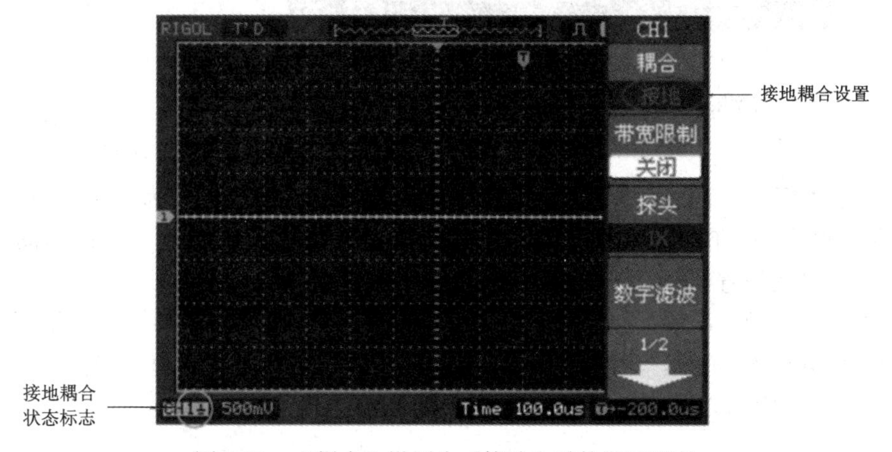

图 5-72　“耦合”设置为“接地”时的显示界面

(2) 通道“带宽限制”设置。

① 当被测信号为含高频振荡的脉冲信号时，“带宽限制”设置为“关闭”状态，波形显示如图 5-73 所示。

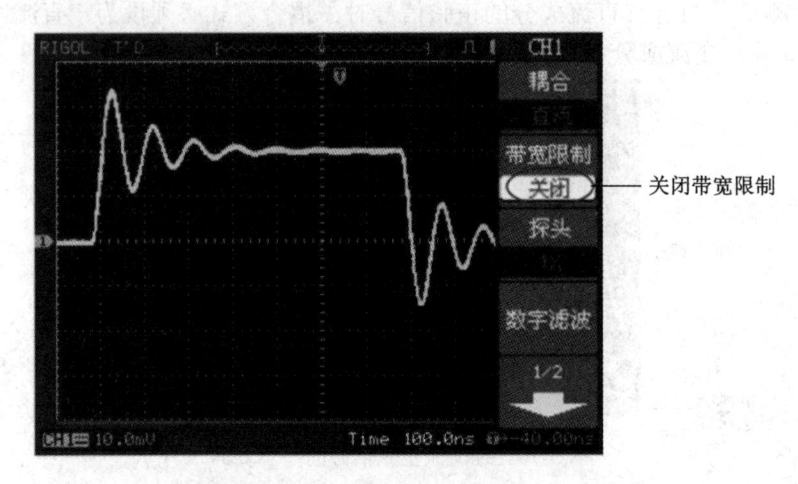

图 5-73　“带宽限制”为“关闭”时含高频振荡脉冲信号的显示界面

② 当被测信号为含高频振荡的脉冲信号时，“带宽限制”设置为“打开”状态，波形显示如图 5-74 所示，信号中 20 MHz 以上的高频成分被滤掉。

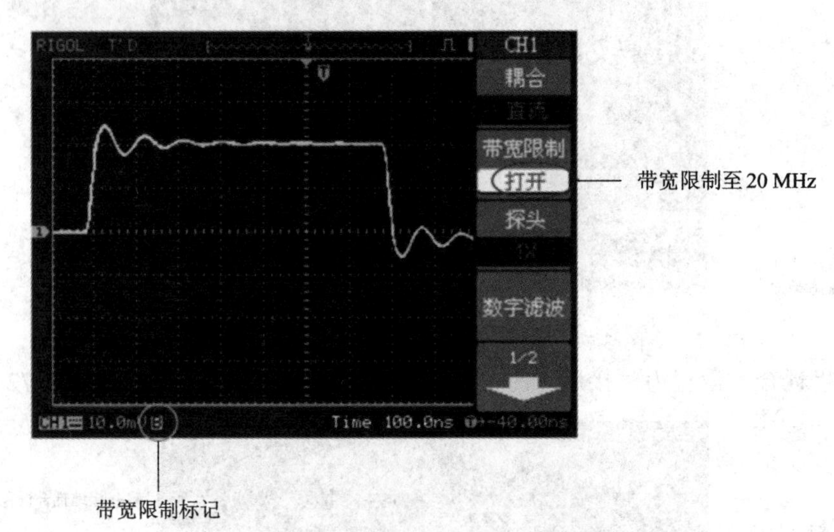

图 5-74　“带宽限制”为“打开”时含高频振荡脉冲信号的显示界面

(3) 调节“探头”衰减系数设置。当信号输入时，探头衰减系数为 10∶1，则示波器输入通道比例也应为 10×，从而避免显示的挡位信息和测量数据发生错误。图 5-75 为 1000∶1 衰减系数设置。

(4) “垂直灵敏度”设置。该项设置分“粗调”与“微调”两种模式，垂直灵敏度的范围是 2 mV/div～5 V/div。粗调以 1—2—5 方式步进，微调是在当前的挡位范围内做进一步调整。图 5-76 所示为运用微调改善波形幅度。

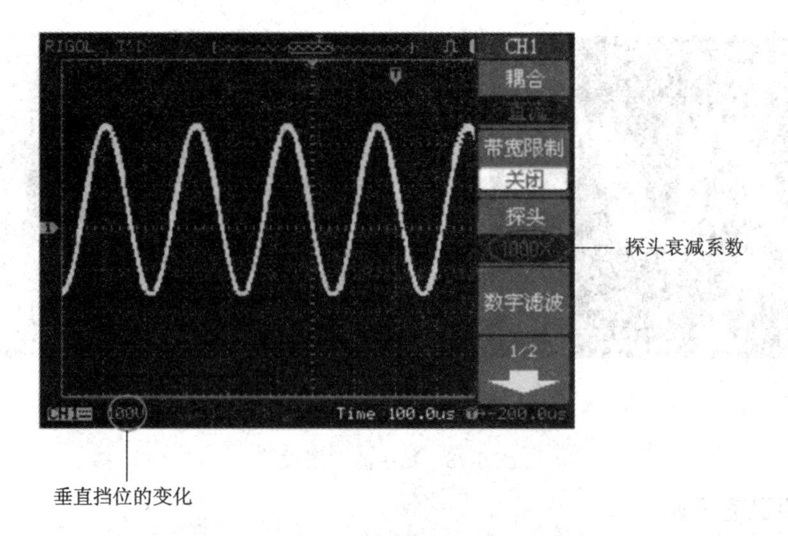

图 5-75　探头衰减系数设置

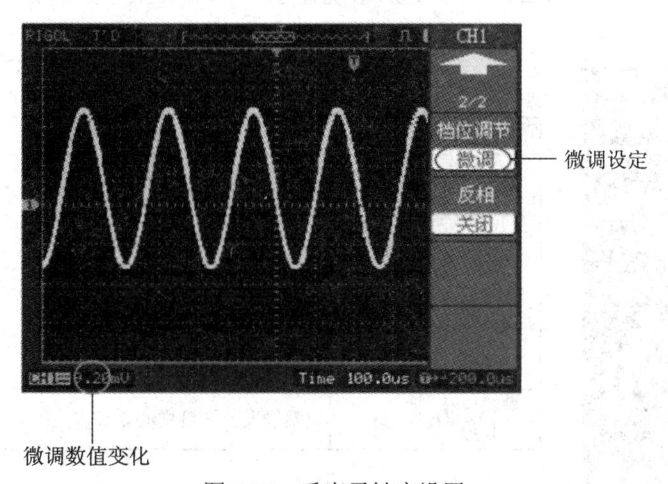

图 5-76　垂直灵敏度设置

(5) 波形反相设置。波形反相是使信号相位对地反转 180°，如图 5-77 所示。

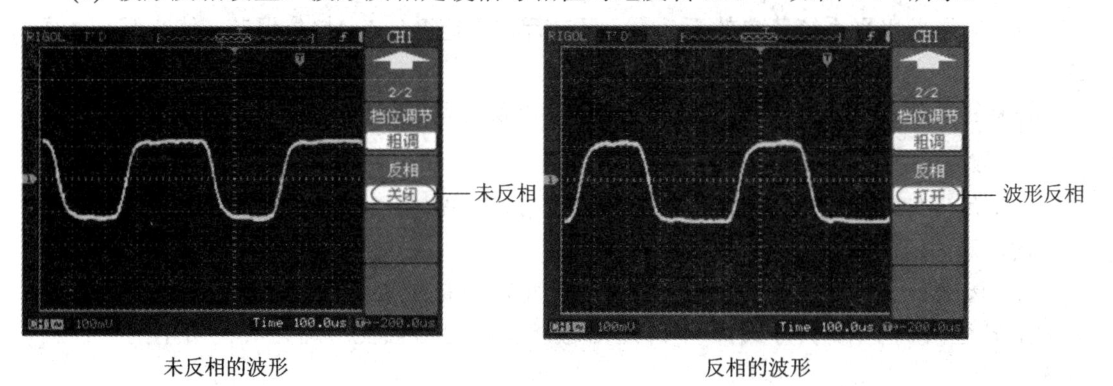

未反相的波形　　反相的波形

图 5-77　波形反相设置

(6) 数字滤波设置。按下“CH1”按键，选择“数字滤波”子菜单，系统显示“FILTER”菜单，如图 5-78 所示。通过旋转多功能旋钮，可设置频率的上限与下限以及滤波器的带宽范围。

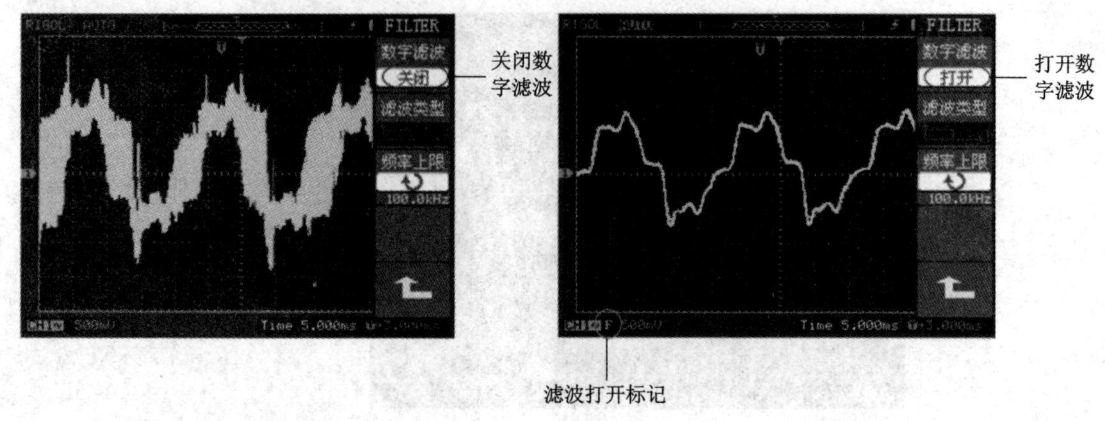

图 5-78　数字滤波器设置

2．水平通道设置

按下水平控制区的“MENU”按键，系统显示“Time”菜单，如图 5-79 所示，可根据实际要求进行设置。

功能菜单	设定	说　明
延迟扫描	打开 关闭	进入 Delayed 波形延迟扫描 关闭延迟扫描
时基	Y-T X-Y Roll	Y-T方式显示垂直电压与水平时间的相对关系 X-Y方式在水平轴上显示CH1幅值，在垂直轴上显示CH2幅值 Roll方式下示波器从屏幕右侧到左侧滚动更新波形采样点
触发位移复位		调整触发位置到中心零点

图 5-79　水平通道设置

同时，进入水平系统菜单的下一页，可进行扫描速度(s/div)挡位调节，使波形水平显示合适。

注意：延迟扫描主要用于放大一段波形，以便查看图像细节。

3．触发系统设置

按下触发控制区的“MENU”按键，屏幕显示如图 5-80 所示。

数字示波器的触发方式包括：

(1) 边沿触发：这是示波器常用的触发类型，也是示波器默认的触发类型。边沿触发分为上升边沿触发(默认方式)、下降边沿触发及双边沿触发。这是我们常用的一种触发方式。

(2) 脉宽触发：根据脉冲宽度来确定触发时刻，可以通过脉宽条件捕捉异常脉冲。脉冲条件和脉宽设置如表 5-2 所示。

脉冲宽度的调节范围一般为 20 ns～10 s。

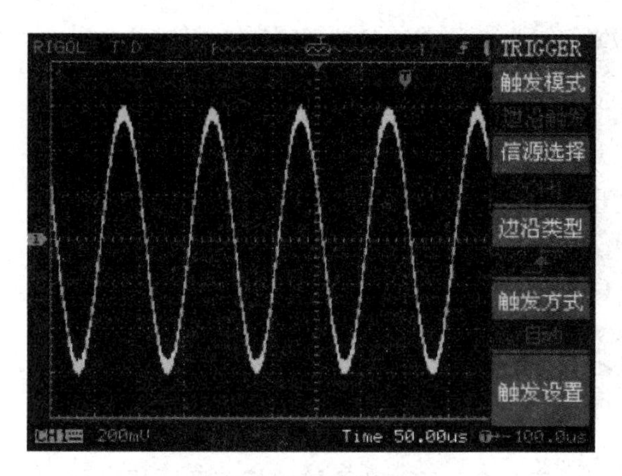

图 5-80　触发系统设置

表 5-2　脉冲条件和脉宽设置

功能菜单	设　定	说　　明
脉冲条件	(正脉宽小于) (正脉宽大于) (正脉宽等于) (负脉宽小于) (负脉宽大于) (负脉宽等于)	设置脉冲条件
脉宽设置	<脉冲宽度>	设置脉冲宽度

5.5.4　示波器的运算功能

示波器的运算功能包括“Math”和“FFT”。“Math”功能包括 CH1、CH2 通道波形的相加、相减、相乘；“FFT”功能包括三种窗函数，可以根据需要选择。它们对应的功能菜单分别如图 5-81 和图 5-82 所示。三种窗函数的特点及使用范围如表 5-3 所示。

功能菜单	设定	说　明
操作	A＋B A－B A×B FFT	信源 A 与信源 B 波形相加 信源 A 波形减去信源 B 波形 信源 A 与信源 B 波形相乘 FFT 数字运算
信源 A	CH1 CH2	设定信源 A 为 CH1 通道波形 设定信源 A 为 CH2 通道波形
信源 B	CH1 CH2	设定信源 B 为 CH1 通道波形 设定信源 B 为 CH2 通道波形
反相	打开 关闭	打开数学运算波形反相功能 关闭反相功能

图 5-81　Math 功能菜单

功能菜单	设定	说　明
信源选择	CH1 CH2	设定CH1为运算波形 设定CH2为运算波形
窗函数	Rectangle Hanning Hamming Blackman	设定Rectangle窗函数 设定Hanning窗函数 设定Hamming窗函数 设定Blackman窗函数
显示	分屏 全屏	半屏显示FFT波形 全屏显示FFT波形
垂直刻度	Vrms dBVrms	设定以Vrms为垂直刻度单位 设定以dBVrms为垂直刻度单位

图5-82　FFT功能菜单

表5-3　三种窗函数的特点及适用范围

FFT窗	特　　点	适 用 范 围
Rectangle	频率分辨率最好，幅度分辨率最差，与不加窗的情况基本类似	(1) 暂态或短脉冲，信号电平在此前后大致相等 (2) 频率非常接近的等幅正弦波 (3) 具有变化比较缓慢波谱的宽带随机噪声
Hanning Hamming	与Rectangle窗函数相比，具有较好的频率分辨率和较差的幅度分辨率 Hamming窗函数的频率分辨率稍好于Hanning窗函数	正弦、周期和窄带随机噪声 暂态或短脉冲，信号电平在此前后相差很大
Blackman	幅度分辨率最好，频率分辨率最差	主要用于单频信号，寻找更高次谐波

5.5.5　示波器的自动测量功能

示波器的自动测量功能菜单如图5-83所示。本示波器的自动测量内容包括20种，有峰峰值、最大值、最小值、顶端值、低端值、幅值、平均值、均方根值、过冲、预冲、频率、周期、上升时间、下降时间、正占空比、负占空比、正脉宽、负脉宽等。

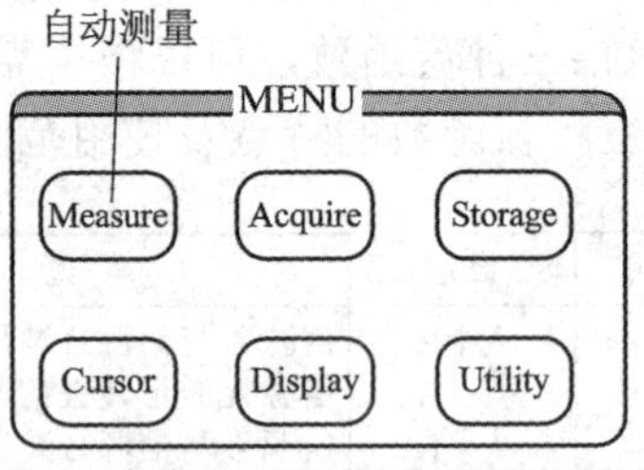

功能菜单	设定	说　明
信源选择	CH1 CH2	设置被测信号的输入通道
电压测量		选择测量电压参数
时间测量		选择测量时间参数
清除测量		清除测量结果
全部测量	关闭 打开	关闭全部测量显示 打开全部测量显示

图5-83　自动测量功能菜单

5.5.6 示波器的光标测量功能

示波器的光标测量模式有三种形式：手动测量、自动测量与追踪测量方式。这里我们只介绍手动测量。光标测量(CURSOR)菜单如图 5-84 所示。

手动测量的步骤如下：

(1) “光标模式”选择“手动”方式。

(2) 被测信号信源选择“CH1”(或“CH2”)。

(3) “光标类型”选择“X”(或“Y”)，例如电压量测量(或频率测量)，调出两条水平光标线 CurA、CurB(或两条垂直光标线 CurA、CurB)；

(4) 移动光标，调整光标间的距离(增量)。如表 5-4 所示，只有先选定 CurA(或 CurB)，才能对光标进行移动。

(5) 获得测量数值。测量数据自动显示在屏幕右上角。

CURSOR
光标模式
手动
光标类型
X
信源选择
CH1
CurA

功能菜单	设定	说明
光标模式	手动	手动调整光标间距以测量 X 或 Y 参数
光标类型	X Y	光标显示为垂直线，用来测量水平方向上的参数 光标显示为水平线，用来测量垂直方向上的参数
信源选择	CH1 CH2 MATH/FFT LA	选择被测信号的输入通道 (LA 仅适用于混合信号示波器)

图 5-84 光标测量功能菜单

表 5-4 光标移动的含义

光标	测 量	操 作
CurA (光标 A)	X Y	旋动多功能旋钮使光标 A 左右移动 旋动多功能旋钮使光标 A 上下移动
CurB (光标 B)	X Y	旋动多功能旋钮使光标 B 左右移动 旋动多功能旋钮使光标 B 上下移动

5.5.7 数字示波器的使用

1. 测量简单信号

1) 快速测量信号

快速显示被测信号的操作步骤如下：

(1) 将“探头”菜单上的衰减系数设置为“10：1”，并将探头上的开关置于为“10×”挡。

(2) 将 CH1 的探头连接到电路被测点。

(3) 按下“AUTO”(自动设置)按钮，即可测试并显示信号。

2) 自动测量

(1) 测量峰峰值的操作步骤如下：

① 按下“MEASURE”按键以显示自动测量菜单。

② 按下 1 号菜单操作键以选择信源“CH1”。

③ 按下 2 号菜单操作键，“测量类型”选择“电压测量”，在弹出的“电压测量”菜单中，“测量参数”选择“峰峰值”，此时，可以在屏幕左下角看到峰峰值的显示。

(2) 测量频率的操作步骤如下：

① 按下 3 号菜单操作键，“测量类型”选择“时间测量”。

② 在弹出的“时间测量”菜单中，“测量参数”选择“频率”，此时，可以在屏幕下方看到频率的显示。

2．利用光标测量 Sinc 第一个波峰的频率

测量步骤如下：

(1) 按下“CURSOR”按键以显示光标测量菜单。

(2) 按下 1 号菜单操作键，“光标模式”设置为“手动”。

(3) 按下 2 号菜单操作键，“光标类型”设置为“X”。

(4) 旋动多功能旋钮，将光标 1 置于 Sinc 的第一个峰值处。

(5) 旋动多功能旋钮，将光标 2 置于 Sinc 的第二个峰值处。

(6) 此时测量结果显示在屏幕的右上角，如图 5-85 所示。

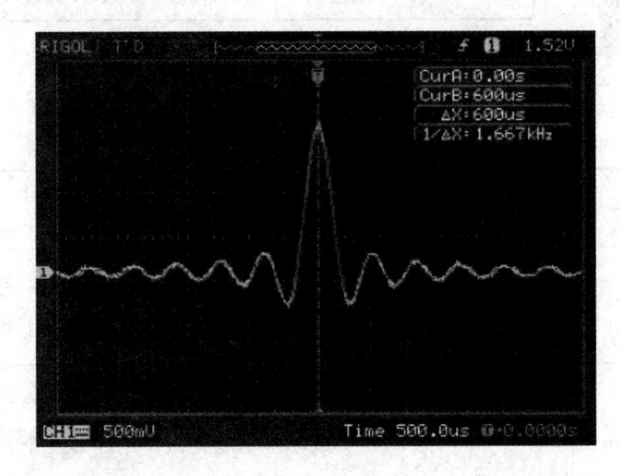

图 5-85　利用光标测量 Sinc 第一个波峰的频率

3．利用光标测量 Sinc 第一个波峰的幅值

测量步骤如下：

(1) 按下“CURSOR”按键以显示光标测量菜单。

(2) 按下 1 号菜单操作键，“光标模式”设置为“手动”。

(3) 按下 2 号菜单操作键，“光标类型”设置为“Y”。

(4) 旋动多功能旋钮，将光标 1 置于 Sinc 的第一个峰值处。

(5) 旋动多功能旋钮，将光标 2 置于 Sinc 的第二个峰值处。

(6) 此时测量结果显示在屏幕的右上角，如图 5-86 所示。

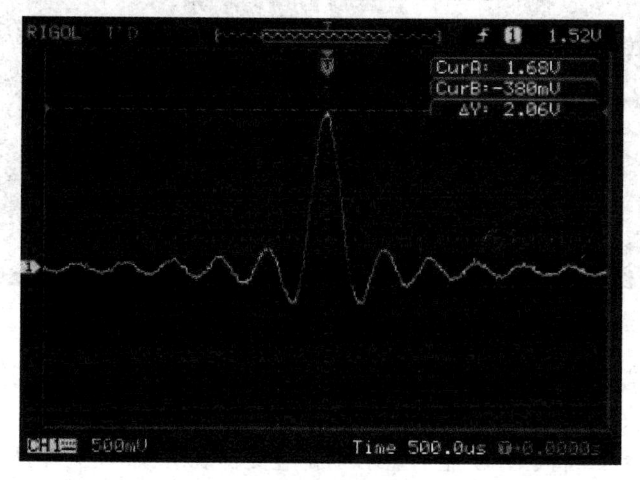

图 5-86 利用光标测量 Sinc 第一个波峰的幅值

5.6 示波器接口的使用

5.6.1 前面板 USB 接口的使用

示波器前面板上的 USB 接口如图 5-87 所示，它可直接插入 U 盘，用于外部存储波形文件以及相关测量参数。

图 5-87 示波器前面板 USB 接口

具体操作如下：

(1) 把 U 盘插入示波器前面板上的 USB 接口，点击示波器上的“Storage”键，选择存储类型，如图 5-88 所示。其中，“波形存储”用于存储 WFM 格式的文件，“位图存储”用于存储 BMP 格式的文件，“CSV 存储”用于存储 EXL 表格格式的文件。

(2) 选择“外部存储”，出现图 5-89 所示的界面。

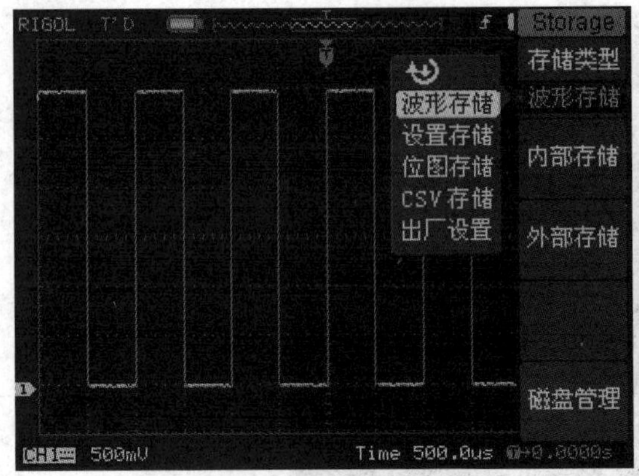

图 5-88 存储类型选择界面

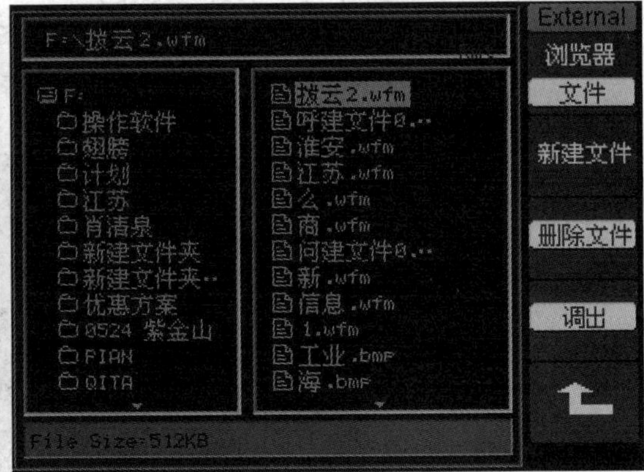

图 5-89 选择“外部存储”时的界面

(3) 选择“新建文件”，出现图 5-90 所示的界面，并用键盘输入文件名(此次实验尚未更名，仍为“新建文件 0”)。

(4) 点击“保存”，即可在 U 盘上显示“新建文件 0”，如图 5-91 所示。

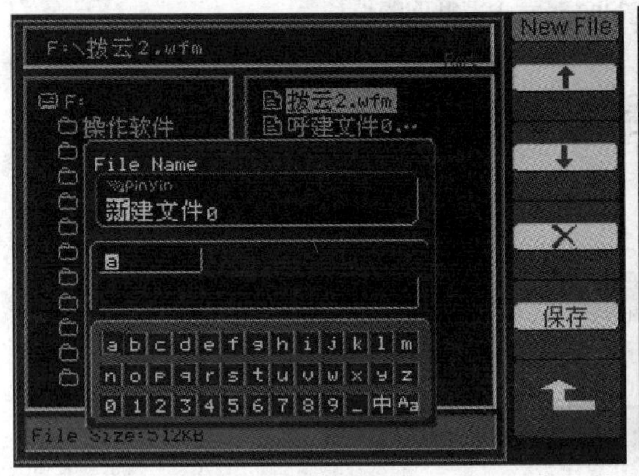

图 5-90 选择“新建文件”时的界面

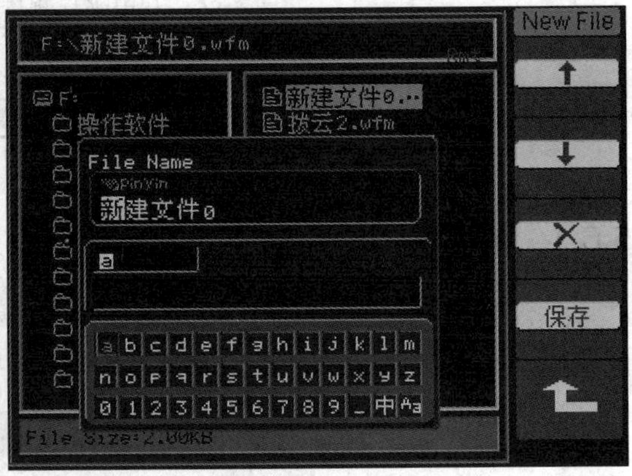

图 5-91 选择“保存”时的界面

5.6.2 后面板 USB DEVISE 接口的使用

示波器后面板的 USB DEVISE 接口如图 5-92 所示。通过此接口可与计算机连接，利用软件控制示波器，同时也可以直接用软件把自己需要的波形文件和数据导出。此外，软件上的虚拟面板和示波器上的界面一样，可实时显示示波器的运行状态，这样可用投影仪清晰地观察到示波器的操作以及波形的变化。

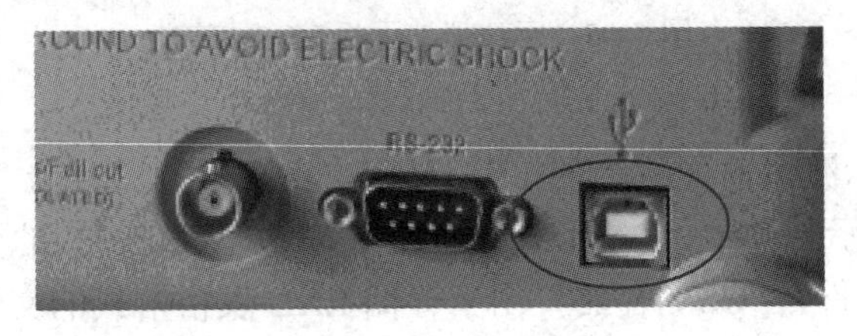

图 5-92 示波器后面板上的 USB DEVISE 接口

操作步骤如下：

(1) 在电脑上安装示波器软件，点击该软件后出现图 5-93 所示的界面，在界面中点击“虚拟面板”。

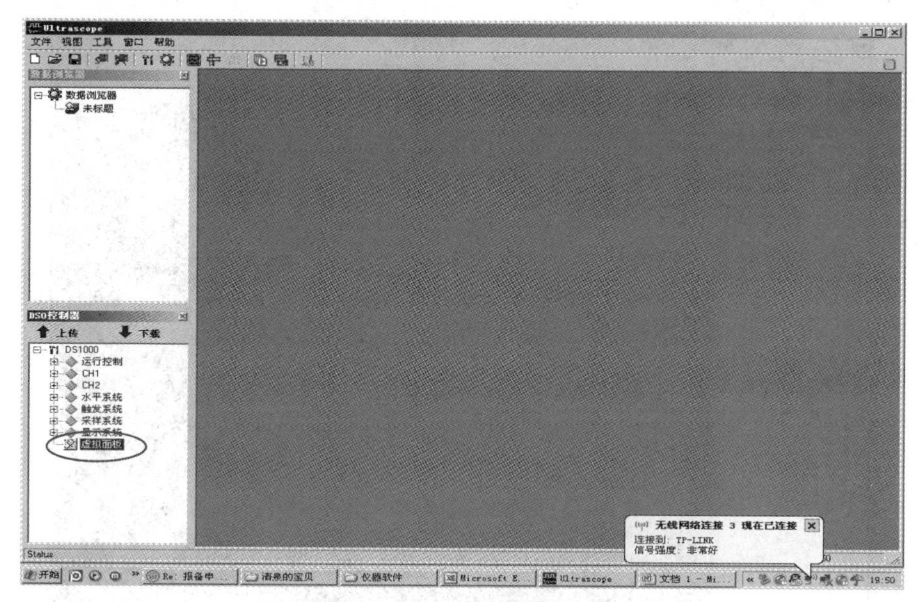

图 5-93　示波器软件界面

(2) 虚拟面板上可实时显示示波器中的波形，如图 5-94 所示。

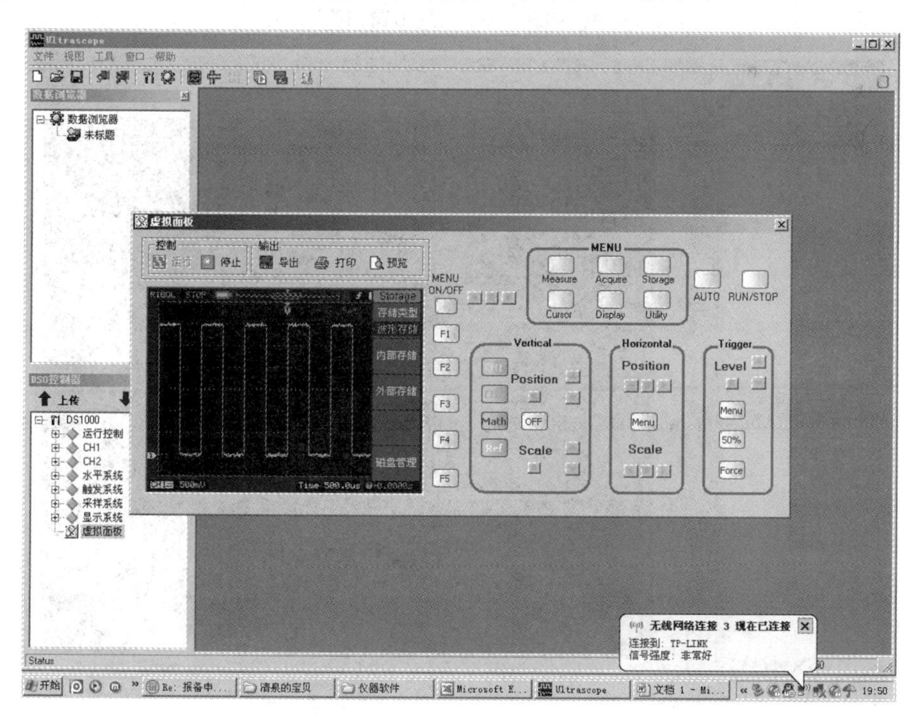

图 5-94　点击“虚拟面板”

(3) 虚拟面板的使用一般分为三个过程：波形显示、波形测量、数据处理。

① 波形显示。

• 用鼠标右键点击“未标题”，选择“添加新建”，再选择“波形窗口”，如图 5-95 所示，出现图 5-96 所示的界面。

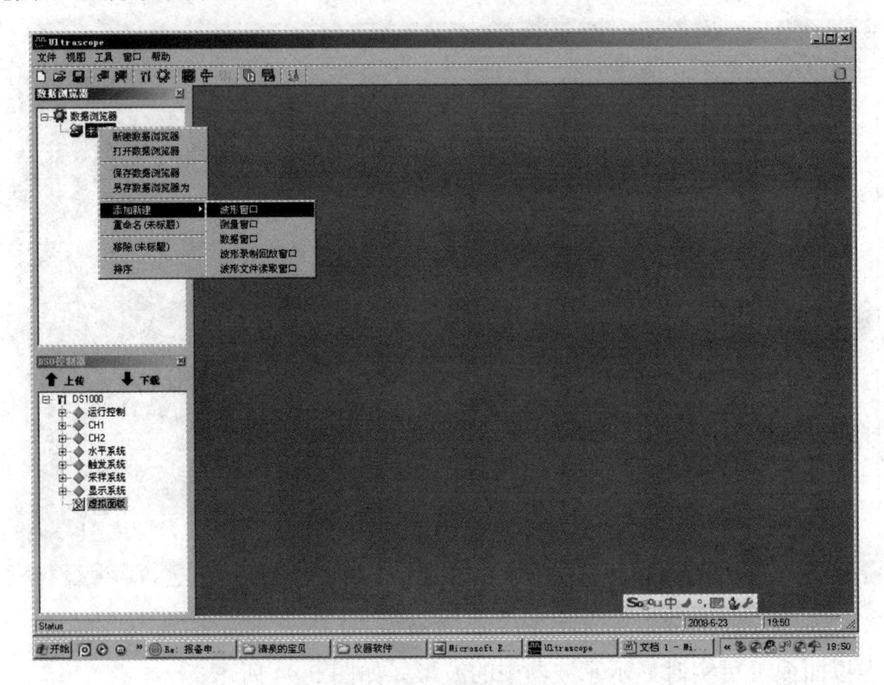

图 5-95　选择“波形窗口”

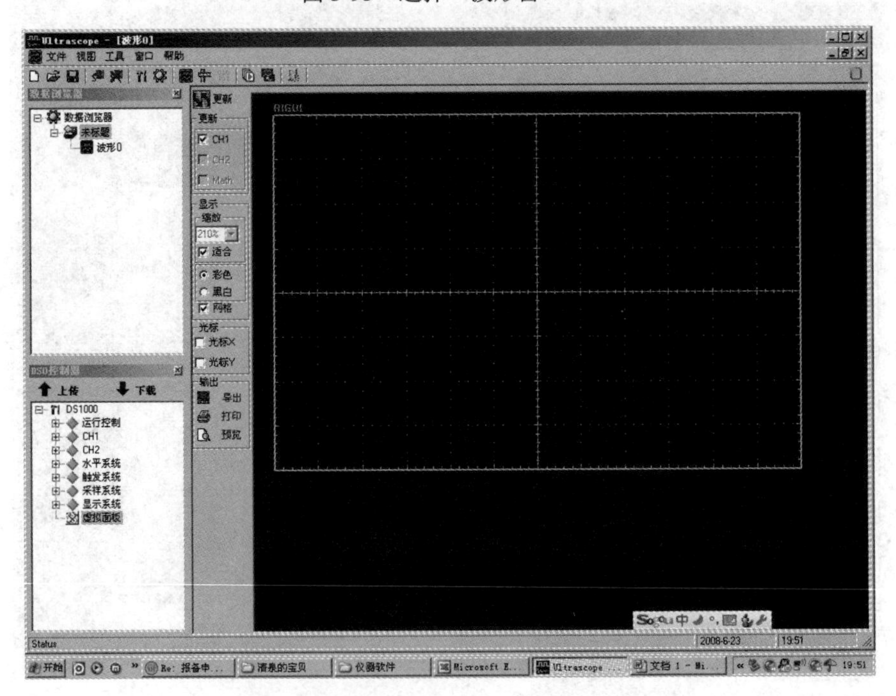

图 5-96　选择“波形窗口” 出现的界面

• 点击“更新”，波形就会出现在界面右侧的窗口中，如图 5-97 所示。

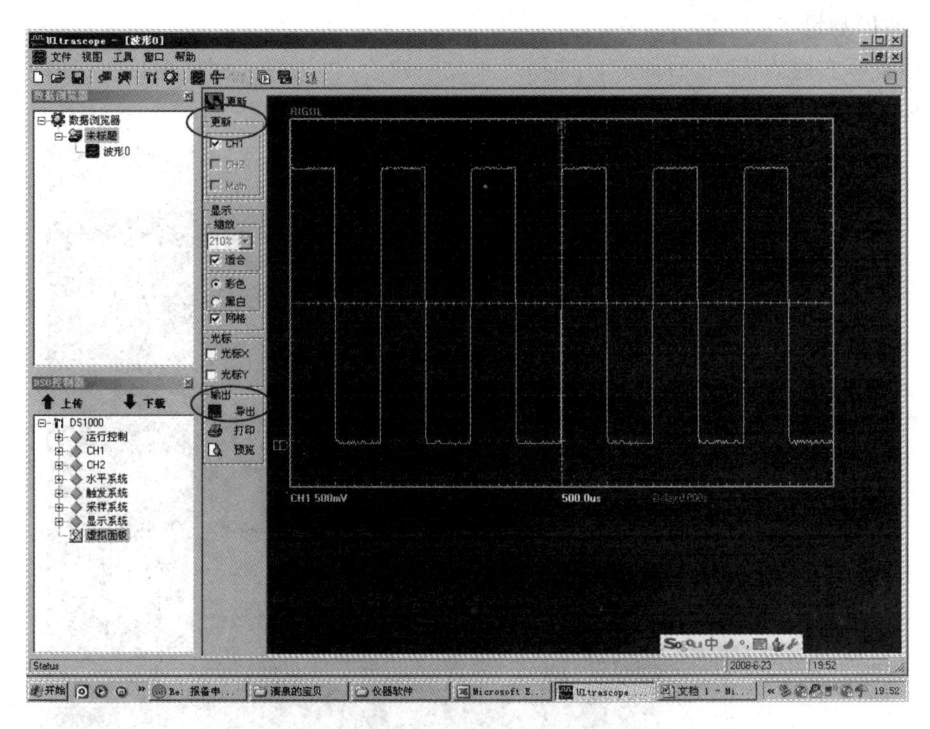

图 5-97　点击“更新”后出现的波形图

• 为了实时存储波形(位图格式)，点击“导出”，如图 5-98 所示，在弹出的“导出文件”对话框中输入文件名，最后点击“保存”即可。

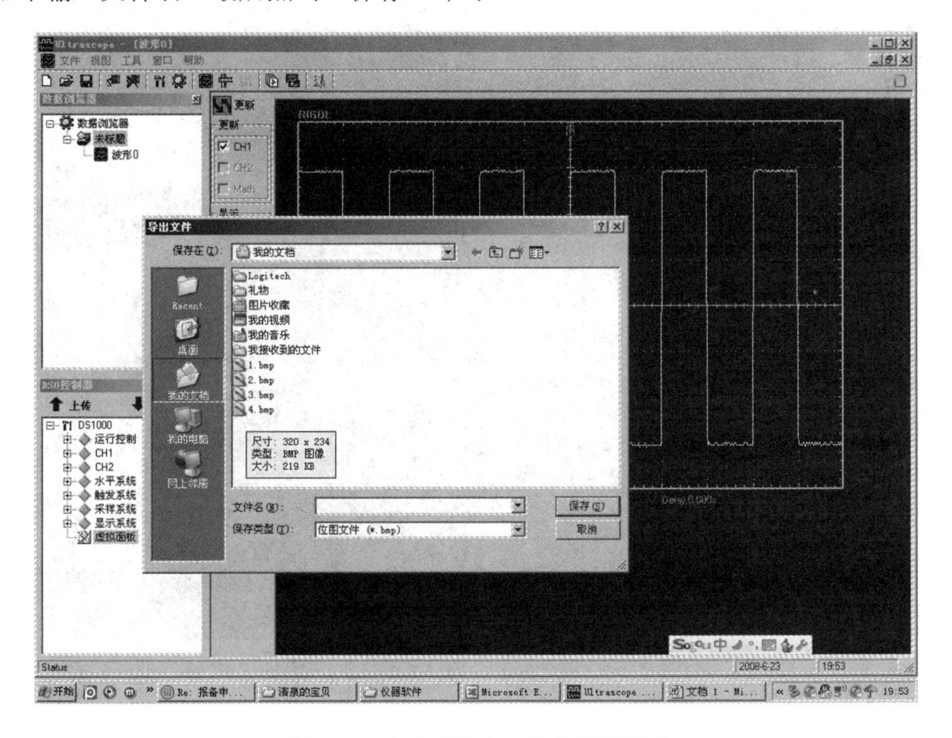

图 5-98　点击“导出”后出现的界面

② 波形测量。

• 用鼠标右键点击“未标题”，选择“添加新建”，再选择“测量窗口”，如图 5-99 所示，出现 5-100 所示的界面。

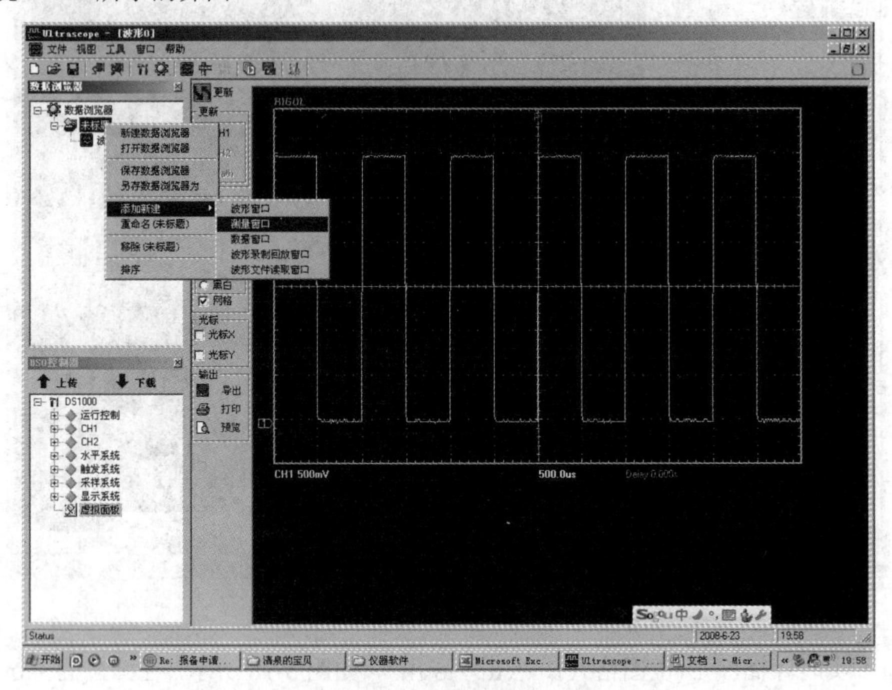

图 5-99 选择“测量窗口”

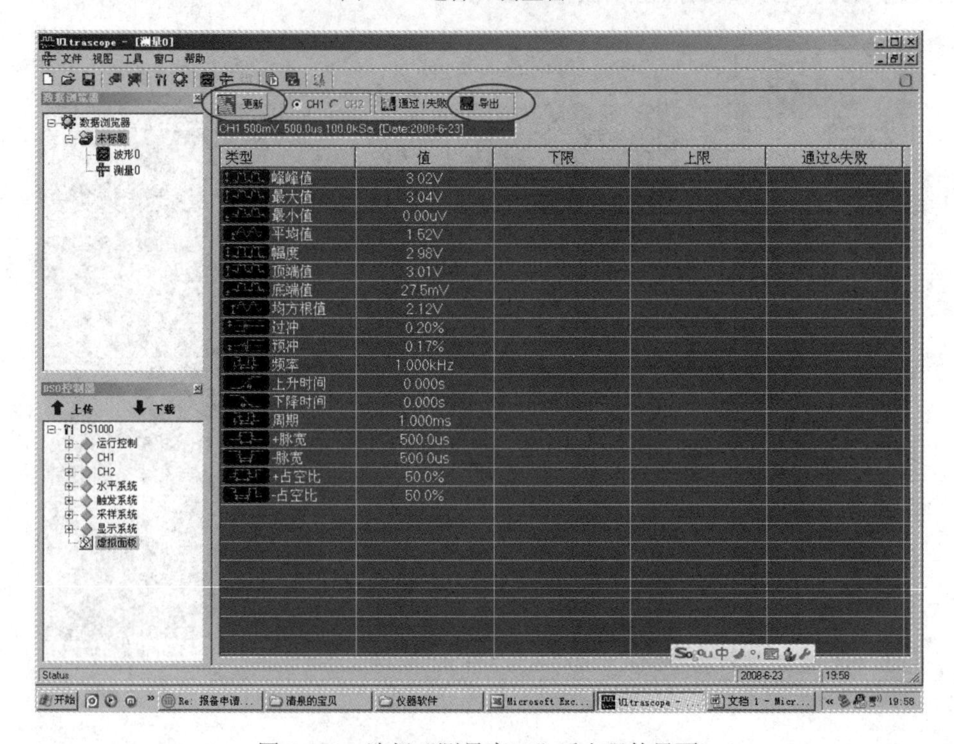

图 5-100　选择“测量窗口”后出现的界面

• 点击图 5-100 所示界面中的“更新”，图中出现数据，然后点击“导出”即可将测量数据导出。

③ 数据处理。

• 用鼠标右键点击“未标题”，选择“添加新建”，再选择“数据窗口”。

• 点击图 5-101 所示界面中的“更新”，图中会出现数据，然后点击“导出”，在弹出的“导出文件”对话框中输入文件名，最后点击“保存”。导出的文件格式为 EXL 表格形式。

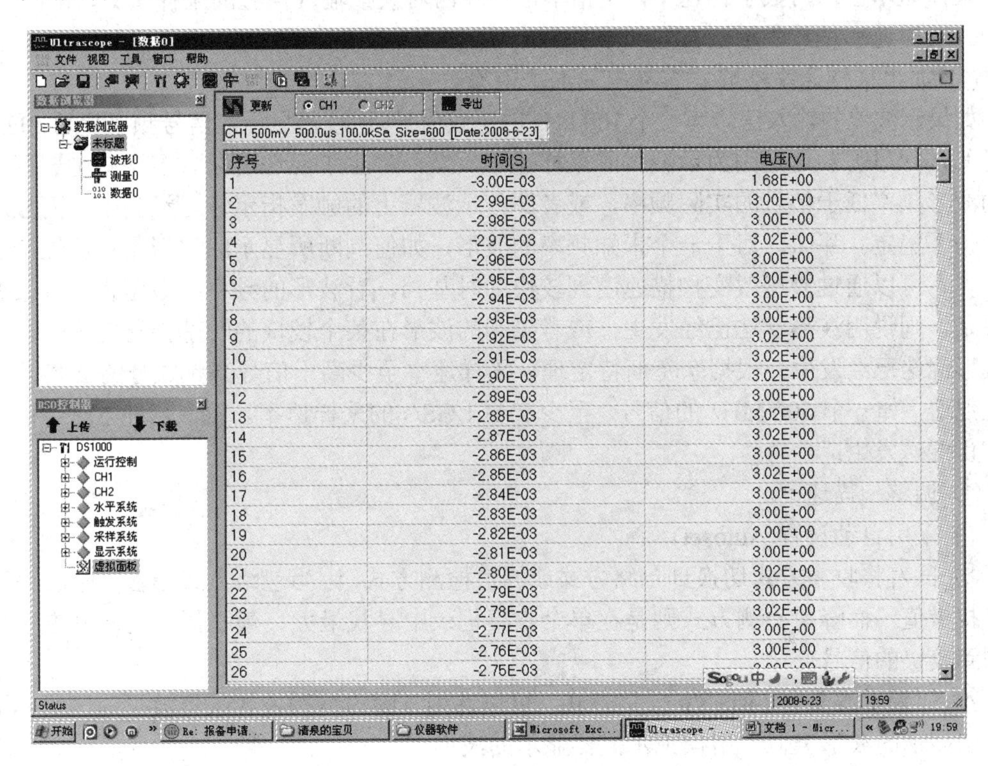

图 5-101　选择“数据窗口”

5.7　数字示波器使用注意事项

数字示波器具有波形触发、存储、显示、测量、波形数据分析处理等功能，其使用日益普及。由于数字示波器与模拟示波器之间存在较大的性能差异，如果使用不当，会产生较大的测量误差，从而影响测试任务。下面将对数字示波器在使用中的注意事项进行说明。

1. 区分模拟带宽和数字实时带宽

带宽是示波器最重要的指标之一。模拟示波器的带宽是一个固定的值，而数字示波器的带宽有模拟带宽和数字实时带宽两种。数字示波器对重复信号采用顺序采样或随机采样技术所能达到的最高带宽为示波器的数字实时带宽，数字实时带宽与最高数字化频率和波形重建技术因子 K 相关(数字实时带宽 = 最高数字化速率/K)，一般并不作为一项指标直接给出。从两种带宽的定义可以看出，模拟带宽只适合重复周期信号的测量，而数字实时带宽则同时适合重复信号和单次信号的测量。厂家声称示波器的带宽能达到多少兆，实际上指的是模拟带宽，数字实时带宽是要低于这个值的。例如 TEK 公司的 TDS520B 型数字示波器的带宽为 500 MHz，实际上是指其模拟带宽为 500 MHz，而最高数字实时带宽只能达到 400 MHz，远低于模拟带宽。所以在测量单次信号时，一定要参考数字示波器的数字实时带宽，否则会给测量带来意想不到的误差。

2. 有关采样速率

采样速率也称为数字化速率，是指单位时间内对模拟输入信号的采样次数，常以 MS/s 表示。采样速率是数字示波器的一项重要指标。

(1) 如果采样速率不够，容易出现混迭现象。

如果示波器的输入信号为一个 100 kHz 的正弦信号，示波器显示的信号频率却是 50 kHz，这是怎么回事呢？这是因为示波器的采样速率太慢，产生了混迭现象。混迭就是屏幕上显示的波形频率低于信号的实际频率，或者即使示波器上的触发指示灯已经亮了，而显示的波形仍不稳定。那么，对于一个未知频率的波形，如何判断所显示的波形是否已经产生混迭了呢？可以通过慢慢改变扫描速度到较快的时基挡，看波形的频率参数是否急剧改变，如果是，则说明波形混迭已经发生；或者晃动的波形在某个较快的时基挡稳定下来，也说明波形混迭已经发生。根据奈奎斯特定理，采样速率至少高于信号高频成分的 2 倍才不会发生混迭，如一个 500 MHz 的信号，至少需要 1 GS/s 的采样速率。如下几种方法可以简单地防止混迭发生：

① 调整扫描速度。

② 采用自动设置(Autoset)。

③ 试着将收集方式切换到包络方式或峰值检测方式，因为包络方式是在多个收集记录中寻找极值，而峰值检测方式则是在单个收集记录中寻找最大、最小值，这两种方法都能检测到较快的信号变化。

④ 如果示波器有 Insta Vu 采集方式，可以选用，因为这种方式采集波形速度快，用这种方法显示的波形类似于用模拟示波器显示的波形。

(2) 采样速率与扫描速度的关系。

每台数字示波器的最大采样速率是一个定值。但是，在任意一个扫描时间 t/div，采样速率 f_s 由下式给出：

$$f_s = \frac{N}{t/\mathrm{div}}$$

式中：N 为每格采样点数。当采样点数 N 为一定值时，f_s 与 t/div 成反比，扫描速度越大，采样速率越低。表 5-5 是 TDS520B 型数字示波器的一组扫描速度与采样速率的数据。

表 5-5　扫描速度与采样速率

(t/div)/ns	1	2	5	25	50	100	200
f_s/(GS/s)	50	25	10	2	1	0.5	0.25

综上所述，使用数字示波器时，为了避免混迭，扫描速度最好置于较快的位置。如果想要捕捉到瞬息即逝的毛刺，扫描速度则最好置于主扫描速度较慢的位置。

3. 数字示波器的上升时间

在模拟示波器中，上升时间是示波器的一项极其重要的指标；而在数字示波器中，上升时间甚至都不作为指标明确给出。由于数字示波器测量方法的原因，故自动测量的上升时间不仅与采样点的位置相关，还与扫描速度有关。表 5-6 是使用 TDS520B 型数字示波器测量同一波形时的一组扫描速度与上升时间的数据。

表 5-6　扫描速度与上升时间

$(t/\text{div})/\text{ms}$	50	20	10	5	2	1
$t_r/\mu s$	800	320	160	80	32	16

由上面这组数据可以看出，虽然波形的上升时间是一个定值，但是用数字示波器测量出来的结果却因为扫描速度不同而相差甚远。由于模拟示波器的上升时间与扫描速度无关，而数字示波器的上升时间不仅与扫描速度有关，还与采样点的位置有关。因此使用数字示波器时，我们不能像用模拟示波器那样，根据测出的时间来反推出信号的上升时间。

4．时基和水平分辨率

在数字示波器中，水平系统的作用是确保对输入信号采集足够数量的采样值，并且每个采样值取自正确时刻。和模拟示波器一样，数字示波器水平偏转的速度取决于时基设置(s/div)。

将构成一个波形的点全部采样称为一个记录，用一个记录可以重建一个或多个屏幕的波形。一个示波器可以存储的采样点数称为记录长度或采集长度，记录长度用字节或 KB 来表示。

通常，示波器沿着水平轴显示 512 个采样点，为了便于使用，这些采样点以每格 50 个采样点的水平分辨率来进行显示，即水平轴长为 512/50 = 10.24 格。据此，两个采样点之间的时间间隔(采样间隔)=时基(s/div)/采样点数。

若时基设置为 1 ms/div，且每格有 50 个采样点，则可以计算出采样间隔 = 1 ms/50 = 20 μs。采样速率是采样间隔的倒数，即：采样速率=1/采样间隔。

通常示波器可以显示的采样点数是固定的，时基设置的改变是通过改变采样速率来实现的，因此一台特定的示波器所给出的采样速率只有在某一特定的时基设置之下才有效。在较低的时基设置之下，示波器使用的采样速率也比较低。

例 5　一台示波器，其最大采样速率为 50 MHz，那么这台示波器实际使用这一采样速率的时基设置值应为

$$\text{时基} = \text{采样点数} \times \text{采样间隔} = \frac{50}{\text{采样速率}} = \frac{50}{50 \times 10^6} = 1\ \mu\text{s/div}$$

了解这一时基设置值是非常重要的，因为这个值是示波器采集非重复性信号时的最快时基设置值。使用这个时基设置值，示波器才能给出其可能最好的时间分辨率。此时基设置值称为“最大单次扫描时基设置值”，在这个设置值之下，示波器使用“最大实时采样速率”进行工作。

第6章 通用计数器的使用

学习目标

1. 学会通用计数器(SP312B型)的使用。
2. 掌握通用计数器的频率、周期等测量原理。
3. 了解通用计数器的相关技术指标。

6.1 概　述

6.1.1 频率和时间基准

1．频率

频率是电子技术领域中的一个重要参量。其他许多电参量的测量，都与频率的测量方法和测量结果有着十分密切的关系。目前在电子测量中，频率测量的准确度最高。

所谓周期信号的频率，就是周期信号在单位时间内变化的次数。秒(s)作为时间的基本单位，如果1 s内的变化次数(即频率)已知，则可由频率的倒数得到周期信号一次变化的时间间隔，即周期T。周期T和频率f同是描述周期现象的参数，它们之间的关系如下：

$$f = \frac{1}{T}$$

2．时间基准

时间基准是当代被人们确认为最精确的时间尺度。秒(s)作为时间的基本单位，对秒的计量经历了如下几个阶段：

(1) 天文观测法——世界时(UT)。地球自转周期为一天，根据地球自转的周期性，把地球当作一个频率源，由此导出世界时(UT)的概念。

UT_0：将太阳出现于天顶的平均周期分为$24 \times 60 \times 60$份，得到的秒为零类世界时，记为UT_0，其准确度在10^{-6}量级。

UT_1：地球自转受极运动(极移引起的经度变化)影响，进行极运动校正之后的世界时为 UT_1。

UT_2：在进行季节性变化校正后的世界时为 UT_2，其准确度在 3×10^{-8} 量级。

历书时(ET)：国际天文学会定义了以地球绕太阳公转为标准的计时系统，称为历书时(ET)，其准确度在 1×10^{-9} 量级。

上述基于天体运动而确定的标准是宏观的计时标准，需要精密且庞大的设备，不仅操作麻烦，且观测周期长。

(2) 微观测量法——原子时(AT)。采用铯 133 原子基态的两个超精细能级之间跃迁所对应的 9 192 631 770 个周期的持续时间为 1 s，以此为标准定出的时间标准为原子时，记为 AT，其准确度可达 10^{-13} 量级。自 1972 年 1 月 1 日零时起，时间单位秒由天文秒改为原子秒。

由于频率是时间的倒数，因此，有了时间标准也就有了频率标准。

6.1.2 频率测量的基本方法

频率测量方法按工作原理分为直接法和比较法两大类。

1．直接法

直接法是指直接利用电路的某种频率响应特性来测量频率的方法。电桥法和谐振法是这类测量方法的典型代表。

直接法常常通过数学模型先求出频率表达式，然后利用频率与其他已知参数的关系测量频率。如谐振法测频率，就是将被测信号加到谐振电路上，然后根据电路对信号发生谐振时频率与电路的参数关系 $f_x=1/(2\pi\sqrt{LC})$，由电路参数 L、C 的值确定被测频率。

2．比较法

比较法是利用标准频率与被测频率进行比较来测量频率的。其测量准确度主要取决于标准频率的准确度。拍频法、外差法及计数法是这类测量方法的典型代表。尤其利用电子计数器测量频率和时间，具有测量精确度高、速度快、操作简单、可直接显示数字、便于与计算机结合实现测量过程自动化等优点，是目前最好的测量方法之一。本章将重点介绍电子计数器的使用及其测量原理。

6.2 SP312B 型通用计数器的使用

6.2.1 SP312B 型通用计数器面板介绍

SP312B 型通用计数器的面板如图 6-1 所示。

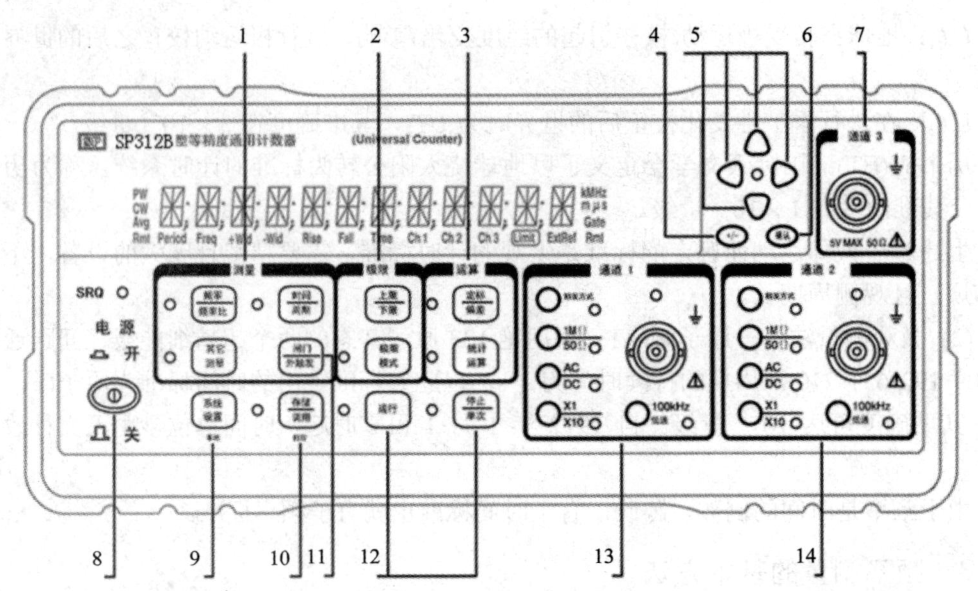

1—测量功能菜单键；2—极限功能菜单键；3—运算功能菜单键；4—符号(+或−)选择转换键；
5—数据输入/选择(或箭头)键；6—确认数据输入(终止)键；
7—500 MHz/1.5 GHz/2.5 GHz/3 GHz/6 GHz/ 8 GHz/9 GHz输入通道(选件)；8—电源开关；
9—系统设置菜单键；10—存储、调用和打印菜单键；11—闸门和外触发菜单键；12—测量控制键；
13—通道1触发方式菜单键和输入参数设置键；14—通道2触发方式菜单键和输入参数设置键

图 6-1　SP312B 型通用计数器的面板

6.2.2　通用计数器的特性

1．输入特性

(1) 频率范围：对于 1 kHz 以下采用 DC 耦合的信号，SP312B 型通用计数器的频率范围为 0.14 mHz～50 MHz/100 MHz。

注意：任何仪器在使用时都不得超出其频率范围。

(2) 动态范围：在仪器的有效频率范围内，正弦波的动态范围为 30 mV_{rms}～1.5V_{rms}；脉冲波的动态范围为 100 mV_{P-P}～4.5V_{P-P}。

(3) 输入阻抗：1 MΩ // 45 pF 或 50 Ω。

(4) 耦合方式：AC 或 DC。

(5) 触发方式：上升沿或下降沿触发。

(6) 输入衰减：×1 或×10。

(7) 低通滤波器：截止频率约 100 kHz。

(8) 触发电平：−2.50 V～+2.50 V 任意设定。

(9) 通道串扰：不小于 500 mV_{rms}。

通用型计数器的通道 1、2 均能适应调制度不超过 30%的输入信号，其包络谷值应满足输入灵敏度。

为防止被测的低频信号中含有高频成分，在进行 100 kHz 以下的低频测量时，需开通低通滤波器。

当通用型计数器的通道 1、2 输入的信号频率大于 100 MHz 且幅度有效值大于 500 mV 时，需将输入阻抗设置为 50 Ω(低阻)。

2．时基

(1) 内部晶体振荡器。

标称频率：5 MHz。

日老化率：1×10^{-8}/日(标准)。

准确度：$\pm1\times10^{-7}$。

(2) 时基输入。

频率：5 MHz 或 10 MHz。

幅度：不小于 $1V_{P-P}$。

(3) 时基输出。

频率：10 MHz 正弦波。

幅度：不小于 $1V_{P-P}$。

3．测量指标

(1) 频率测量。

通道 1：0.14 mHz～50 MHz/100 MHz。

闸门时间：10 μs、100 μs、1 ms、10 ms、100 ms、300 ms、1 s、10 s、100 s、1000 s、外闸门。

(2) 周期测量。

通道 1：20 ns/10 ns～7000 s。

闸门时间：10 μs、100 μs、1 ms、10 ms、100 ms、300 ms、1 s、10 s、100 s、1000 s、外闸门。

(3) 时间间隔测量。

被测信号从通道 1、2 输入(COMMON：OFF)或通道 1 输入(COMMON：ON)。

测量范围：40 ns～7000 s。

(4) 频率比测量。利用通道 1、通道 2 进行频率比测量时，两通道的输入频率均应不大于 100 MHz。

(5) 脉冲宽度测量。

通道 1 输入时，分为正脉冲宽度测量和负脉冲宽度测量。

测量范围：≥40 ns(周期小于 100 s 的被测信号)。

(6) 相位测量。

被测信号从通道 1、2 输入(COMMON：OFF)。通道 1、2 的输入阻抗应设为 1 MΩ，为防止被测低频信号中含有高频成分，开通 100 kHz 低通滤波器，并将触发电平设置在信号电平中央处。

输入信号频率范围：1 Hz～10 kHz。

输入信号幅度：$\geq2V_{P-P}$。

测量范围：1°～359°。

显示最低有效位(LSD)：0.1°。

(7) 占空比测量。

被测信号要求由通道 1 输入。对于脉冲宽度不小于 40 ns、周期小于 100 s 的被测信号，其测量范围为 1%～99%。

注意： 占空比测量应将通道 1 输入耦合设置为 DC 直流耦合。

6.2.3 面板菜单介绍

1. 功能键

“频率/频率比”键 频率/频率比 ：实现对单一信号的频率测量和两个相关信号的频率比测量。按下“频率/频率比”键，屏幕显示“FREQUENCY 1”，仪器即可进行 CH1 的频率测量；屏幕显示“RATIO 1 TO 2”，仪器可进入 CH1 与 CH2 的频率比测量。

“时间/周期”键 时间/周期 ：实现对信号的周期测量和时间间隔测量。按下“时间/周期”键，屏幕显示“PERIOD 1”，仪器即可进入 CH1 的周期测量；屏幕显示“TI 1 TO 2”，仪器进行 CH1 与 CH2 的时间间隔测量；屏幕显示“POS WIDTH 1”，仪器进入 CH1 的正脉冲宽度测量；屏幕显示“NEG WIDTH 1”，仪器进入 CH1 的负脉冲宽度测量等。

“其他测量”键 其它/测量 ：仪器实现计数、占空比、相位测量，以及频率自检功能等。按下“其他测量”键，屏幕显示“TOTALIZE 1”，仪器进入 CH1 的计数功能；屏幕显示“PHASE 1 TO 2”，仪器进入 CH1 与 CH2 的相位测量；屏幕显示“DUTYCYCLE 1”，仪器进入 CH1 的占空比测量；屏幕显示“FREQ CHECK”，仪器可进行频率自检。

“闸门/外触发”键 闸门/外触发 ：可进行闸门时间的选取，同时还可选取外触发。仪器进行频率测量、频率比测量、周期测量时，按下“闸门/外触发”键，屏幕显示的闸门时间包括：

GATE: 10 μs
GATE: 100 μs
GATE: 1 ms
GATE: 10 ms
GATE: 100 ms
GATE: 300 ms
GATE: 1 s
GATE: 10 s
GATE: 100 s
GATE: 1000 s
GATE: EXTERNL

仪器进行时间间隔测量、脉宽测量、相位测量和占空比测量时，屏幕显示只有以下两种：

ARM: AUTO（自动触发）
ARM: EXTERNL(外触发)

“触发方式”键 ：按下此键，将依次出现以下菜单，测量时需一一设置或选取。

LEVEL　0.00V：触发电平，默认值为 0.00 V。

SLOPE　POS：上升沿触发。

SLOPE　NEG：下降沿触发。

COMMON 1　OFF：CH1 与 CH2 分别输入。

COMMON 1　ON：CH1 与 CH2 合用 CH1 输入。

“1 MΩ/50Ω”键 ：按下此键，选取测量通道的输入阻抗，屏幕显示“CH 1:50 OHM”，即 CH1 输入阻抗 50 Ω；屏幕显示“CH 1: 1M OHM”，即 CH1 输入阻抗 1 MΩ。

“AC/DC”键 ：按下此键，选取测量通道的输入耦合方式，屏幕显示“CH 1: DC”，即 CH1 选用直流耦合方式；屏幕显示“CH 1: AC”，即 CH1 选用交流耦合方式。

“×1/×10”键 ：按下此键，根据输入信号的大小进行×1 或×10 衰减。屏幕显示“CH 1: X10 ATT”，即 CH1 输入信号衰减 10 倍；屏幕显示“CH 1: X1 ATT”，即 CH1 输入信号不衰减。

“100 kHz 低通”键 ：按下此键，屏幕显示“CH 1: LP FILT”，即 100 kHz 低通滤波器对 CH1 的被测信号有效；屏幕显示“CH 1: NO FILT”，即 100 kHz 低通滤波器对 CH1 的被测信号无效。

2．测量控制键

测量控制键 ：提供测量与控制功能。简单地说，“运行”键提供连续测量功能，“停止/单次”键提供单次测量功能。

按“运行”键，能够使计数器进行连续测量；若选择新的测量功能菜单，则按“运行”键能退出任何菜单，进入连续测量功能状态；若已经在连续测量状态或单次测量状态，则按“运行”键能停止或取消当前测量，重新开始进行新的测量。

按“停止/单次”键，能够使计数器进入单次测量功能状态(如计数器在连续测量功能状态)并进行一次测量；若计数器在连续测量功能状态下，统计功能设为 MEAS 功能，并且统计功能打开，则按“停止/单次”键，计数器进入单次测量功能状态并进行 *N* 次测量；若仪器在连续测量状态或单次测量状态下，正在进行一次测量，则按“停止/单次”键，可停止或取消当前测量。

6.2.4　操作指导

1．测量频率

(1) 将电源线插入电源插座，打开电源开关。

(2) 将被测信号接入通道 1，这时计数器的通道 1 输入指示灯闪烁，表明已有信号输入。

如指示灯不闪烁，则按前面的方法设置通道 1 的触发电平、触发沿、输入阻抗、输入耦合、输入衰减和低通滤波器，使输入信号能够有效触发，指示灯闪烁。

(3) 连续按“频率/频率比”键直到计数器显示“FREQUENCY 1”，同时 VFD 指示显示“Freq”和“Ch1”，按“运行”键或等待 4 s，计数器退出菜单显示“0”，然后开始进行通道 1 的频率测量。

例 1 F40 型函数信号发生器输出 10 kHz、$10V_{P-P}$ 的正弦信号，用 SP312B 型计数器测量其频率。

打开仪器电源开关，具体操作如下：

(1) 将被测信号接入通道 1，这时计数器通道 1 输入指示灯闪烁，表明已有信号输入。

(2) 连续按“频率/频率比”键直到计数器显示“FREQUENCY 1”，同时 VFD 指示显示“Freq”和“Ch1”；

(3) 按下“触发方式”键，根据输入信号的频率与大小，对输入通道进行设置。

触发电平：0 V(电平大小必须在信号的幅度范围内)。

触发沿：POS 或 NEG。

输入阻抗：1 MΩ。

输入耦合：AC。

输入衰减：×10。

低通滤波器：打开。

设置完成后，输入指示灯保持闪烁，说明输入信号能够有效触发，即可进行下一步操作。若输入指示灯一直亮，则表明输入信号频率太低(与触发电平相比)；若输入指示灯灭，则说明输入信号频率太高，需重新设置，直到输入指示灯闪烁。

(4) 合理选择闸门时间：一般选择 10 s。

(5) 按“运行”键或等待 4 s，计数器退出菜单显示“0”，然后开始进行通道 1 的频率测量。

(6) 以上各步操作完成之后，仪器面板状态如图 6-2 所示。

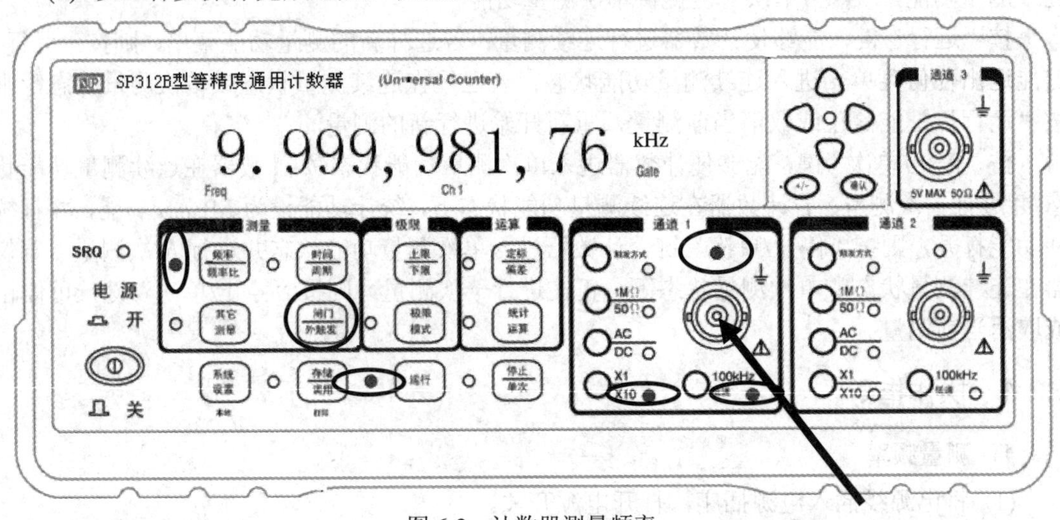

图 6-2　计数器测量频率

2．测量频率比

(1) 将两路被测信号同时接入通道 1 和通道 2，这时计数器的通道 1 和通道 2 输入指示灯闪烁，表明已有信号输入。如指示灯不闪烁，则按前面的方法设置通道 1 和通道 2 的触发电平、触发沿、输入阻抗、输入耦合、输入衰减和低通滤波器，使输入信号能够有效触发，指示灯闪烁。

(2) 连续按“频率/频率比”键直到计数器显示“RATIO 1 TO 2”，同时 VFD 指示显示“Freq”、“Ch1”和“Ch2”，按“运行”键或等待 4 s，计数器即可退出菜单进行频率比(通道 1/通道 2)测量。

注意：高频信号由 CH1 端口输入，低频信号由 CH2 端口输入。

例 2 F40 型函数信号发生器输出 1.5 kHz/2V_{P-P} 的正弦信号，EE1641B 型函数信号发生器输出 500 Hz/2V_{P-P} 的正弦信号，用 SP312B 型计数器测量其频率关系。

打开仪器电源开关，具体操作如下：

(1) 将两路被测信号分别接入通道 1 和通道 2，通道 1 输入频率较高的信号，通道 2 输入频率较低的信号，两通道输入指示灯都闪烁，表明已有信号输入。

(2) 连续按“频率/频率比”键直到计数器显示“RATIO 1 TO 2”，同时 VFD 指示显示“Freq”、“Ch1”和“Ch2”。

(3) 根据输入信号的频率与大小，对两输入通道进行设置(基于两个信号的参数特点，此例中两通道设置相同)：

触发电平：0 V(电平大小必须在信号的幅度范围内)。

触发沿：POS 或 NEG。

输入阻抗：1 MΩ。

输入耦合：AC。

输入衰减：×1。

低通滤波器：打开。

设置完成后，输入指示灯保持闪烁。

(4) 合理选择闸门时间，一般选择 10 s。

(5) 按“运行”键或等待 4 s，计数器即可开始进行频率比(通道 1/通道 2)测量。

(6) 以上各步操作完成之后，仪器面板状态如图 6-3 所示。

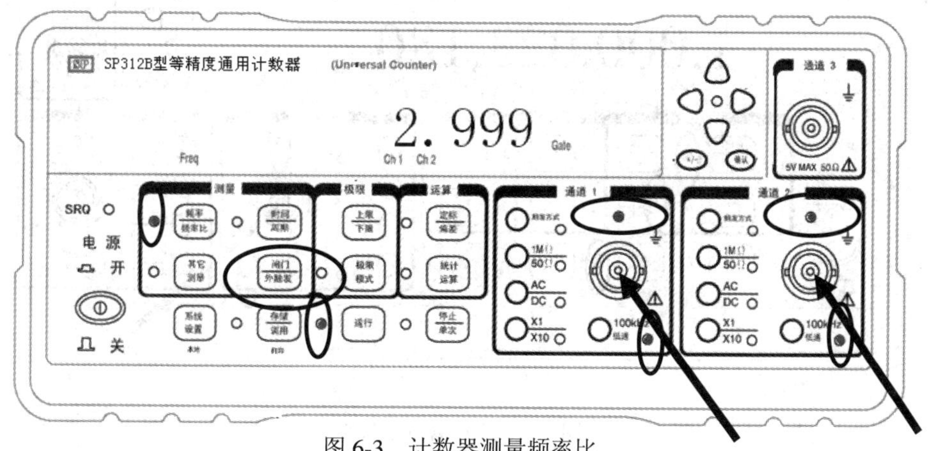

图 6-3 计数器测量频率比

3．测量周期

(1) 将被测信号接入通道 1，这时计数器的通道 1 输入指示灯闪烁，表明已有信号输入。如指示灯不闪烁，则按前面的方法设置通道 1 的触发电平、触发沿、输入阻抗、输入耦合、输入衰减和低通滤波器，使输入信号能够有效触发，指示灯闪烁。

(2) 连续按“时间/周期”键直到计数器显示“PERIOD 1”，同时 VFD 指示显示“Period”和“Ch1”，按“运行”键或等待 4 s，计数器退出菜单显示“0”，然后开始进行通道 1 的周期测量。

例 3 F40 函数信号发生器输出 1 kHz/4.5V_{P-P}的方波信号，用计数器测量其周期。

打开仪器电源，具体操作过程如下：

(1) 将被测信号接入通道 1，这时计数器的通道 1 输入指示灯闪烁，表明已有信号输入。

(2) 连续按“时间/周期”键直到计数器显示“PERIOD 1”，同时 VFD 指示显示“Period”和“Ch1”。

(3) 根据输入信号的频率与大小，对输入通道进行如下设置；

触发电平：0 V(电平大小必须在信号的幅度范围内)。

触发沿：POS 或 NEG。

输入阻抗：1 MΩ。

输入耦合：AC。

输入衰减：×1。

低通滤波器：打开。

设置完成后，输入指示灯保持闪烁。

(4) 合理选择闸门时间，一般选择 10 s。

(5) 按“运行”键或等待 4 s，计数器退出菜单显示“0”，然后开始进行通道 1 的周期测量。

(6) 以上各步操作完成之后，仪器面板状态如图 6-4 所示。

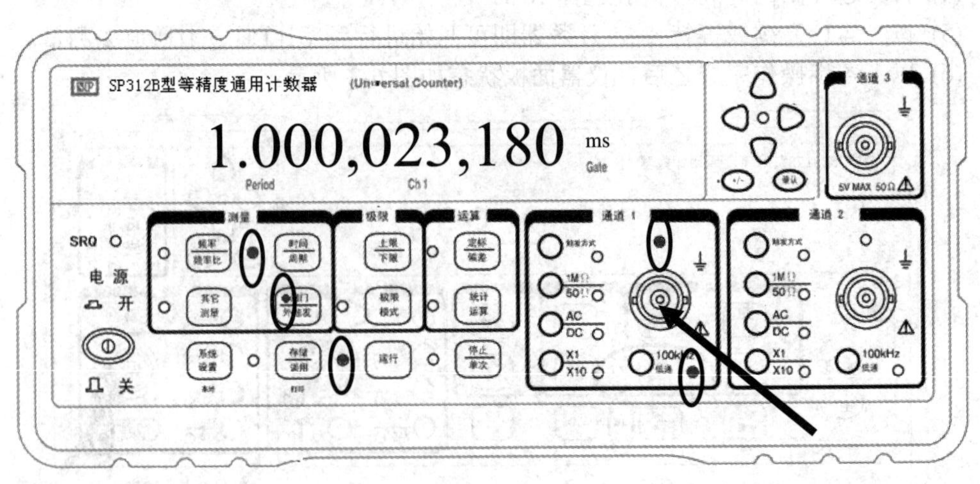

图 6-4　计数器测量周期

4．测量时间间隔

(1) 将两路被测信号分别接入通道 1 和通道 2，这时计数器的通道 1 和通道 2 输入指示灯闪烁。

(2) 连续按“时间/周期”键直到计数器显示“TI 1 TO 2”，同时 VFD 指示显示“Time”、“Ch1”和“Ch2”，按“运行”键或等待 4 s，计数器退出菜单并显示“0”，表明计数器可以开始测量通道 1 到通道 2 的时间间隔。这种情况下，当开始测量时通道 1 的有效信号，通道 2 的有效信号就结束测量(此时触发方式菜单中的参数为“COMMON: OFF”)。

(3) 按“触发方式”键进入触发方式菜单，将菜单中参数改为“COMMON: ON”，此时通道 1 和通道 2 共用通道 1 作为输入(合方式)。

(4) 在通道采用分方式或合方式时都可进入触发方式菜单，以改变触发电平、触发沿。如要测量通道 1 上升沿信号到通道 2 上升沿信号的时间间隔，需将通道 1 设置为“SLOPE: POS”，通道 2 设置为“SLOPE: POS”；如要测量通道 1 下降沿信号到通道 2 上升沿信号的时间间隔，需将通道 1 设置为“SLOPE: NEG”，通道 2 设置为“SLOPE: POS”。

另外，计数器还具有其他的测量功能，可根据实际情况进行选择。

例 4 同一信号上任意两点间的时间测量：F40 型函数信号发生器输出 1 MHz/10V_{P-P} 的方波信号，如图 6-5 所示，测量图上 A、B 两点间的时间间隔。

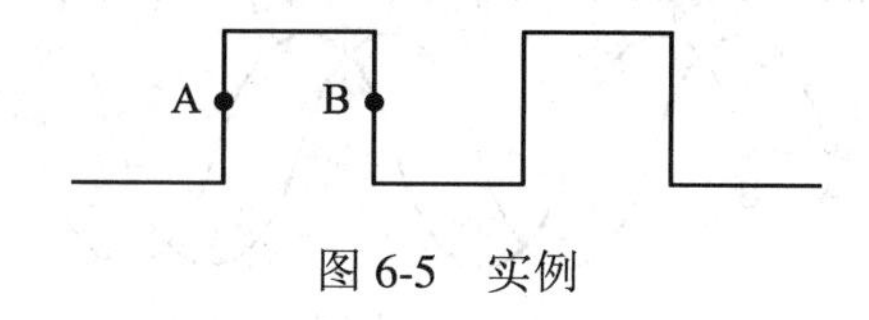

图 6-5 实例

具体操作过程如下：

(1) 将被测信号接入通道 1，输入指示灯闪烁。

(2) 连续按“时间/周期”键直到计数器显示“TI 1 TO 2”，同时 VFD 指示显示“Time”、“Ch1”和“Ch2”。

(3) 按“触发方式”键进入触发方式菜单，将菜单中的参数改为“COMMON: ON”，此时通道 1 和通道 2 共用通道 1 作为输入(合方式)。

通道 1 触发电平：0 V；触发沿：POS。

通道 2 触发电平：0 V；触发沿：NEG。

(4) 对两个输入通道的其他参数分别进行如下设置；

输入阻抗：1 MΩ。

输入耦合：AC。

输入衰减：×10。

低通滤波器：关闭。

设置完成后，两个输入指示灯都保持闪烁。

(5) 将闸门时间设为“AUTO”。

(6) 按“运行”键或等待 4 s，计数器退出菜单并显示“0”，然后开始进行测量。

(7) 以上各步操作完成之后，仪器面板状态如图 6-6 所示。

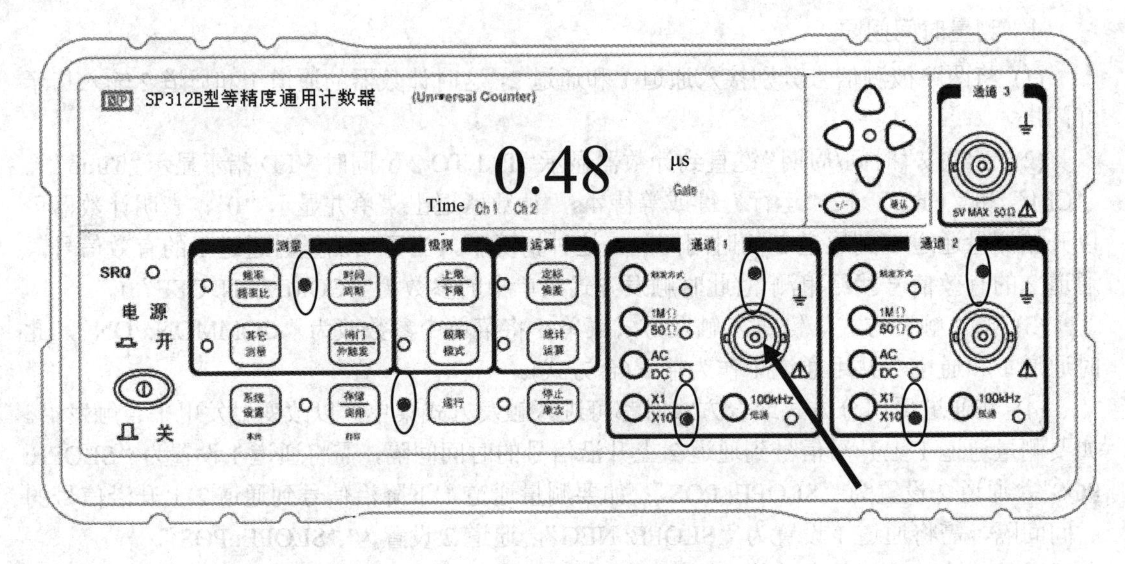

图 6-6　计数器测量时间间隔(一)

例 5　两个同频率正弦波的时间间隔测量：从两台 F40 型函数信号发生器分别输出 1.5 kHz/2V_{P-P}的正弦波，如图 6-7 所示，测量图中 A、B 两点间的时间间隔。

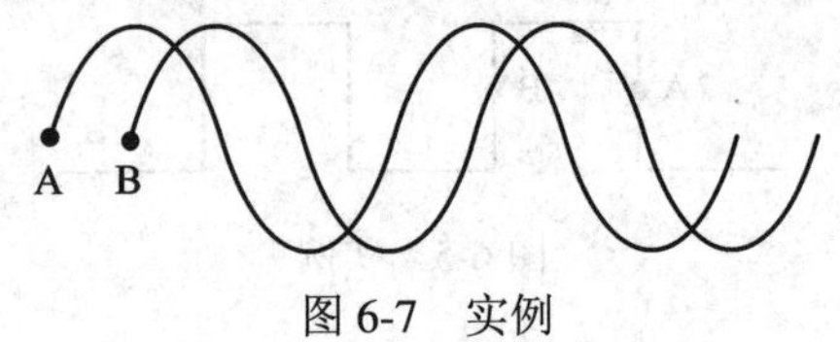

图 6-7　实例

具体操作过程如下：

(1) 将两路被测信号分别接入通道 1 和通道 2，这时计数器的通道 1 和通道 2 输入指示灯闪烁。

(2) 连续按“时间/周期”键直到计数器显示“TI 1 TO 2”，同时 VFD 指示显示“Time”、“Ch1”和“Ch2”。

(3) 按“触发方式”键进入触发方式菜单，将菜单中的参数改为“COMMON: OFF”(两通道一致)，则此时通道 1 和通道 2 为分方式；触发电平设为“0 V”，触发沿设为“POS”。

(4) 对两个输入通道的其他参数分别进行如下设置；

输入阻抗：1 MΩ。

输入耦合：AC。

输入衰减：×1。

低通滤波器：打开。

设置完成后，两个输入指示灯都保持闪烁。

(5) 将闸门时间设为“AUTO”。

(6) 按“运行”键或等待 4 s，计数器退出菜单并显示“0”，然后开始进行测量。

(7) 以上各步操作完成之后，仪器面板状态如图 6-8 所示。

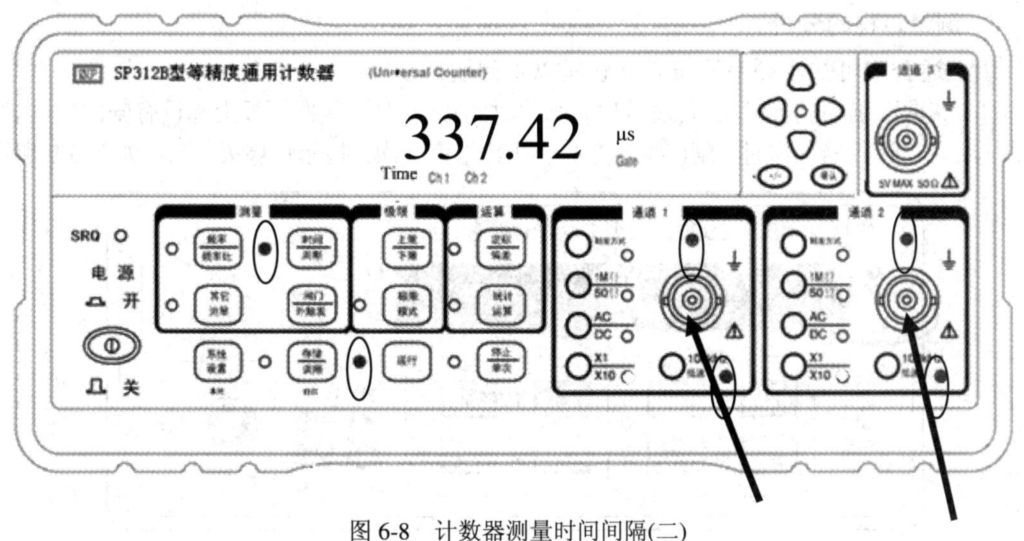

图 6-8　计数器测量时间间隔(二)

5. 操作练习

检验 EE1641B 型函数信号发生的频率特性，调节仪器输出频率，分别在每个波段选取高、中、低三个频率点进行检定，计算频率准确度，并将测量结果填入表内。

波形	波段	频率标称值/Hz	频率实际值/Hz	准确度	备　注

6.3　电子计数器的工作原理

6.3.1　电子计数器的测频原理

1．测量原理

所谓频率，就是周期性信号在单位时间(1　s)内变化的次数。因此，对于一个周期性信号，若在一定时间间隔 T 内计得这个周期信号的重复变化次数为 N，则其频率 f 为

$$f = \frac{N}{T} \tag{6-1}$$

电子计数器严格按照式(6-1)进行测频。

2. 测量过程的分析

由上述公式可知，频率测量必须解决以下问题：

(1) 获取准确的测量时间 T(通常称为闸门时间)。一般计数器面板上都设有闸门按键和闸门指示灯。当计数器工作时，闸门指示灯亮，计数结束一次，指示灯熄灭一次，如图 6-9 所示。

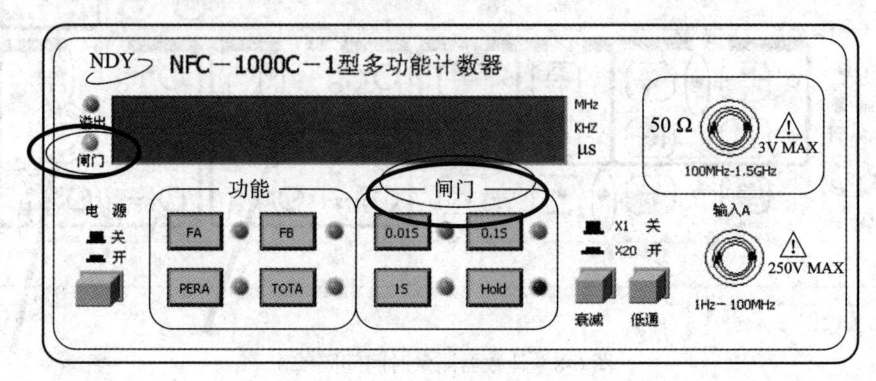

图 6-9　计数器面板

(2) 用计数器获取 T 时间内被测信号的变化次数 N。

3. 测频原理

测频原理方框图如图 6-10 所示，波形分析图如图 6-11 所示。

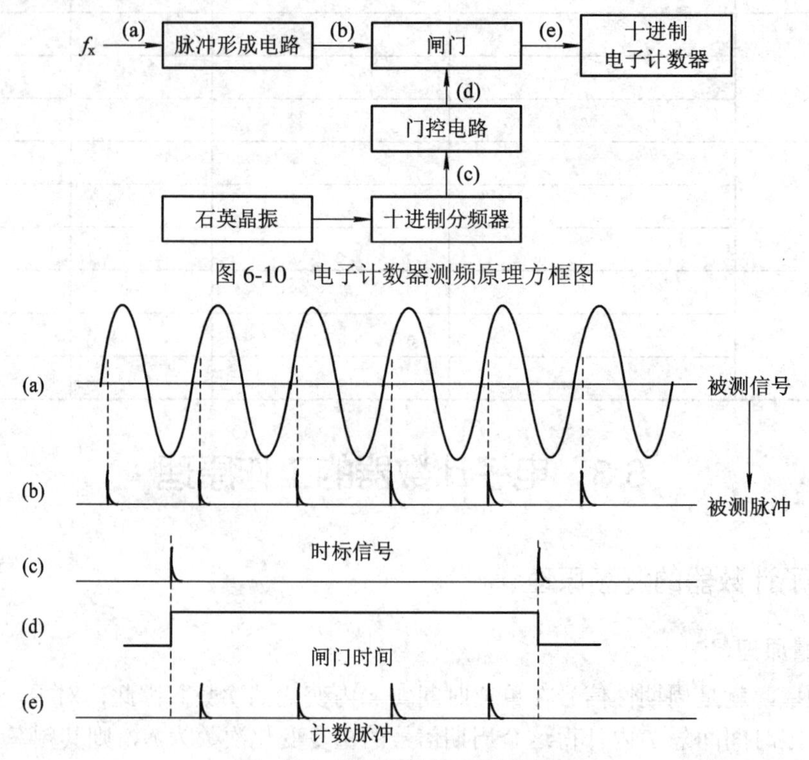

图 6-10　电子计数器测频原理方框图

图 6-11　电子计数器工作波形图

首先，被测信号(a)(以正弦波为例)通过脉冲形成电路转变成脉冲(b)(实际上变成方波即可)，其重复频率等于被测频率 f_x，然后将它加到闸门的一个输入端。

其次，石英晶体振荡器和一系列数字分频器输出非常准确的标准时间脉冲信号(c)(实际上为方波信号)，通常称为“时标”，然后通过门控电路形成门控信号(d)(即闸门时间)。

“闸门”通常为“与门”电路，门控信号控制其开、闭时间，闸门开通时间内，计数的脉冲(e)通过闸门，送到十进制电子计数器进行计数。

注意：被测信号在转化为被测脉冲过程中，存在着“触发极性”与“触发电平”的设置问题，一般通用计数器都有这两个参数的调节设置。

4．显示原理

计数的多少是由闸门开启时间 T 和输入信号频率 f 决定的。例如：闸门时间 $T_s = 1$ s，若计数值 $N = 10\,000$，则显示的 f_x 为“10 000”Hz 或“10.000”kHz；若闸门时间 $T_s = 0.1$ s，计数值 $N = 1000$，小数点向后移动一位，则显示的 f_x 仍为“10 000”Hz。实际上，当改变闸门时间 T 时，显示器上的小数点也就随之进行移位(自动定位)，闸门时间缩短至原来的1/10，小数点向右移一位，否则，相反。

5．测频误差

上述测频方法的测频误差，一方面取决于闸门时间 T 是否准确，另一方面取决于计数器计得的数值 N 是否准确。利用误差合成的方法，可得

$$\frac{\Delta f}{f_x} = \frac{\Delta N}{N} - \frac{\Delta T}{T} \tag{6-2}$$

式中：$\frac{\Delta N}{N}$ 是数字化仪器所特有的误差；$\frac{\Delta T}{T}$ 是闸门时间的相对误差。

1) ±1 误差

计数器测量频率时，计数脉冲通过闸门进入计数器，由于闸门开启时刻和第一个被测计数的脉冲到来的时刻之间的关系是随机的，因此总会出现多计或少计一个脉冲的情况，即出现 ±1 误差，如图 6-12 所示。

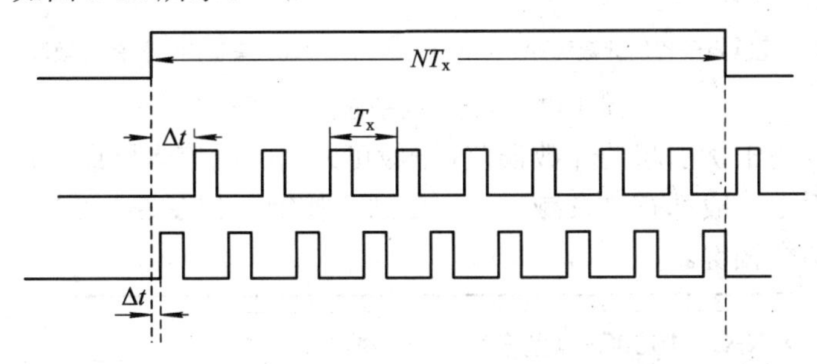

图 6-12　±1 误差

将 ± 1 代入式(6-2)可得

$$\frac{\Delta N}{N} = \frac{\pm 1}{N} = \pm \frac{1}{Tf_x} \tag{6-3}$$

因此，不管 N 为多少，其最大误差总是 ±1 个计数单位，因此 ±1 误差又称为量化误差。

特别提示：(1) f_x 一定时，增大闸门时间 T，可减小 ±1 误差的影响。选取的闸门时间越长，测量误差越小。

(2) f_x 越大，±1 误差越小，因此，直接测频适合于测量频率较高的信号。

2) 标准频率源误差

闸门时间 T 准不准，主要取决于石英晶体振荡器提供的标准频率的准确度，若石英振荡器的频率为 f_c，则

$$\frac{\Delta T}{T}=-\frac{\Delta f_c}{f_c} \tag{6-4}$$

可见，闸门时间的准确度等于标准频率的准确度。

为了使标准频率误差不对测量结果产生影响，通常要求石英晶振的准确度 $\frac{\Delta f_c}{f_c}$ 比 ±1 误差引起的测频误差小一个量级。

上面讨论的 ±1 误差和标准频率误差是所有数字化仪器的固有误差。

3) 电子计数器测频的额外计数误差

当计数器测频时，被测信号首先通过触发器转变成方波，然后在主门(闸门)开启期间计数。计数器中，一般都采用施密特电路作为触发器。

当无噪声干扰时，转换后方波的周期等于输入正弦信号的周期 T_x；当受到噪声干扰，尤其是叠加在信号上的噪声很大时，施密特电路的工作情况会发生变化。这时每个信号周期与触发窗相交的次数大于两次，这就意味着产生了额外的触发，从而造成计数器额外计数，如图 6-13 所示。

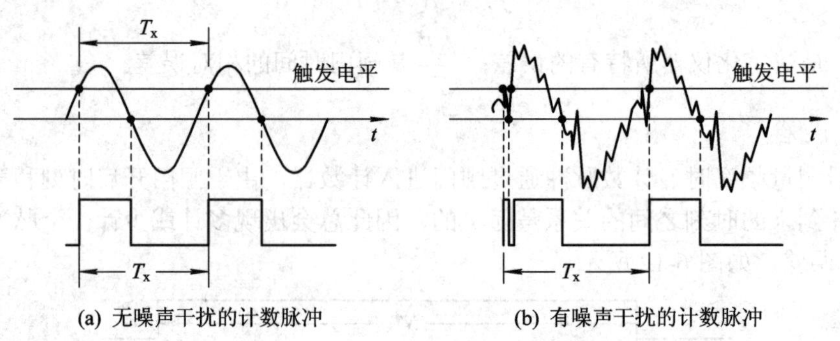

图 6-13　噪声干扰引起的计数误差

为了消除噪声与干扰引起的计数误差，一般可采用提高信噪比或降低通道增益的方法，因此，计数器面板上一般都有“衰减”与“低通”按键，如图 6-14 所示。操作计数器时，必须正确使用这两个按键。

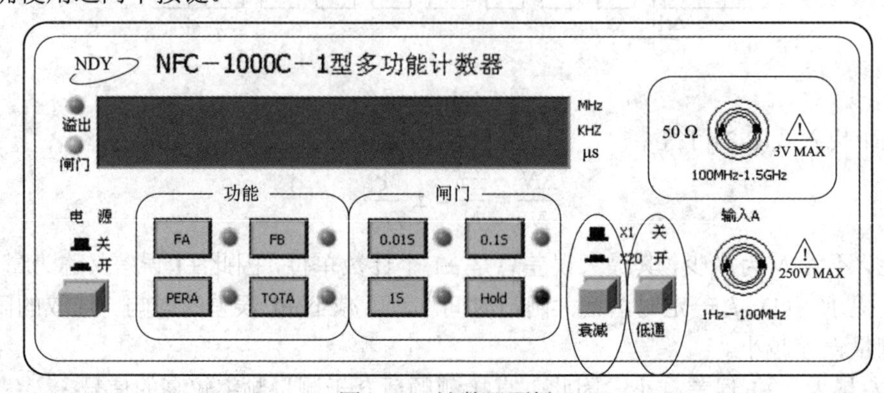

图 6-14　计数器面板

6. 频率比的测量

前述频率测量原理实际上是对频率比的测量，即f_x对时标信号频率f_s的频率比。

据此，若要测量f_A对f_B的频率比(假设$f_A>f_B$)，只要用f_B的周期T_B作为闸门，在T_B时间内对f_A作周期计数即可：

$$N=\frac{T_B}{T_A}=\frac{f_A}{f_B}$$

测量时，f_A、f_B分别由A、B两通道输入，如图6-15所示。

注意：频率较高者由A通道输入，频率较低者由B通道输入。

通过频率比的测量，可方便地测得电路的分频或倍频系数。

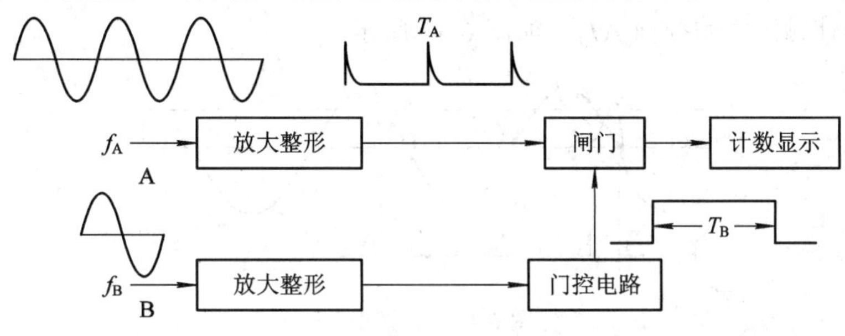

图6-15 频率比测量原理图

6.3.2 电子计数器的周期测量

1. 周期测量的原理

周期测量的原理如图6-16所示，主要包括输入整形(脉冲形成)电路，时标、时基产生电路，闸门(主门))电路和计数电路等。

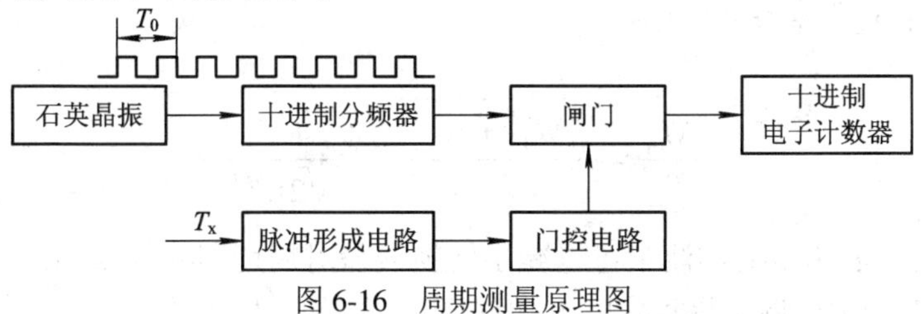

图6-16 周期测量原理图

被测信号从输入端输入，经脉冲形成电路的放大整形变成方波，加到门控电路，成为门控信号送入闸门。

石英晶振产生的标准信号(又称时标信号)经分频或倍频后送到闸门作为计数脉冲(T_0)。计数器对门控信号作用期间通过的时标信号进行计数。若计数器读数为N，标准时标信号的周期为T_0，则被测周期为

$$T_x=NT_0$$

2. 误差分析

1) 固有误差

与电子计数器测频误差的分析过程一样，根据误差传递公式，可得测周误差为

$$\frac{\Delta T_x}{T_x}=\frac{\Delta N}{N}+\frac{\Delta T_0}{T_0}=\pm\frac{1}{T_x f_0}\pm\frac{\Delta f_c}{f_c} \tag{6-5}$$

注意：(1) 待测周期 T_x 越大，±1 误差对周期准确度的影响越小。

(2) 测量低频信号时不宜采用直接测频方法，而应先测周期，再求倒数得到被测频率。

2) 转换误差

在计数器测量周期时，除了固定误差(包括量化误差和标准频率源误差)外，由于门控信号是由 B 通道的被测信号控制的，被测信号通过施密特电路转换成方波，而被测信号的直流电平、波形的陡峭程度及噪声的叠加等都将对转换带来影响，称为转换误差。

如果被测信号为正弦波，在正常情况下，主门开启时间等于一个被测周期。当存在噪声时，有可能使触发时间提前 ΔT_1，如图 6-17 所示。

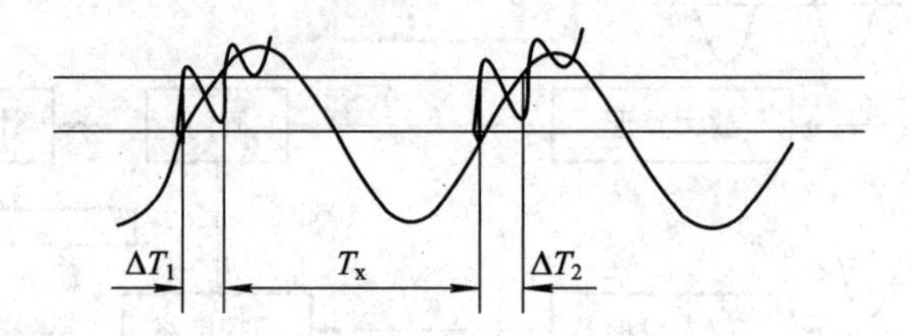

图 6-17　转换误差

同样，在正弦信号下，另一个上升沿上也可能产生触发误差 ΔT_2。经分析计算，有

$$\Delta T_1=\Delta T_2=\frac{T_x U_n}{2\pi U_m} \tag{6-6}$$

式中：U_n 为干扰或噪声幅度；U_m 为信号幅度。

由于干扰或噪声都是随机的，所以 ΔT_1 和 ΔT_2 都属于随机误差，总的转换误差 ΔT_n 可按 $\Delta T_n=\sqrt{\Delta T_1^2+\Delta T_2^2}$ 来合成，则得

$$\frac{\Delta T_n}{T_x}=\frac{\sqrt{\Delta T_1^2+\Delta T_2^2}}{T_x}=\pm\frac{1}{\sqrt{2}\pi}\frac{U_n}{U_m} \tag{6-7}$$

由公式可见，利用多周期测量可以减小转换误差对周期测量的影响。即用计数器测量多个 T_x，如 $10T_x$，然后将计得数除以 10 而得到一个周期 T_x 的数。

用计数器直接测量周期的误差主要有三项：量化误差、转换误差和标准频率源误差。

在实际测量中，为提高测量的准确度和分辨力，应尽量采用多周期测量，选用小的时标信号并尽可能地提高信噪比 U_m/U_n。

3. 时间间隔的测量

时间间隔指两个时刻点之间的时间段。在测量技术中，两个时刻点通常由两个事件(信号)确定。例如，一个周期信号的两个同相位点(如过零点)所确定的时间间隔即为周期。

1) 测量原理

先由两个事件(信号)触发(包括触发极性与触发电平)得到起始信号和终止信号，再经过门控双稳态电路得到“闸门信号”，闸门时间即为被测的时间间隔。在闸门时间内，仍采用

"时标计数"方法测量(即所测时间间隔由"时标"量化)，如图 6-18(a)所示。

2) 测量方法

欲测量的时间间隔的起始、终止信号分别由 B、C 通道输入，时标由机内提供，如图 6-18(b)所示。S 闭合，两通道合并，即可测量同一信号上任意两点间的时间间隔。

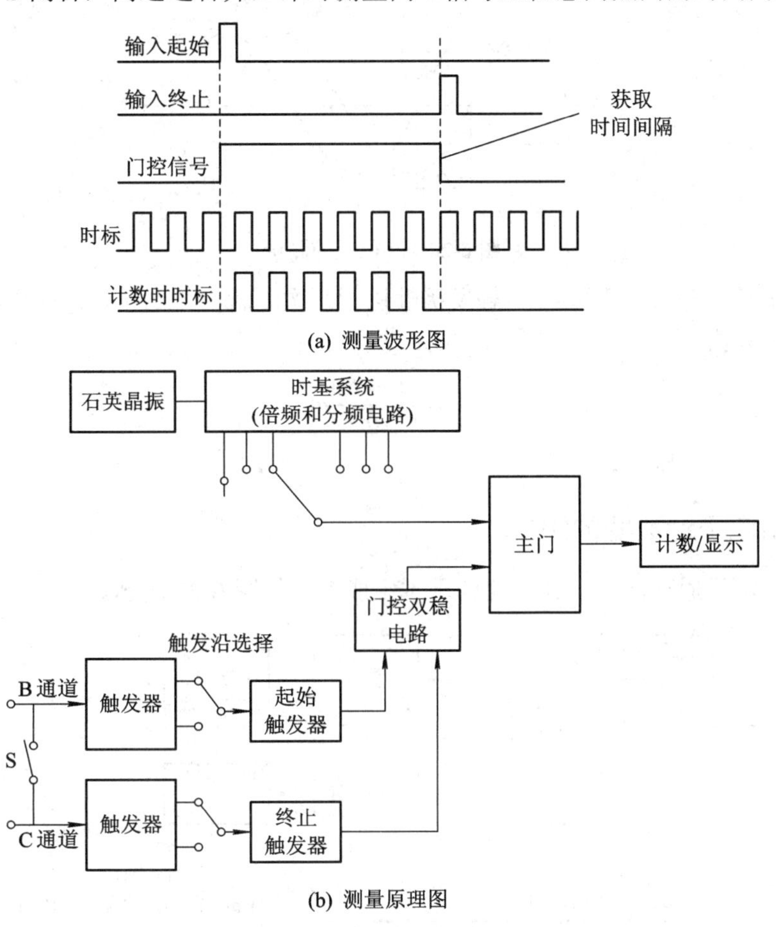

图 6-18　时间间隔测量原理及波形图

3) 触发极性选择和触发电平调节

为增加测量的灵活性，输入通道都设有触发极性(+、–)和触发电平调节，以完成各种时间间隔的测量。图 6-19 所示为脉冲参数测量。

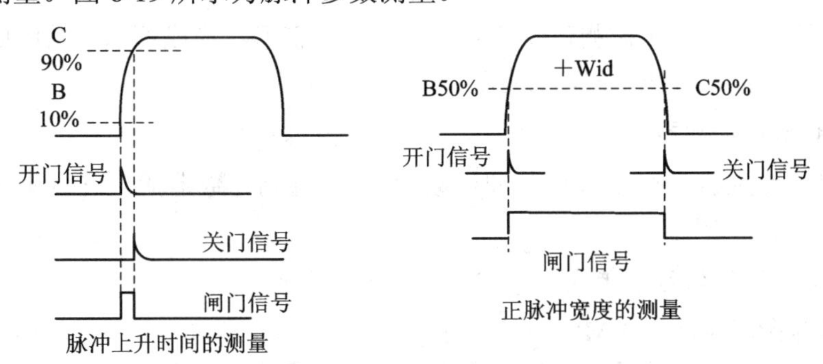

图 6-19　脉冲参数的测量

还有，通过测量一个周期信号的两个同相位点(如过零点)所确定的时间间隔即可得到周期。

另外，利用时间间隔的测量，还可以测量两个同频率的信号之间的相位差。测量原理如图 6-20 所示，两个信号分别由 B、C 通道输入，并选择相同的触发极性和触发电平。

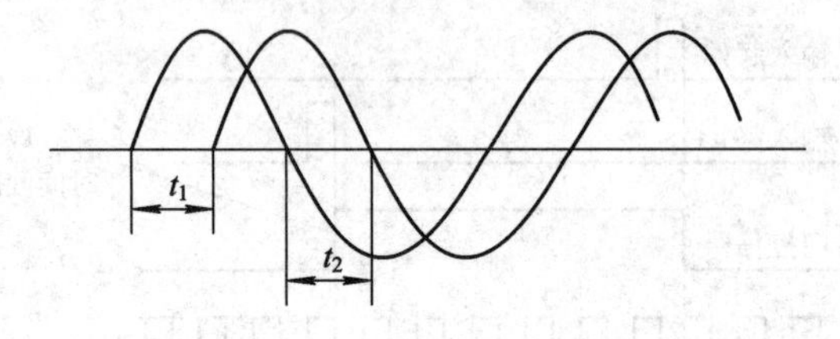

图 6-20　相位差的测量

为减小测量误差，分别取+、–触发极性进行两次测量，得到 t_1、t_2 后再取平均值，则两信号的相位差为

$$\varphi = \frac{t_1 + t_2}{2}\omega$$

式中：ω 是信号的角频率。

6.3.3　通用电子计数器的组成

基于以上测量原理，电子计数器的基本组成框图如图 6-21 所示。

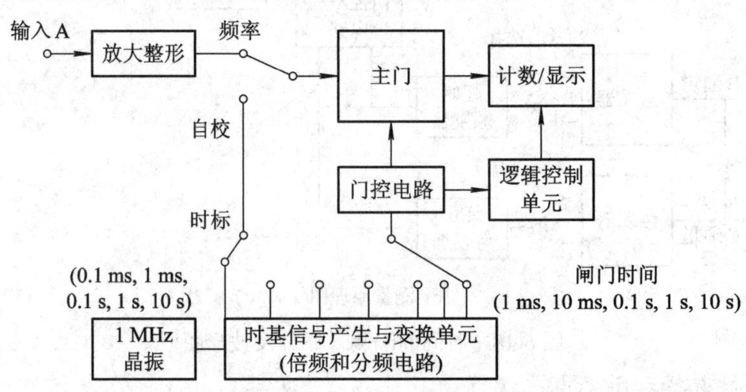

图 6-21　电子计数器的组成

1．输入单元

这部分电路的作用是将被测正弦信号通过放大及整形，形成可以计数的脉冲波，然后根据门控制信号的作用时间由闸门计数。

2．十进制电子计数器

十进制电子计数器是用来进行脉冲计数的二–十进制计数器的，它以十进制计数方式显示。

3．时基信号产生与变换单元

由石英晶体振荡器产生 1 MHz 的标准频率，作为计数器的内部基准，1 MHz 的标准频率经放大、整形及分频、倍频，变换为所需要的时标信号，加到门控电路上，作为控制主门开启的门控信号(测量频率时)或用来计数的时标信号(测量周期时)。

4．逻辑控制单元

逻辑控制单元是由若干门电路和触发器组成的时序逻辑电路构成的，用于产生各种控制信号，控制、协调各电路单元的工作，使整机按“复零—测量—显示”的工作程序完成自动测量的任务。

第7章 扫频仪的使用

学习目标

1. 学会扫频仪的使用(BT-3D型)。
2. 掌握扫频仪的测量原理。
3. 了解扫频仪的相关技术指标。

7.1 概　　述

频率特性是指电信号的电参数随频率变化的规律。扫频仪是线性系统的频率特性测试仪器，属于频域测试类仪器。

频域测量的主要内容包括：

(1) 线性系统的频率特性测量：分为幅频特性测量和相频特性测量，其中幅频特性测量的主要仪器是扫频仪。

(2) 信号的频谱分析：对信号本身的分析和对线性系统非线性失真的测量等，主要仪器是频谱分析仪。

7.2 BT-3D型扫频仪

扫频仪的型号种类很多，但结构大体相同，下面以BT-3D为例加以介绍。

BT-3D型扫频仪为卧式通用大屏幕宽带扫频仪，它由扫频信号源和显示系统组合而成，广泛应用于1 MHz～300 MHz范围内各种无线电网络、接收和发射设备的扫频动态测试。例如，各种有源无源四端网络、滤波器、鉴频器及放大器等的传输特性和反射特性的测量，特别是各类发射和差转台、MATV系统、有线电视广播以及电缆的系统测试。

BT-3D型扫频仪既可在1 MHz～300 MHz范围内实现全频段一次扫频，满足宽带测试的需要，也可进行窄带扫频并给出稳定的单频信号输出，且输出动态范围大，谐波值小，输出衰减器采用电控衰减，可在50 mV～0.5 V范围内任取电压，适用于各种工作场合。

7.2.1 BT-3D 型扫频仪的使用

1. 面板介绍

BT-3D 型扫频仪的面板结构如图 7-1 所示。

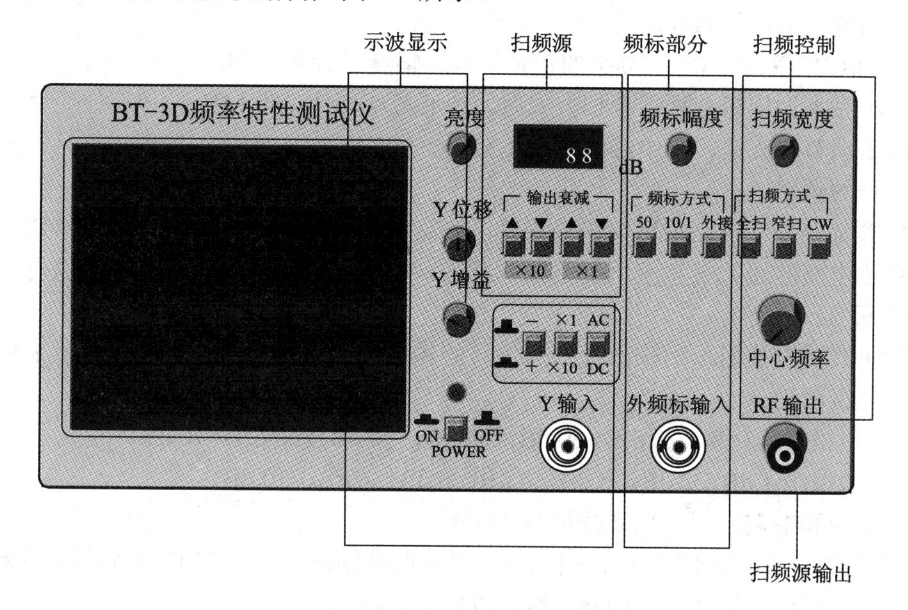

图 7-1　BT-3D 扫频仪面板

1) 示波显示部分

BT-3D 型扫频仪的示波显示部分说明如下：

电源开关(ON、OFF)：打开与关闭电源。

"亮度"旋钮：调节显示的亮暗。

"Y 位移"旋钮：调节荧光屏上光点或图形在垂直方向上的位置。

Y 增益旋钮：调节显示在荧光屏上的图形垂直方向幅度的大小。

Y 衰减按键"×1、×10"：输入信号的两个衰减挡级。根据输入信号电压的大小选择适当的衰减挡级。

影像极性开关("+"、"−")：用来改变屏幕上所显示的曲线波形正负极性。当开关在"+"位置时，波形曲线向上方变化(正极性波形)；当开关在"−"位置时，波形曲线向下方变化(负极性波形)。当曲线波形需要正负方向同时显示时，只能将开关在"+"和"−"位置往复变动，就能观察到曲线波形的全貌。

Y 输入耦合按键(AC/DC)：用于选择交流、直流输入耦合方式，即检波后的信号以交流或直流方式耦合输入。

Y 轴输入插座：用电缆探头将被测电路的输出端与此插座相连接，使输入信号经垂直放大后得以显示其波形。

同示波器相比，扫频仪显示部分要简单一些，除了上述内容外，大多数扫频仪还包括亮度、聚焦、X 增益等部分。BT-3D 型扫频仪在后面板上设有 X 增益调节功能。

2) 扫频源及扫频控制

“扫频方式”按键：用于选择全扫、窄扫、点频(CW)功能。

“全扫”：扫频信号扫描一次，频率变化范围为 1 MHz～300 MHz(满足宽带测量需要)。

“窄扫”：扫频信号扫描一次，频率变化范围是 1 MHz～300 MHz 中的某一段，且扫频范围受扫频宽度电位器的控制。

“点频(CW)”：输出单一频率的正弦信号，幅度、频率可调。

“中心频率”旋钮：采用全扫方式时，中心频率即为 150 MHz，该旋钮无效；采用窄扫方式时，调节该旋钮，即中心频率在 1 MHz～300 MHz 内变化；采用“点频”方式时，即输出信号的频率。

“扫频宽度“旋钮：采用窄扫方式时，该旋钮用于调整扫宽；测试时调节该旋钮，可以得到被测电路的通频带宽度所需的频率范围。结合“中心频率”旋钮，可以得到测试所需的扫频范围。

“输出衰减”按钮：用来改变扫频信号的输出幅度大小，按开关的衰减量来划分，可分粗调、细调两种。

粗调：0 dB，10 dB，20 dB，30 dB，40 dB，50 dB，60 dB，70 dB。

细调：0 dB，1 dB，2 dB，3 dB，4 dB，6 dB，8 dB，10 dB。

粗调衰减和细调衰减的总衰减量为 70 dB。

“扫频信号(RF)输出”插座：扫频信号由此插座输出，可用 75 Ω 匹配电缆探头或开路电缆来连接，引送到被测电路的输入端，以便进行测试。

3) 频标部分

“频标方式”按键：包括 50 MHz、10 MHz/1 MHz 复合和外接三挡。当按键置于 50 MHz 挡时，扫描线上显示 50 MHz 的菱形频标；10 MHz/1 MHz 挡，为复合挡，即按下该键，屏幕上同时显示出 1 MHz(幅度小)和 10 MHz(幅度大)两种频标；置于外接挡时，扫描线上显示外接信号频率的频标。

“频标幅度”旋钮：用于调节频标幅度大小。一般幅度不宜太大，以观察清楚为准。

“外频标输入”接线柱：当“频标方式”按键置于外接频标挡时，外来的标准信号发生器的信号由此接线柱引入，这时在扫描线上显示外频标信号的标记。

2. 扫频仪的检查

(1) 在使用仪器之前，应检查电源电压，观察显示屏上的扫描线与频标，如图 7-2 所示(图中采用“全扫”方式、50 MHz 频标，扫频范围为 1 MHz～300 MHz)。

(2) 调节亮度、聚焦(有的仪器上有此旋钮)旋钮，以得到足够亮度和粗细的扫描线，并选择合适的输入极性和耦合方式(方法与示波器调节相似)。

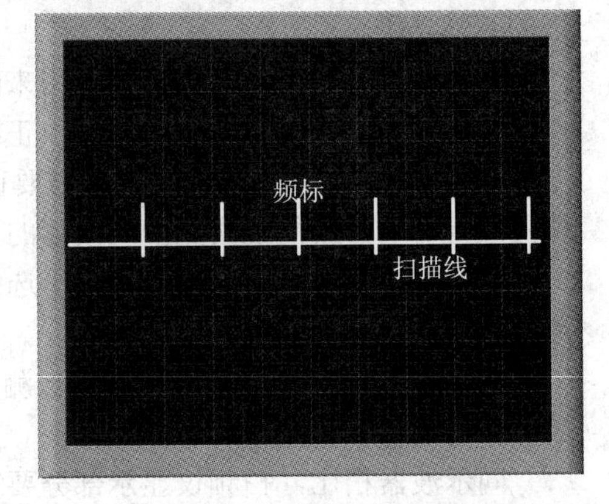

图 7-2 扫频仪的扫描线

(3) 观察零频标与调节频标，具体如下：

① 按照图 7-3，将扫频仪的输出探头与输入探头短接，即自环连接。

② 将“扫描方式”按键置于“全扫”(或“窄扫”)方式。

③ 将“输出衰减”按键置于 0 dB。

④ 调节“Y 增益”、“Y 位移”旋钮至合适大小。

选用“全扫”方式、50 MHz 频标时，荧光屏上将出现图 7-4(a)所示的两条光迹；选用“窄扫”方式、10 MHz/1 MHz 频标时，顺时针旋转“中心频率”旋钮，光迹将向右移动，直至荧光屏上显示如图 7-4(b)所示的图形，光迹上出现的凹陷点就是扫频信号的零频标点。

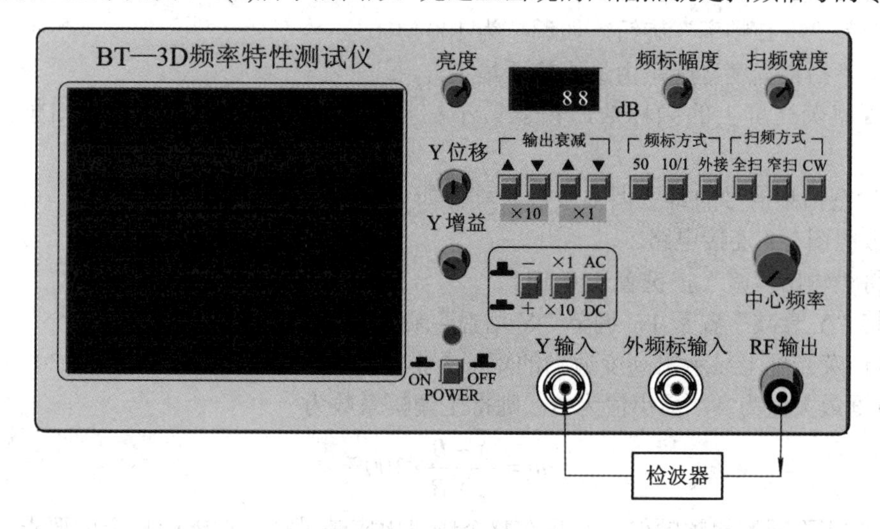

图 7-3　扫频仪自环连接

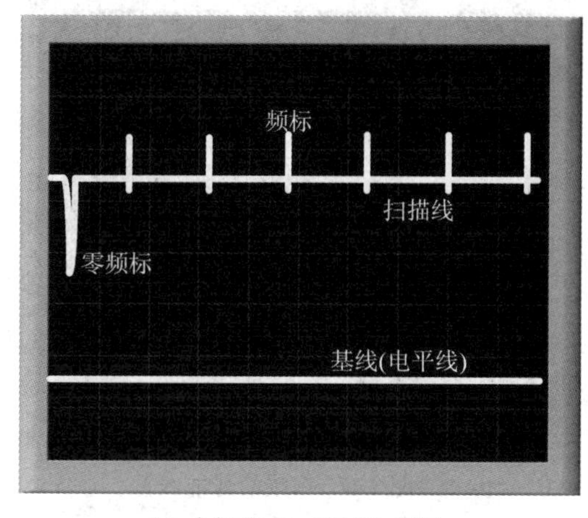

(a) 全扫方式，50 MHz 频标

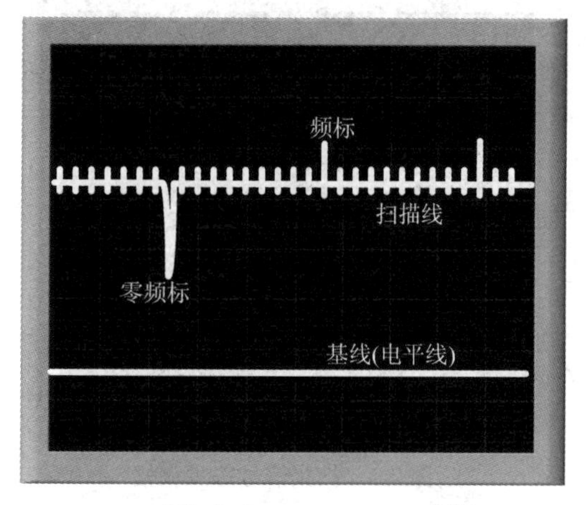

(b) 窄扫方式，10 MHz/1 MHz 频标

图 7-4　零频标

选择 10 MHz/1 MHz 或 50 MHz 频标，此时扫描基线上呈现各种频标信号，调节“频标幅度”旋钮可以均匀地改变频标幅度。

在上述调节过程中，学会频标的读法。

(4) 检查扫频范围，具体如下：

① 将“频标方式”按键置于 50 MHz 挡。

② 将“频标幅度”旋钮调至合适的位置。

④ 将“扫频方式”按键置于“窄扫”方式。

⑤ 旋转“中心频率”旋钮。

此时，在荧光屏的中心位置，扫频信号的中心频率应能在 1 MHz～300 MHz 内连续变化。

(5) 检查频偏，具体如下：

① 将“频标方式”按键置于 10 MHz/1 MHz 挡。

② 将“扫频方式”按键置于“窄扫”方式。

③ 调节“中心频率”旋钮，如调节为 100 MHz。

④ 将“扫频宽度”旋钮由最小旋至最大。

⑤ 观察荧光屏上的频标数，仪器最小扫频频偏小于±1 MHz，最大扫频频偏大于±20 MHz。

(6) 检查扫频信号的寄生调幅系数，具体如下：

① 按照图 7-3 连接电路。

② 将“输出衰减”按键置于 0 dB。

③ 将“Y 衰减”置于 1，调节“Y 增益”旋钮。

此时，荧光屏上显示出高度适当的矩形方框，如图 7-5 所示，在规定的±20 MHz 频偏下，设方框最大值为 A，最小值为 B，则寄生调幅系数为

$$m=\frac{A-B}{A+B}\times 100\%$$

式中，m 对应不同的扫频频偏，并且在整个频段内应满足技术性能中规定的要求。

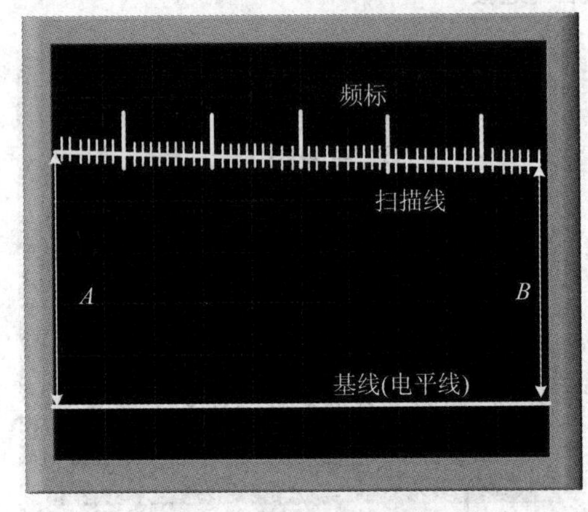

图 7-5　扫频信号寄生调幅

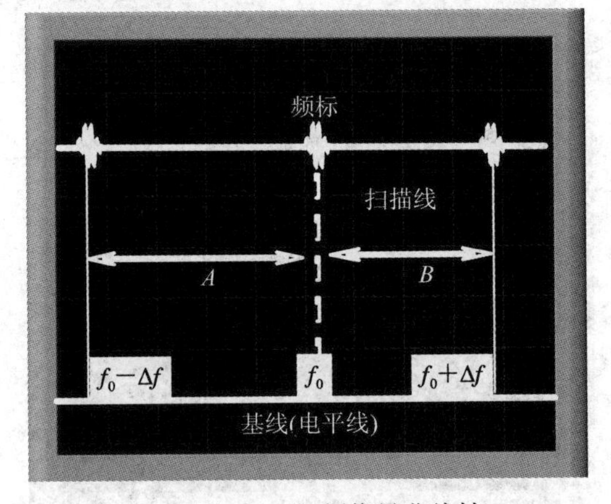

图 7-6　扫频信号非线性

(7) 检查扫频信号的非线性系数，具体如下：

① 按照图 7-3 连接电路。

② 将“中心频率”旋钮调至任意位置。

③ 调节“频率偏移(扫频宽度)”旋钮使频偏在 20 MHz 以内。

④ 读出在中心频率 f_0 两边频偏量 Δf 相等的水平距离，如图 7-6 所示，记下偏离 f_0 的最大距离 A、最小距离 B，则非线性系数为

$$\gamma = \frac{A - B}{A + B} \times 100\%$$

(8) 检查扫频输出电压。将面板上的“扫频方式”按键置于“点频”位置，调节“频率偏移(扫频宽度)”旋钮使频偏最小，将超高频毫伏表经 75 Ω 电缆接至射频输出端，此时整个频段内其输出电压应不小于 500 mV。

3. 扫频仪 0 dB 校正

(1) 将扫频仪经 75 Ω 电缆与检波头相连，如图 7-3 所示。

(2) 将“输出衰减”按键置于 0 dB。

(3) 将“Y 衰减”置于“×10”挡，“极性”置于“+”。

(4) 调节“Y 位移”旋钮，使基线与屏幕的网格线最下一条对齐。

(5) 调节“Y 增益”旋钮，此时，屏幕上显示的矩形有一定的高度(例如为 5 格)，如图 7-7 所示，这个高度称为 0 dB 校正线。此后“Y 衰减”、“Y 增益”旋钮不能再动，否则测试结果无意义。

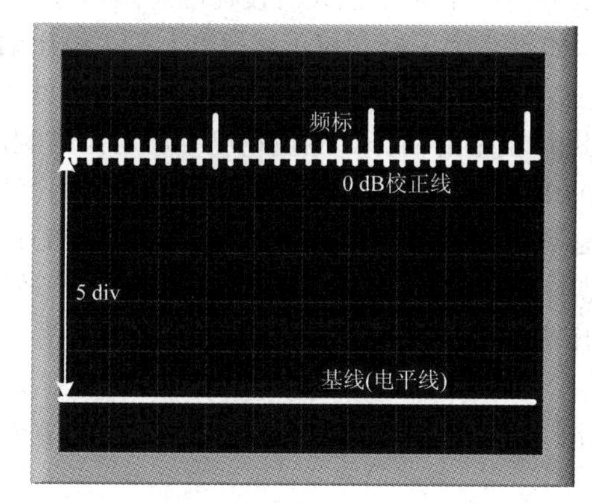

图 7-7　0 dB 校正线

7.2.2　扫频仪的应用

扫频仪的应用很广泛，尤其在无线电、电视、雷达及通信等领域内的应用更加普遍。下面以 BT-3D 型扫频仪为例进行介绍。

1. 电路幅频特性的测量

BT-3D 型扫频仪的输出特性阻抗为 75 Ω，如果被测电路的输入阻抗也为 75 Ω，就可以用同轴电缆将扫频信号输出端连接到被测电路输入端，否则，应当在两者之间加阻抗匹配电路。

测量电路幅频特性的步骤如下：

(1) 检查仪器并经过 0 dB 校正后，按照图 7-8 连接扫频仪与被测电路。

(2) 根据被测电路指标规定的中心频率及频带宽

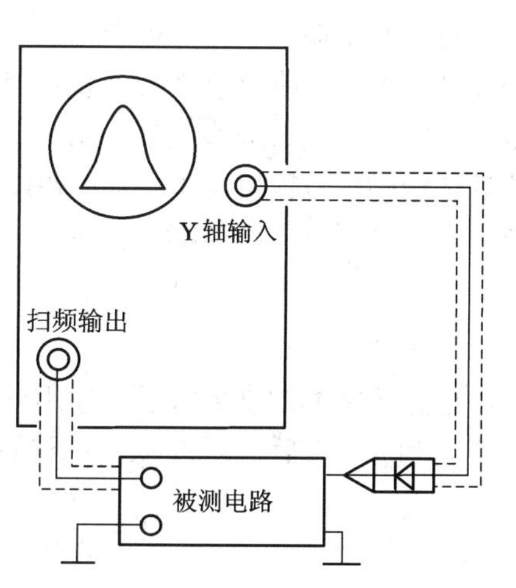

图 7-8　扫频仪与被测电路的连接

度，进行仪器面板设置。

① 频标控制：合理选择所需的“频标”和适当调节“频标幅度”旋钮。

② 扫频控制：选择适当的“扫描方式”，调节“中心频率”旋钮和“扫频宽度”旋钮，得到测试所需的扫频信号的频率范围。

③ 扫频源控制：适当调节“输出衰减”旋钮，直到荧光屏上显示被测电路的幅频特性曲线。

注意：“示波显示”部分在进行 0 dB 校正时都已设置好，这里不能再作调整。

(3) 根据扫频仪屏幕上所显示的幅频特性曲线和面板控制装置，进行定量读数。

2. 电路参数的测量

根据显示的幅频特性曲线可以得出各种电路参数。

1) 增益

方法一：调节好幅频特性后，用粗、细调衰减器即“输出衰减”旋钮调节扫频信号电压幅度(注意衰减器的总衰减量应不大于放大器设计的总增益)，使显示的幅频特性曲线高度处于 0 dB 校正线附近。如果高度正好和校正线等高，则“输出衰减”旋钮所指分贝刻度即为被测电路的增益值。如果幅频特性曲线高度不在 0 dB 校正线上，则可根据每格的增益倍数(根据分贝数据计算)进行粗略的估算。测量精度不够时，常利用外频标。

方法二(不需先进行 0 dB 校正)：调节好幅频特性后，用粗、细调衰减器控制扫频信号电压幅度(注意衰减器的总衰减量应不大于放大器设计的总增益)。若显示器的幅频高度为 H，输出衰减为 B_1(dB)，则将检波探头与扫频输出端短接；改变“输出衰减”，使幅频高度仍为 H，此时输出衰减的读数若为 B_2(dB)，则该放大器的增益为

$$A = B_2 - B_1 \text{ dB}$$

应当注意，在得到衰减量 B_1 读数后，应保持扫频仪的“Y 增益”旋钮位置不变，否则，测量结果不准确。

2) 带宽

对于宽带电路，可以直接用扫频仪的内频标方便地显示和读出频率特性曲线的宽度，为了更准确地测量，有时也使用外频标。

对于窄带调谐电路，可以由图形曲线看出谐振频率 f_0，如图 7-9 所示。使扫频仪输出衰减置于 3 dB 处，调整 Y 增益，使图形峰点与屏幕上某一水平刻度线(虚线 AA′)相切，然后使扫频信号输出电压增加 3 dB，则曲线与虚线 AA′ 相交，两交点所对应频率即为上下频率 f_H、f_L，则带宽为

$$BW = f_H - f_L$$

3) 回路 Q 值

电路连接如图 7-8 所示，在用外接频标测出回路的谐振频率 f_0 和 f_H、f_L 后，回路 Q 值的计算如下：

$$Q = \frac{f_0}{BW}$$

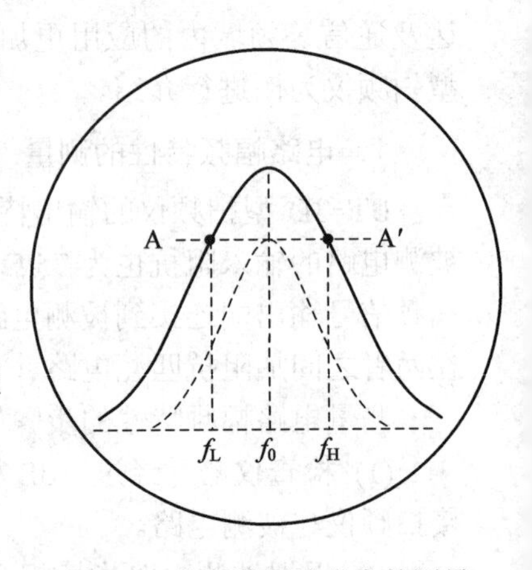

图 7-9　单调谐回路带宽的测量

3. 高频阻抗的测量

扫频仪还可以测量电路的输入、输出阻抗及电缆特性阻抗，但测量精确度不很高，但使用方便，操作简单。

1) 输入阻抗和输出阻抗的测量

按图 7-10(a)所示进行连接，图中 RP_1、RP_2 为无感电阻。

测量时，先将 RP_1 短路、RP_2 断开，调节扫频仪面板上的有关开关旋钮，使屏幕显示的幅频特性曲线的高度为 A 格。撤去 RP_1 上的短路线，调节 RP_1 直至荧光屏显示的曲线高度为 $A/2$ 格，则 RP_1 的电阻即为被测电路的输入电阻，如图 7-10(b)所示。

将 RP_1 重新短路，使曲线高度仍为 A 格，接通 RP_2 并调节其值直至曲线高度为 $A/2$ 格，则 RP_2 的电阻值即为被测电路的输出阻抗。

应当注意，当被测电路含有选频回路时，荧光屏上显示的曲线将不可能是一条平坦直线，这时可在曲线上选取一个参考点来测量，但所得的阻抗值是对该频率而言的。

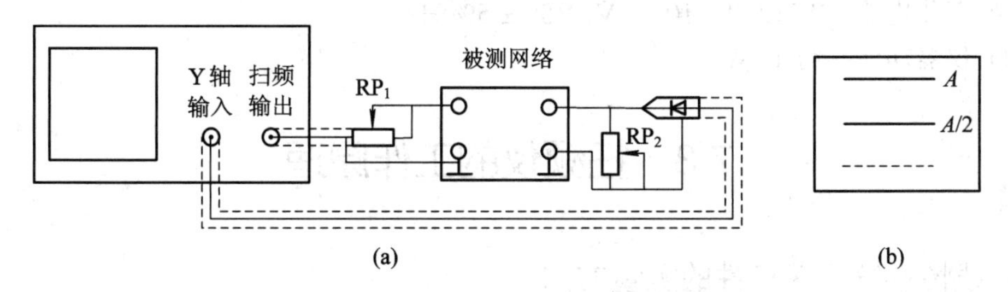

图 7-10　测量输入、输出阻抗的连接示意图

2) 传输线特性阻抗的测量

按照图 7-11 所示进行连接，传输线的一端接可变电阻器，另一端与扫频输出电缆、检波探头并接。

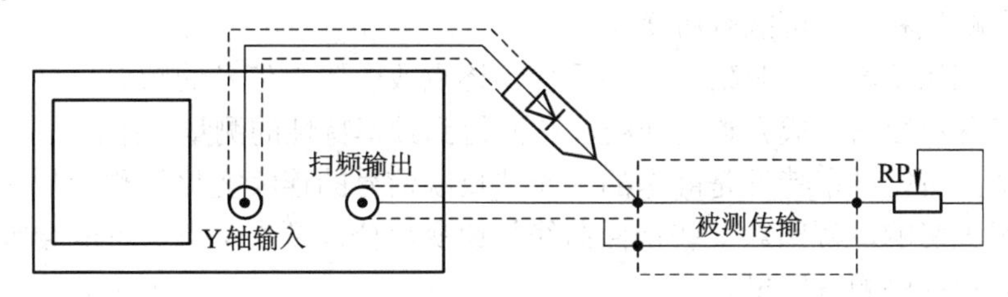

图 7-11　测量传输线特性阻抗的连接示意图

测量时，调节可变电阻 RP 直至荧光屏上显示的波形为一平坦直线，此时 RP 的电阻值即为传输线的特性阻抗。

7.2.3　BT-3D 型扫频仪的主要技术指标

BT-3D 型扫频仪的技术指标如下：

(1) 有效频率范围：1 MHz～300 MHz。

(2) 扫频方式：全扫，窄扫，点频。

(3) 中心频率："全扫"时，中心频率为 150 MHz；"窄扫"时，中心频率在 1 MHz～300 MHz 范围内连续可调；"点频"时，中心频率在 1 MHz～300 MHz 范围内连续可调，输出正弦波。

(4) 扫频宽度："全扫"时，扫频宽度优于 300 MHz；"窄扫"时，扫频宽度为 1 MHz～40 MHz 连续可调；"点频"时，扫频宽度为 1 MHz～300 MHz 连续可调。

(5) 输出阻抗：75 Ω。

(6) 稳幅输出平坦度：1 MHz～300 MHz 范围内，0 dB 衰减时的稳幅输出平坦度优于 ± 0.25 dB。

(7) 扫频非线性：扫频频偏在± 10 MHz 之内，扫频信号的非线性系数不大于 10%。

(8) 输出衰减：粗衰减按−10 dB 步进，分 7 挡，可数字显示；细衰减按−1 dB 步进，分 9 挡，可数字显示。

(9) 标记种类、幅度：仪器设有 50 MHz、10 MHz、1 MHz 三种间隔的菱形标记，且幅度在一定范围内可调。仪器"外频标"输入端可输入约 6 dBm 的 10 MHz～300 MHz 正弦波信号作频标。

(10) 工作电压：AC(220 ± 10%) V，(50 ± 5%)Hz。

(11) 仪器功耗：约 45 W。

7.3 扫频仪的工作原理

7.3.1 线性系统频率特性的测量方法

1．点频测量

点频测量是以正弦测量为基础的一种静态测量，也是线性系统频率特性的经典测量方法。可以证明，在正弦信号激励下的线性系统，其输出响应是与输入信号具有相同频率的正弦波，只是幅值和相位可能有所变化。

测量时，应保持输入正弦信号大小不变，逐点改变输入信号的频率，测量相应的输出电压值，再将各点数据连成完整的曲线，从而得到频率特性的测量结果。

由此可知，所得频率特性是静态的，无法反映信号的连续变化。测量频率点的选择对测量结果有很大影响，特别对某些特性曲线的锐变部分以及失常点，可能会因频点选择不当或不足而漏掉这些测量结果。

2．扫频测量

扫频即利用某种方法，使正弦信号的频率随时间按一定规律在一定范围内反复扫动，这种频率扫动的正弦信号称为扫频信号。

利用扫频信号，可以在频域内对元件或系统的频率特性(如一个放大器的动态频率特性曲线)进行动态测量。

这种方法的优点是：扫频信号的频率连续变化，扫频测量所得的频率特性是动态频率特性，不会漏掉细节；不足是：如果输入的扫频信号频率变化速度快于系统输出响应时间，则频率的响应幅度会出现不足，扫频测量所得幅度小于点频测量的幅度，而且电路中 *L*、*C* 元件的惰性会使幅度峰值有所偏差，因此会产生频率偏离。

另外，频率特性的测量还有多频测量法、广谱快速测量法，这里不作介绍。

7.3.2 扫频测量技术

扫频测量技术应用较广，主要是因为扫频测量可以实现图示测量。按照图示法的显示原理不同，扫频测量技术可分为光点扫描式和光栅增辉式，我们主要介绍光点扫描式图示法的原理。

1．光点扫描式图示法的工作原理和动态特性

图 7-12 为光点扫描式图示法的原理框图。

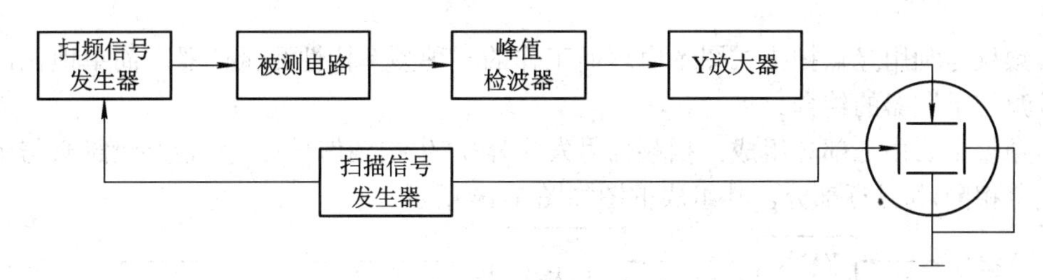

图 7-12　光点扫描式图示法原理框图

扫频信号作为输入信号加到被测电路的输入端，则从输出端得到的输出电压振幅的包络变化规律与被测电路的幅频特性相对应。这个电压经峰值检波器检波后，其形状就是被测电路的幅频特性曲线(严格讲是动态的)。这个图形信号经 Y 放大器放大后，加到示波管的垂直偏转板。

同时示波管的水平扫描电压调制扫频信号发生器，使得扫频信号的频率变化按照扫描信号的变化规律而变化，即扫频信号频率的变化规率与时间的变化规律相同，示波管屏幕上的水平时间轴就可变成线性的频率轴。屏幕上描绘出的图形就是被测电路的幅频特性。

这种图示方法是通过光点扫描而得到连续的幅频特性，故称为光点扫描式。

光点扫描式图示法反映出在一定扫频速度条件下被测电路的实际幅频特性，故称动态幅频特性。

2．动态特性曲线与静态特性曲线的比较

(1) 扫频测量所得的动态特性曲线峰值低于点频测量所得的静态特性曲线峰值，而且扫频速度越快，幅值下降越多，如图 7-13 所示。

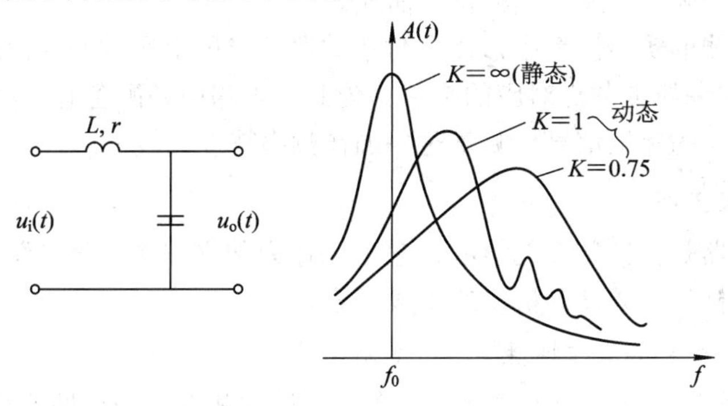

图 7-13　网络的动态特性

(2) 动态特性曲线峰值出现的水平位置(频率)相对于静态特性曲线有所偏离，并向频率变化的方向移动，而且扫频速度越快，偏离越大。

(3) 当静态特性曲线对称时，随着扫频速度加快，动态特性曲线明显出现不对称，并向频率变化的方向一侧倾斜。

(4) 动态特性曲线较平缓，其 3 dB 带宽大于静态特性曲线的 3 dB 带宽。

由上述可知，测量系统动态特性时必须用扫频法；为了得到静态特性，必须选择极慢的扫频速度以得到近似的静态特性曲线，或采用点频法。

7.3.3 扫频原理

扫频仪是利用光点扫描式图示原理而工作的一种频率特性测试仪器，简单地说，即扫频信号源与示波器的结合。

扫频仪主要由三部分组成：扫频信号发生器(产生扫频信号)、示波显示部分(与示波器中的完全相同)和频标部分，其组成框图如图 7-14 所示。

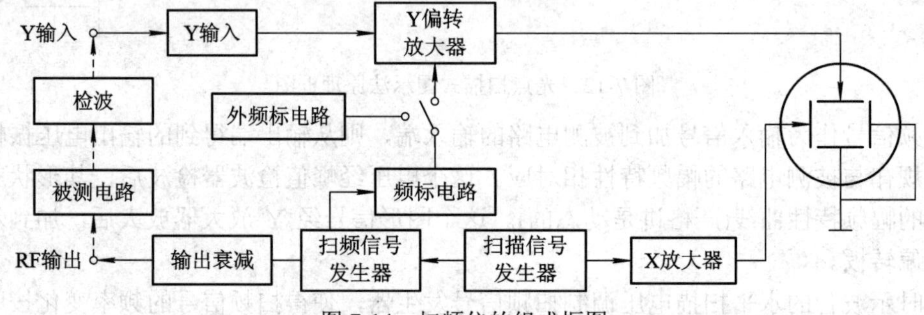

图 7-14　扫频仪的组成框图

图中，扫描信号发生器产生的扫描电压既加至 X 轴，又加至扫频信号发生器，使扫频信号的频率变化规律与扫描电压一致，从而使得每个扫描点与扫频信号输出的频率有一一对应的确定关系。因为光点的水平偏移与加至 X 轴的电压成正比，即光点的偏移位置与 X 轴上所加电压有确定的对应关系，而扫描电压与扫频信号的输出瞬时频率又有一一对应关系，故 X 轴相应地成为频率轴。

扫频信号加至被测电路，检波探头对被测电路的输出信号进行峰值检波，并将检波所得信号送往示波器 Y 轴电路，该信号的幅度变化正好反映了被测电路的幅频特性，因而在屏幕上能直接观察到被测电路的幅频特性曲线。

在幅频特性曲线的实际测量中，需要对示波器荧光屏上幅频特性曲线的频率坐标进行“定标”，以便确定曲线上各点对应的频率。为此，电路中还配备有“频标发生器”，它产生频率为已知的频率的标记信号，测量时叠加在频率特性曲线上。

1. 扫频信号发生器

扫频信号发生器是扫频测量的核心，它可以作为独立的测量信号源，也可作为频率特性测试仪、网络分析仪或频谱分析仪的组成部分。

1) *扫频信号源的主要工作特性*

(1) 有效扫频宽度。有效扫频宽度是指在扫频线性和振幅平稳性能符合要求的前提下，一次扫频能达到的最大的频率覆盖范围，即

$$\Delta f = f_{max} - f_{min}$$

式中：Δf 为有效扫频宽度；f_{max} 为扫频最高频率；f_{min} 为扫频最低频率。

扫频信号的中心频率 f_0 定义为

$$f_0=\frac{f_{max}+f_{min}}{2}$$

相对扫频宽度定义为有效扫频宽度与中心频率之比，即

$$\frac{\Delta f}{f_0}=2\frac{f_{max}-f_{min}}{f_{max}+f_{min}}$$

通常把 Δf 远小于中心频率的扫频信号称为窄带扫频，把 Δf 和中心频率可以相比拟的扫频信号称为宽带扫频。

(2) 扫频线性。扫频线性是指扫频信号瞬时频率的变化和调制电压瞬时值变化之间的吻合程度，吻合程度越高，扫频线性越好。

(3) 振幅平稳性。在幅频特性测试中，必须保证扫频信号的幅度恒定不变。扫频信号的振幅平稳性通常用它的寄生调幅来表示，寄生调幅越小，振幅平稳性越好。

2) 扫频信号的产生

实现扫频的方法很多，有机械扫频、电抗管扫频、磁调制电感扫频和变容二极管扫频等。无论哪种扫频方法，通常对扫频信号都要求：具有足够宽的扫频范围；良好的扫频线性(指扫频信号频率的变化规律和预定的扫频规律之间的吻合程度)；扫频信号的振幅应恒定不变，即振幅平稳性要好。常用的扫频方法有磁调制电感扫频和变容二极管扫频。

图 7-15 为变容二极管扫频振荡器原理图，其中 VT 组成电容三点式振荡器，变容二极管 VD_1、VD_2 与 L_1、L_2 及 VT 的结电容组成振荡回路，C_1 为隔直电容，L_3 为高频扼流圈。调制信号经 L_3 同时加至变容管 VD_1、VD_2 的两端，当调制电压随时间作周期性变化时，VD_1、VD_2 结电容的容量也随之变化，从而使振荡器产生扫频信号。

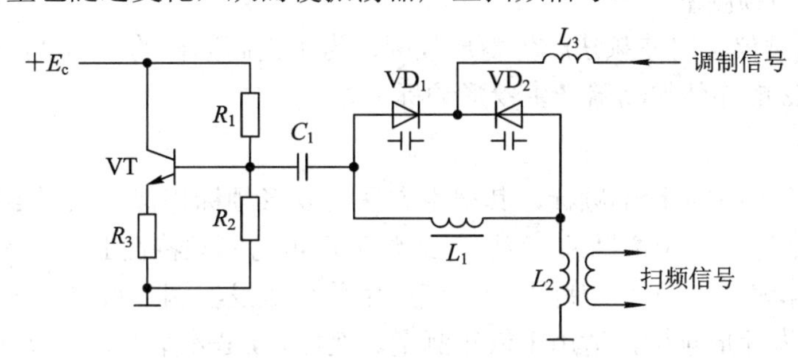

图 7-15　变容二极管扫频振荡器原理图

2．频标产生电路

扫频仪采用在幅频特性曲线上叠加频标的方法进行频率标度。频标包括菱形频标和针形频标两种，一般由差频电路产生。

1) 菱形频标

图 7-16(a)为菱形频标的产生原理图。扫频信号与标准信号的基波、谐波进行混频而得到“零差频”的菱形频标，如图 7-16(b)所示。设标准信号频率为 f_S，则谐波信号源输出信号频率为基波 f_S 及各次谐波 f_{S1}、f_{S2}、f_{S3}、f_{S4}、f_{S5}…。扫频信号与谐波信号源输出信号经混频器混频后，再经低通滤波输出差频信号，由此得到一系列零差点。例如在 $f=f_{S1}$ 处差频

为零，而 f 在 f_{S1} 点附近差频越来越大，由于低通滤波器的选通性，在靠近零差点的幅度最大，两边信号幅度迅速衰减，于是在 $f=f_{S1}$ 处形成“菱形频标”。同理，在 $f=f_{S2}$、$f=f_{S3}$…处也形成菱形频标。菱形频标与幅频特性曲线叠加便出现图 7-16(b)所示的图形，配合标准信号发生器即可读出频标的频率值。

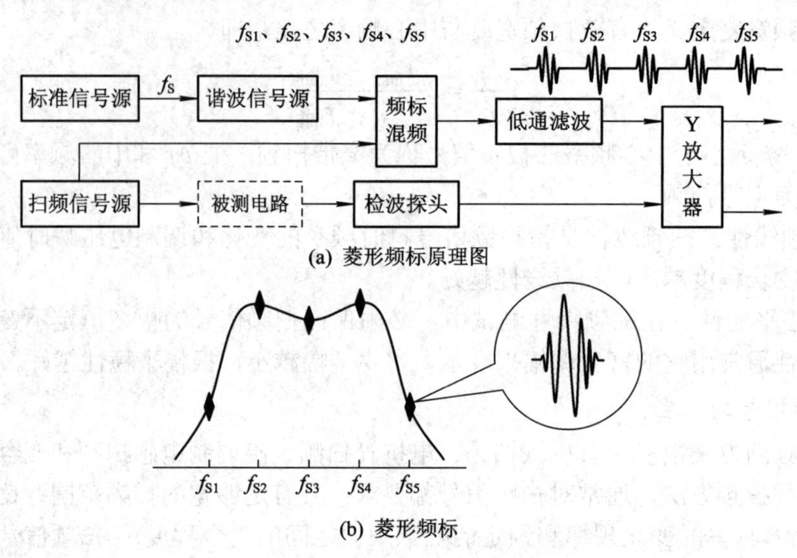

图 7-16　菱形频标产生原理

菱形频标是由低通滤波器对差频信号的选择性而形成的，其选择性不可能无限高，故菱形频标总要占有一定的宽度，只有在特性曲线上占有的宽度相对较窄时，才能形成相对很细的可分辨的频标，否则频标将相互靠近、连接、甚至局部叠加，难以确定频率值。故菱形频标适用于高频测量。

BT-3C 型扫频仪采用差频法产生菱形频标，为了提高频标的准确度，采用频率分别为 1 MHz 和 10 MHz 的晶体振荡器产生菱形频标。

2) 针形频标

在低频扫频仪中常用针形频标，其产生方法与菱形频标相似。利用菱形差频信号触发单稳触发器，使之输出一个窄脉冲，窄脉冲经整形后再与幅频特性曲线在 Y 放大器中叠加，最后出现在幅频特性曲线上。窄脉冲的宽度可由单稳触发器调节得很窄，所以产生的频标形似细针，称之为针形频标，适用于低频测量。例如，BT-4 型低扫频仪即采用针形频标。

第 8 章　标量网络分析仪的使用

学习目标

1. 熟悉 CS36100 系列标量网络分析仪的设置及基本操作。
2. 掌握标量网络分析仪传输特性及反射特性的测量。
3. 了解标量网络分析仪的工作原理。

8.1　概　　述

网络分析仪是研究线性系统的重要工具，用来测量线性系统的振幅传输特性和相移特性。它是射频范围内使用最广泛的电子测量仪器之一，广泛用于甚高频、超高频、极高频范围内各种网络的动态扫频测量，如有源四端网络、无源四端网络、滤波器、电缆、放大器的传输特性和反射特性的测量。

对于不同器件，器件特性的参数表现形式有所不同，如放大器的传输特性，表现为增益；环行器的传输特性，表现为正向传输损耗和反向隔离等。网络分析仪在其工作频率之内，均可对器件的传输和反射特性进行测量。

通信系统和雷达系统中使用了大量的微波器件及微波组件。这些器件和组件都可以通过网络分析仪测量相关的参数。可以测量的器件有：双工器、滤波器、传输线连接器(包括转换接头)、电桥、功率分配器、功率合成器、隔离器、环行器、定向耦合器、衰减器、负载、放大器、混频器、谐振器、微波二极管、射频组件、天线等。

网络分析仪的种类很多。按频率宽度，网络分析仪可分为窄带和宽带；按测量通道，网络分析仪可分为双通道和多通道；按照测量的参数特点，网络分析仪可分为标量网络分析仪和矢量网络分析仪。与标量网络分析仪相比，矢量网络分析仪不仅可以测量信号的幅度参量，同时可以测量相位参量。本章主要讨论标量网络分析仪。

典型的网络分析仪的频率范围如下：

HP-E5100A 型网络分析仪的频率范围：10 kHz～300 MHz。

HP8753C 型网络分析仪的频率范围：300 kHz～3 GHz/6 GHz。

AV-3616X 型网络分析仪的频率范围：10 MHz～8.6 GHz。

AV-3617X 型网络分析仪的频率范围：10 MHz～110 GHz(10 MHz～18 GHz，10 MHz～26.5 GHz 等)。

HP8757C 型网络分析仪的频率范围：10 MHz～110 GHz(10 MHz～20 GHz，10 MHz～

40 GHz 等)。

8.2 CS36100 系列标量网络分析仪的使用

本节以 CS36100 系列标量网络分析仪为例进行介绍。

8.2.1 CS36100 系列标量网络分析仪概述

CS36100 系列标量网络分析仪集信号源和显示部分于一体。信号源部分采用数字频率合成技术，频率分辨率达到 1 Hz。数据处理部分采用数字信号处理器(DSP)和可编程逻辑器件。显示部分采用 7.8 英寸(640 × 480)TFT 液晶显示器。输入为双通道有源检波输入(A、B 通道)和一个直接输入通道(C 通道)，可以同时显示两个通道的测量结果，以及传输特性和反射特性的测试结果。每个通道可提供 5 个标记(MARKER)，存储 6 个测量状态和 12 个测量结果，并可打印输出。

CS36100 系列标量网络分析仪的基本操作包括：

(1) 同轴输出扫频信号。

(2) 设置频标。

(3) 设置参考电平、通道栅格。

(4) 测量网络传输特性和反射特性。

下面以该系列中的 CS36113A 型网络分析仪来进行说明。

8.2.2 CS36113A 标量网络分析仪的使用

1. 同轴输出扫频信号

1) *面板介绍*

CS36113A 型标量网络分析仪的面板按键及其功能如图 8-1 所示。

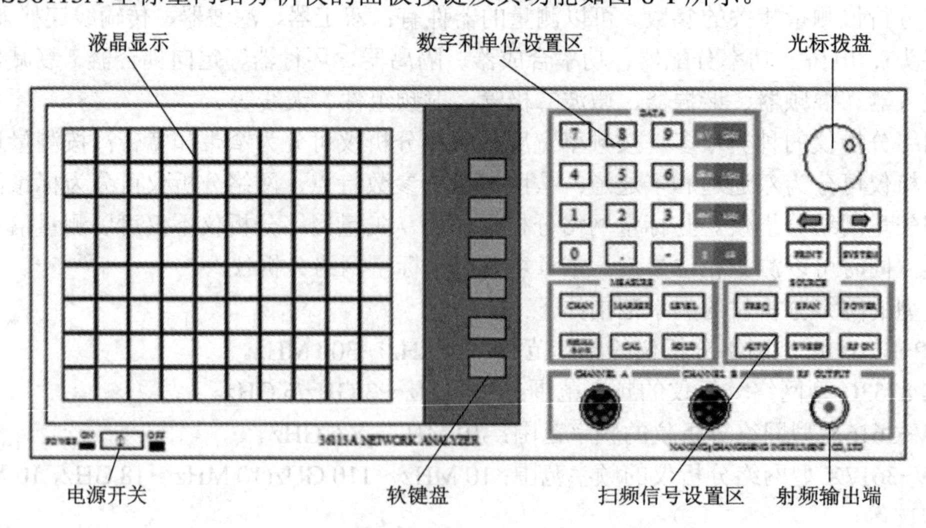

图 8-1 面板按键及其功能

(1) 扫频信号(SOURCE)设置键区。

“FREQ”频率参数按键：在测量时，按此键可进行扫频信号源输出频率范围、扫频带宽、中心频率、扫频/点频输出方式等有关频率参数的设置。

“SPAN”扫频带宽按键：在测量时，按此键可进行扫频信号源扫频带宽参数的快速设置(同 FREQ 下 Span 软键)。

“POWER”信号源输出按键：按此键后可以调节扫频信号源输出电平的大小。

“SWEEP”扫描参数按键：在测量时，按此键可对仪器扫描速度、扫描点数、平均次数、外部触发等有关扫描方式的参数进行选择设置。

“RF ON”射频输出按键：按此键后可以设置射频输出的开和关。

“AUTO”按键：按此键可自动显示通道参考电平线及每格的 dB 数值，使得测量线适当显示在屏幕上。本仪器上该键为空。

(2) 数字和单位设置键区。

“0～9”数字输入按键：用于输入相应的数值数字。在数据输入状态下，按这些键即可输入数字。

“.”小数点按键：用于在输入数据时加入小数点。

“–”负符号按键：用于在输入数据前加入负号。

“GHz/mV”吉赫兹(GHz)/线性(mV)单位按键：输入频率数值时，在确认输入的数字无误后，按此键即确认当前的频率值，并且以“GHz”为单位；输入线性幅度数值时，在确认输入的数字无误后，按此键即确认当前的线性幅度值，并且以“mV”为单位。

“MHz/dBm”兆赫兹(MHz)/对数(dBm)单位按键：输入频率数值时，在确认输入的数字无误后，按此键即确认当前的频率值，并且以“MHz”为单位；输入对数幅度数值时，在确认输入的数字无误后，按此键即确认当前的对数幅度值，并且以“dBm”为单位。

“kHz/dBuV”千赫兹(kHz)/对数(dBuV)单位按键：输入频率数值时，在确认输入的数字无误后，按此键即确认当前的频率值，并且以“kHz”为单位；输入对数幅度数值时，在确认输入的数字无误后，按此键即确认当前的对数幅度值，并且以“dBuV”为单位。

“dB/s”对数(dB)/时间(s)单位按键：输入相对对数幅度数值时，在确认输入的数字无误后，按此键即确认当前的相对对数幅度值，并且以“dB”为单位；输入扫描时间值时，在确认输入数据无误后，按此按键即确认当前的时间值，并且以“s”为单位。

(3) 其他设置。

←光标左移键、退格按键：在更改某些测量参数值时，既可以按数字键直接输入，也可以按此键向左移动数字下的光标及通过拨盘直接更改其中某一位的数值；在用数字键输入任何数值、数字时，如果上一步按键操作输入的数字有误，按此键即可将输入光标退回原位置并将上一步输入的数字删除。

→光标右移按键：在更改某些测量参数值时，既可以按数字键直接输入，也可以按此键向右移动数字下的光标及通过拨盘直接更改其中某一位的数值。

○光标拨盘：在更改某些测量参数值时，既可以按数字键直接输入，也可以结合光标左移右移键，再旋转此拨盘，更改光标处的某一位数值。

软键盘：在液晶显示屏上的功能菜单提示框显示区域中，根据此框内菜单提示，可进行当前功能的相应操作。

2) 操作指导

同轴输出扫频信号的操作步骤如下：

(1) 连接 50 Ω 测试电缆，由同轴输出端输出射频信号。

(2) 由“FREQ”频率参数按键进入频率设置状态。

(3) 由软键盘配合液晶显示屏菜单，选择起始频率和终止频率。

(4) 由数字输入键和单位键设置相应的频率，在更改某些频率数值时，也可以结合光标左移/右移键和光标旋转拨盘来更改光标处的某一位数值。

(5) 由射频输出端输出扫频信号，注意输出电缆应配置相应型号的同轴接头。

例 1 输出扫频信号开始频率(star = 300 MHz)、停止频率(stop = 600 MHz)。

(1) 打开电源开关，按频率参数设置键，在液晶显示屏上即显示频率参数设置功能菜单。

(2) 在液晶显示屏上按 STAR 菜单对应的软键盘，将光标移动到 STAR 菜单，使 STAR 菜单处于激活状态。

(3) 按数字键“3”、“0”、“0”，按单位键“MHz/dBm”，液晶显示屏上的 STAR 菜单处显示“300 MHz”。

(4) 在液晶显示屏上按 STOP 菜单对应的软键盘，将光标移动 STOP 菜单，使 STOP 菜单处于激活状态。

(5) 按数字键“6”、“0”、“0”，按单位键“MHz/dBm”，液晶显示屏上的 STOP 菜单处显示“600 MHz”。

(6) 按射频输出键，输出射频信号。

完成以上操作之后，液晶显示屏的状态如图 8-2 所示。

Freq	
Start	MHz
300.000 000	
Stop	MHz
600.000 000	
Center	MHz
450.000 000	
Span	MHz
300,000 000	
CW	MHz

Start	300.000MHz	Stop	600.000MHz
Start	300.000MHz	Stop	600.000MHz

图 8-2 仪器面板液晶屏显示

注意：如果设置的起始频率小于终止频率，将显示点频。

设置扫描频率时也可以采用下面的步骤：

(1) 按频率参数设置键，在液晶显示屏上打开频率参数设置功能菜单。

(2) 在液晶显示屏上按 Center 菜单对应的软键盘，将光标移动到 Center 菜单，使 Center 菜单处于激活状态。

(3) 按数字键“4”、“5”、“0”，按单位键“MHz/dBm”，液晶显示屏上的 Center 菜单处显示“450 MHz”。

(4) 在液晶显示屏上按 Span 菜单对应的软键盘，将光标移动 Span 菜单，使 Span 菜单处于激活状态。

(5) 按数字键“3”、“0”、“0”，按单位键“MHz/dBm”，液晶显示屏上的 Span 菜单处显示“600 MHz”。

(6) 按射频输出键，输出射频信号。

2. 设置频标

1) 按键介绍

频标设置由面板上的测量功能区按键完成。按键及其功能如图 8-3 所示。

“CHAN”测量通道按键：测量通道 A、B、C，显示测量通道的状态和屏幕上网格的 dB 数。

“MARKER”通道标记按键：显示通道 A、B、C 的标记，以及在屏幕上快速读取频率和相应的参数值。该按键也是通道 A 参考电平线操作键。

“LEVEL”参考电平按键：测量通道 A、B、C 的参考电平、参考位置等。

“RECALL/SAVE”测量数据存储/调出按键：可以将当前的测量状态和结果存入仪器内的存储器内(需要密码)，也可以将存储的状态或者轨迹调出。轨迹的调入不影响测量。操作者可以根据需要保存或者调入 6 个状态、12 个轨迹。

“CALL”仪器校准按键：在此键状态下可选择“通道路径校准”、“电桥校准”等模式，确保测量的准确性。

“HOLD”保持按键：在测量时，按下此键即停止测量，可以进行数据记录等操作，再次按下，则恢复测量状态，切换过程中不改变当前界面的状态。

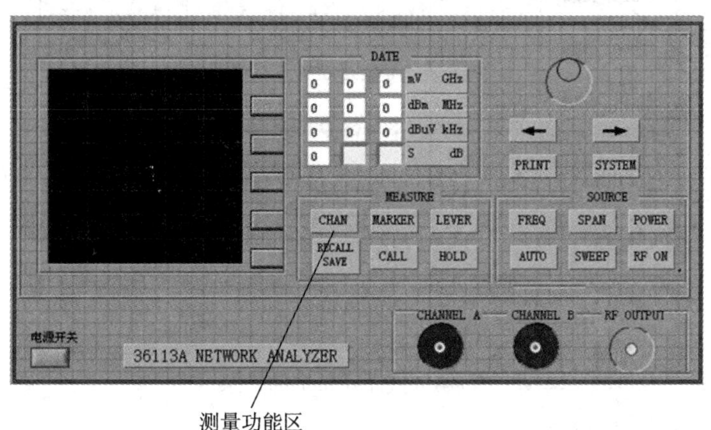

图 8-3　测量功能区按键及其功能

2) 操作指导

(1) 每个测量通道最多打开五个频标；双踪显示时，一共可出现 10 个频标。

(2) 最后一个打开的频率为当前频标，会在通道信息显示区显示其幅值。

(3) 当某个测量通道关闭时，其对应的频标全部关闭。

例 2　设置通道 A 的频标：Marker1 = 600 MHz，Marker2 = 650 MHz，Marker3 = 700 MHz，Marker4 = 750 MHz。

设置过程如下：

(1) 打开电源开关设置频率范围，使 Star = 500 MHz，Stop = 800 MHz。

(2) 按 MARKER 键，在液晶显示屏上出现通道 A、B、C 的标记以及通道 A 参考电平线设置操作的提示。

(3) 在液晶屏上按“Chan A”旁相应的软键盘，进入通道 A 的频标设置状态。

(4) 液晶显示屏上出现“Marker1 OFF”、“Marker2 OFF”……“Marker5 OFF”和“Prior Menu”六个操作提示。

(5) 按“Marker1 OFF”旁相应的软键，Marker1 频标打开，同时显示 500 MHz 以及该频率点的衰减量(dB)。

(6) 按数字键“6”、“0”、“0”，按单位键“MHz/dBm”，液晶显示屏上 Marker1 处显示 600 MHz 以及频率点的衰减量(××××dB)。

(7) 同理，将 Marker2、Marker3 和 Marker4 分别设置为 650 MHz、700 MHz 和 750 MHz。

(8) 按“Prior Menu”旁相应的软键，返回上级菜单。

以上的操作步骤及液晶显示屏的状态如图 8-4 及图 8-5 所示。

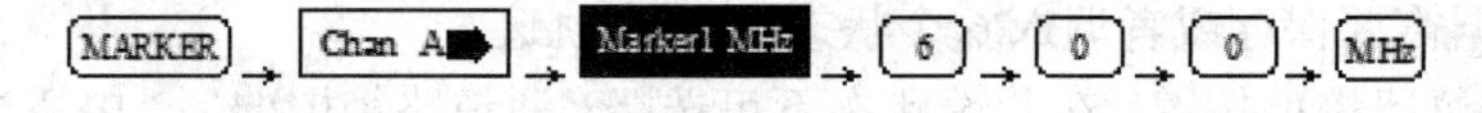

图 8-4　操作按键顺序

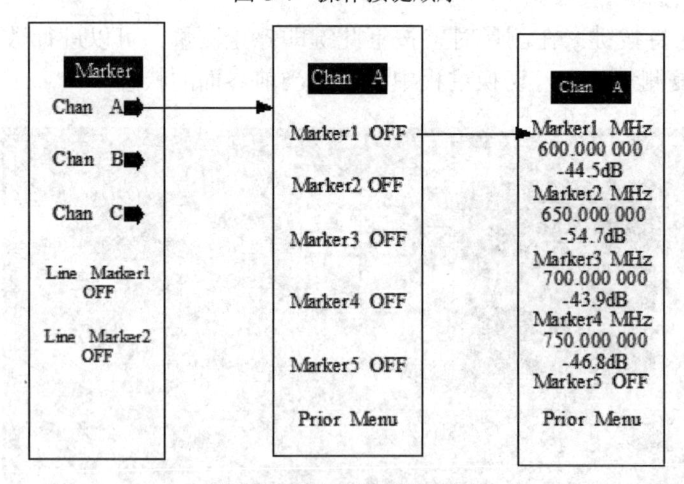

图 8-5　液晶显示屏的状态

3．设置参考电平及通道栅格

1) 面板按键功能

设置参考电平及通道栅格主要由“LEVEL”参考电平按键和“CHAN”测量通道按键

来完成。

2) 操作指导

(1) 参考电平的位置可以在中间 7 根栅格线之间进行顺序切换。

(2) 通道参考电平以其位置作为基准。

(3) 通道栅格幅值的设置范围在 1 dB～10 dB 之间。

例 3 设置通道 A 的参考电平值为-40 dB，栅格幅值为 10 dB/div。

(1) 打开电源开关，按“LEVEL”参考电平键，在液晶显示屏上显示参考电平设置功能菜单。

(2) 在液晶显示屏上按菜单“A Ref Level”旁对应的软键盘，使光标落在“A Ref Level”上，呈现激活状态。

(3) 按负符号键“–”;，数字键“4”、“0”，按对数/时间单位键“dB/s”，使液晶显示屏上的“A Ref Level”菜单下显示“–40 dB”。

(4) 按“CHAN”测量通道键，在液晶显示屏上出现通道切换界面。

(5) 按“A Scale/div”菜单旁相应的软键盘，光标移至通道 A 的栅格幅值设置处，状态被激活。

(6) 按数字键“1”、“0”，按对数/时间单位键“dB/s”，使“A Scale/div”菜单下显示“10 dB/div”，如图 8-6 所示。

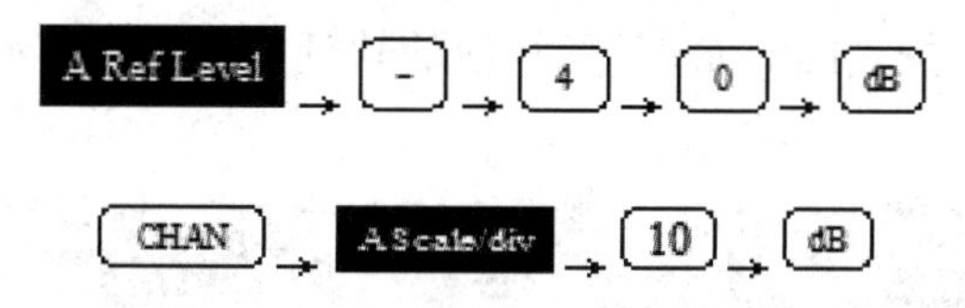

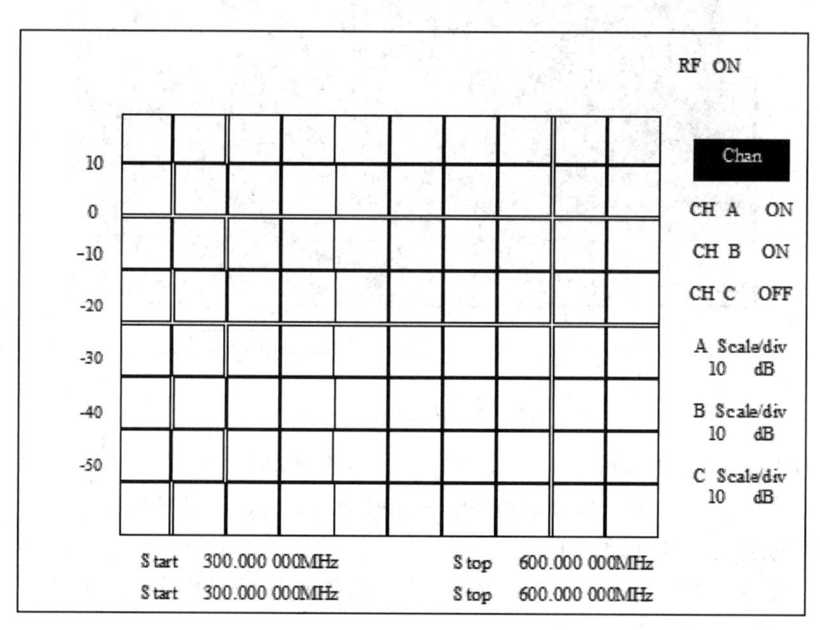

图 8-6 参考电平设置及显示

4．测量网络传输特性和反射特性——校准

1) 面板按键功能

测量网络传输特性和反射特性主要由“CALL”仪器校准按键和“CHAN”测量通道按键完成。

2) 操作指导

(1) 测量网络特性参数时，需要对用户的线缆进行校准。

(2) 在测量通道 A 时，应进行传输通道的路径校准；在测量通道 B 时，应进行电桥校准。

(3) 校准其中一个通道时，其他通道必须关闭。

例 4 校准通道 A 的线缆，确定传输特性的测量基准。

(1) 打开电源开关，设置频率范围：Star = 500 MHz，Stop = 800 MHz。

(2) 检查通道 A、B、C 的开、关的状态，通常情况下，打开电源开关时，通道 A 为开的状态，通道 B、C 为关的状态。

(3) 将电缆线从网络分析仪的射频输出端，依次连接同轴电缆线、检波器电缆线，再连接通道 A，如图 8-7 所示。通常同轴电缆线和检波器电缆线都为阳头，故二者之间需接双阴连接器。

(4) 按“CALL”仪器校准键，在液晶显示屏上显示“Path Cal”和“Bridae Cal”菜单，选择“通道路径校准”，按“Path Cal”旁相应的软键盘，液晶显示屏上将显示通道路径校准的界面。

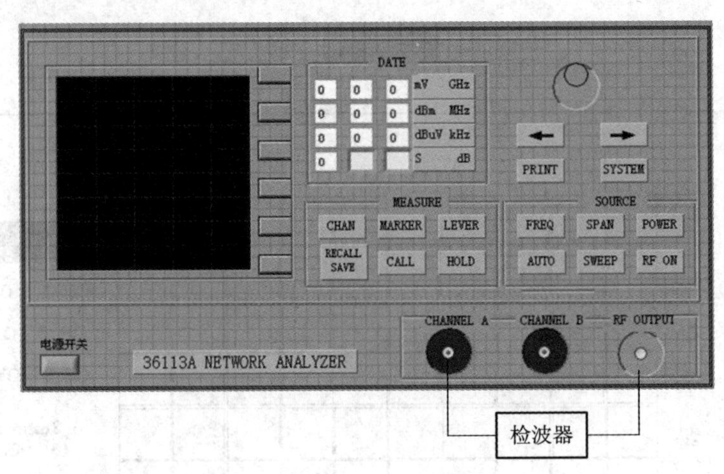

图 8-7 传输通道连接图

例 5 校准通道 B 的线缆，确定反射特性的测量基准。

(1) 打开电源开关，设置频率范围 Star = 500 MHz，Stop = 800 MHz。

(2) 关闭通道 A，打开通道 B。

(3) 将电缆线从网络分析仪的射频输出端，依次连接同轴电缆线、驻波电桥和检波器电缆线，再连接通道 B，如图 8-8 所示。

(4) 按“CALL”仪器校准键，在液晶显示屏上显示“Path Cal”和“Bridge Cal”菜单，选择“电桥校准”，按“Bridge Cal”旁相应的软键盘，液晶显示屏上将显示电桥校准的提示界面。

(5) 按“dB/s”键，依次进行开路校准和加载校准。

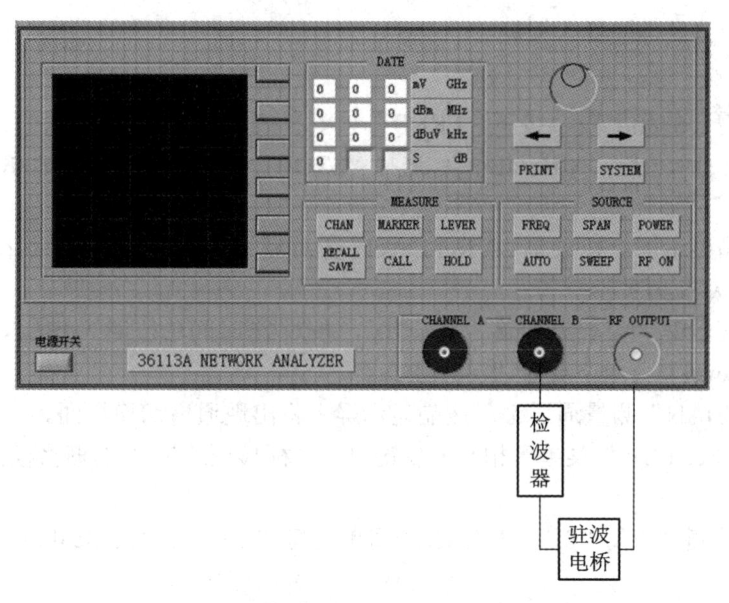

图 8-8 反射通道连接图

5. 操作练习(标量网络分析仪设置练习)

(1) 同轴输出扫频信号(注意：起始频率、终止频率、中心频率、扫频带宽、点频率的设置)。

① 输出扫频信号：Star = 800 MHz，Stop = 1200 MHz。

② 输出扫频信号：Center = 1000 MHz，Span = 400 MHz。

③ 输出 900 MHz 点频率。

(2) 设置频标。

① 设置通道 A 的频标：Marker1 = 820 MHz，Marker2 = 860 MHz，Marker3 = 915 MHz，Marker4 = 965 MHz。

② 打开通道 B，观测相应的频标。

(3) 设置参考电平及通道栅格。

① 设置通道 A 的通道栅格为 1 dB/div。

② 设置通道 A 的参考电平为−4 dB。

③ 设置通道 B 的通道栅格为 5 dB/div。

④ 设置通道 B 的参考电平为−40 dB。

(4) 校准网络传输和反射通道。

① 设置扫频信号。

② 连接通道 A，进行通道 A 的路径校准。

③ 连接通道 B，进行通道 B 电桥的校准。

注意：校准通道 A 或 B 时，需要保证另一个通道已经关闭。

8.2.3 CS36113A 型标量网络分析仪的应用

1．测量微波元件的插入损耗

1) 操作步骤

(1) 设置需要的频率段。按下“FREQ”频率参数键，选择“STAR”开始频率，输入500，按下对应的单位键“MHz/dBm”；选择“STOP”截止频率，输入 800，按下对应的单位“MHz/dBm”。

(2) 在液晶显示屏上按菜单“A Ref Level”旁对应的软键盘，使光标落在“A Ref Level”上，呈现激活状态。

(3) 按负符号键“-”，数字键“4”、“0”，按对数/时间单位键“dB/s”，使液晶显示屏上的“A Ref Level”菜单下显示“-40 dB”。

(4) 按“CHAN”测量通道键，液晶显示屏上将出现通道切换界面。

(5) 按“A Scale/div”菜单旁相应的软键盘，光标移至通道 A 的栅格幅值设置处，状态被激活。

(6) 按数字键“1”、“0”，按对数/时间单位键“dB/s”，“A Scale/div”菜单下显示“10 dB/div”。

(7) 确认测量通道 B 关闭，按“CALL”测量通道键，在液晶显示屏上显示“Path Cal”和“Bridae Cal”菜单，选择“通道路径校准”，按“Path Cal”旁相应的软键盘，完成传输通道的路径校准。

(8) 将待测元件接入传输通道中，面板上将显示传输特性曲线，如图 8-9 所示。

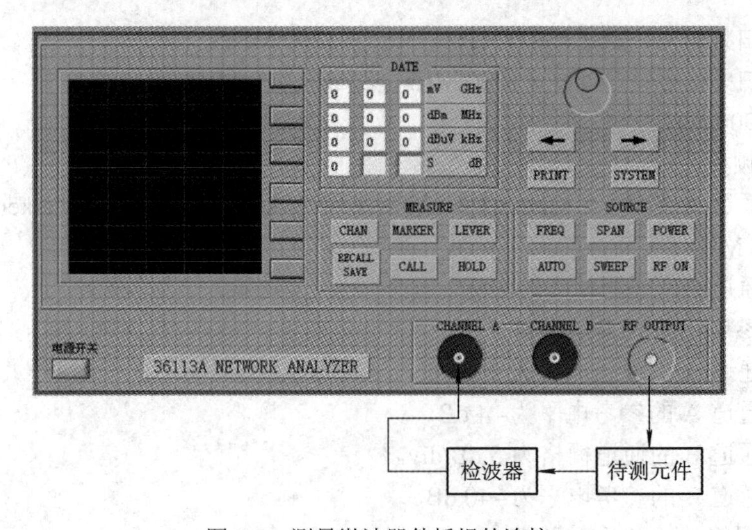

图 8-9 测量微波器件插损的连接

2) 操作指导

(1) 测量网络特性参数时，需要对用户的线缆进行校准。

(2) 在测量通道 A 时，应进行传输通道的路径校准，并同时确认通道 B 关闭。

(3) 根据显示的曲线，适当选择通道 A 的栅格幅值。

2．测量微波元件的反射特性测量

1) 操作步骤

(1) 设置频率范围：Star = 500 MHz，Stop = 800 MHz。

(2) 关闭通道 A，打开通道 B。

(3) 将电缆线从网络分析仪的射频输出端，依次连接同轴电缆线、驻波电桥和检波器电缆线，再连接通道 B，如图 8-10 所示。

(4) 按“CALL”测量通道键，液晶显示屏上显示“Path Cal”和“Bridge Cal”菜单，选择“电桥校准”，按“Bridge Cal”旁相应的软键盘，液晶显示屏上将显示电桥校准的提示界面。

(5) 按“dB/s”键，依次进行开路校准和加载校准。

(6) 将待测元件的一个输入端与驻波电桥的测量端相连，其他输入端接匹配负载，液晶显示屏上将显示反射特性曲线。

(7) 依次测量其他端口的反射特性。

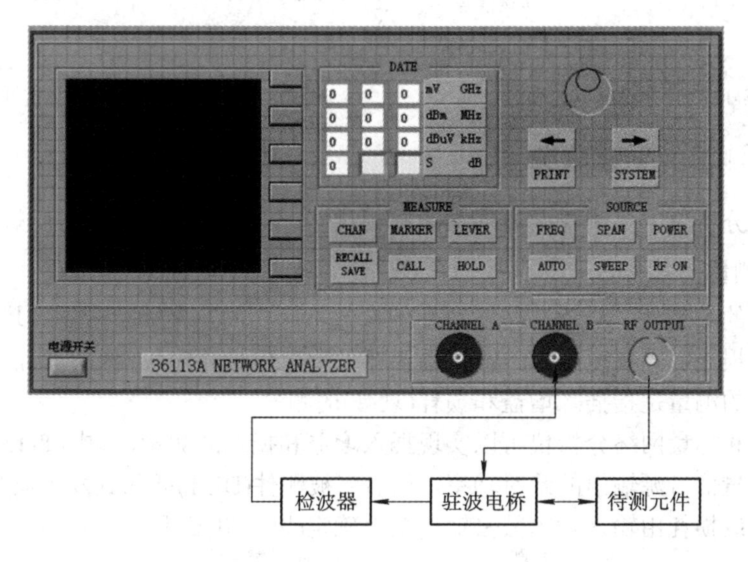

图 8-10　测量微波器件反射参数的连接图

2) 操作指导

(1) 测量网络反射特性参数时，需要对用户的线缆进行校准。

(2) 在通道 B 测量反射特性参数时，应进行通道路径校准，并确认通道 A 关闭。

(3) 测量两个端口以上网络的反射特性时，需对每一个端口分别测量。

(4) 测量一个端口的反射特性时，其他端口接匹配负载。

(5) 根据显示的曲线，适当的选择通道 B 的栅格幅值。

8.3　标量网络分析仪的工作原理

网络分析仪是通过测定微波网络的反射参数和传输参数，从而对网络中元器件特性的全部参数进行全面描述的测量仪器。网络分析仪分为标量网络分析仪与矢量网络分析仪。

标量网络分析仪只测量线性系统的幅度信息，矢量网络分析仪可同时进行幅度传输特性和相位特性测量。

射频信号在器件中的传输如图 8-11 所示。射频信号输入到某个器件(DUT)中都会产生相应的反射和传输。每个器件在工作状态下，其传输信号和反射信号的大小和相位都是不同的。如图 8-12 所示，当负载阻抗与器件的特性阻抗相同时，传输线上只有正向传输信号，输出到负载上的信号功率达到最大，称为全匹配。当器件的输出端开路或者短路时，所有输入的信号功率被反射到入射端造成全反射。发生全反射时，输入端同时存在正向输入信号和同功率的反射信号，两个信号在输入端上矢量相加，形成驻波。当负载阻抗与器件输出端的阻抗不同时，输入信号的一部分被反射，反射信号和输入信号在输入端上矢量相加，引起波形包络的起伏变化。

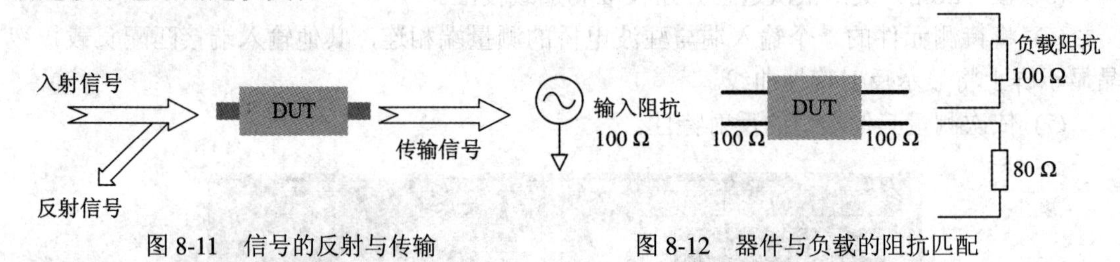

图 8-11　信号的反射与传输　　　　图 8-12　器件与负载的阻抗匹配

8.3.1　标量测量的主要内容

标量网络分析仪主要测量微波网络的幅频特性，也包括传输测量与反射测量。

1．传输测量

对于不同的被测件，描述其传输特性的参数不尽相同，例如：带宽、增益、衰减、插入损耗、传输损耗、隔离度等。传输特性为器件输出信号和输入信号的比值。

传输参数的测量是指插入增益和损耗(衰减)的测量。

用信号源和标量网络分析仪可以实现插入增益和损耗的测量，如图 8-13 所示。用标量网络分析仪测量信号源输出的绝对功率，然后将被测件(DUT)插入到发生器与检波器之间，被测件的增益或损耗由输入功率减去输出功率确定(以分贝表示)。

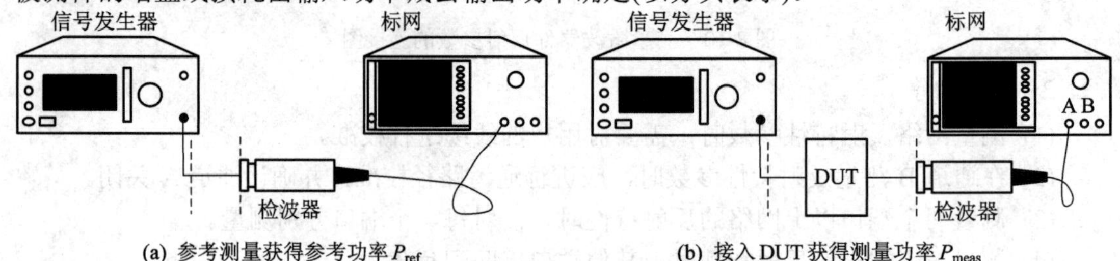

(a) 参考测量获得参考功率 P_{ref}　　(b) 接入 DUT 获得测量功率 P_{meas}

图 8-13　传输特性的测量

图中：P_{ref} 为参考功率，P_{meas} 为在 DUT 输出端测到的功率。

$$\text{插入损耗} = 10\lg\frac{P_{\text{ref}}}{P_{\text{meas}}}\,(\text{dB})$$

或

$$\text{插入增益} = 10\lg\frac{P_{\text{meas}}}{P_{\text{ref}}}\,(\text{dB})$$

2. 反射测量

反射特性为器件反射信号和入射信号的比值。

1) 反射特性的三个基本概念

(1) 反射系数：反射信号电压与入射信号电压的比值，包含幅度和相位。

$$\Gamma = \frac{U_{反射}}{U_{入射}} = \rho\angle\varphi$$

式中，ρ 为标量反射系数。

(2) 回波损耗：表示传输信号被反射到发送端的比例。

回波损耗为反射信号功率与入射信号功率的比值。一个特定系统的回波损耗是以分贝表示的标量反射系数：

$$\mathrm{RL} = -20\lg\rho\ (\mathrm{dB})$$

(3) 驻波比：在信号为正弦信号的情况下，入射电压与反射电压都是正弦波，当它们交汇时，在传输上分为正、反两个方向进行，产生的某种干涉图形如图 8-14 所示。

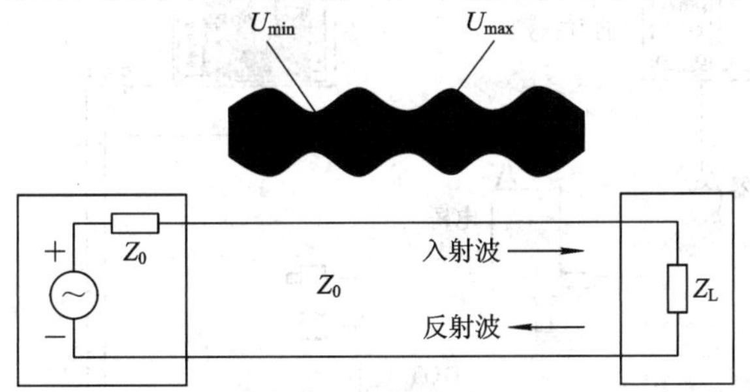

图 8-14　在传输线上入射波与反射波叠加形成驻波

当传输线上存在反射现象时，在传输线上就会出现由入射波和反射波叠加而形成的驻波，驻波存在波腹和波节，也称波峰和波谷。形成的包络固定为正弦波，波峰为 U_{max}，波谷为 U_{min}，包络的最大值与最小值之比为电压驻波比(USWR)或简称驻波比(SWR)。

2) 反射参数测量原理

常用的反射参数测量手段有定向电桥和定向耦合器两种，如图 8-15 所示。它们用来分离沿传输线或被测器件端口的入射电压或反射电压。二者功能相同，但采用的技术不同，统称为定向器件。

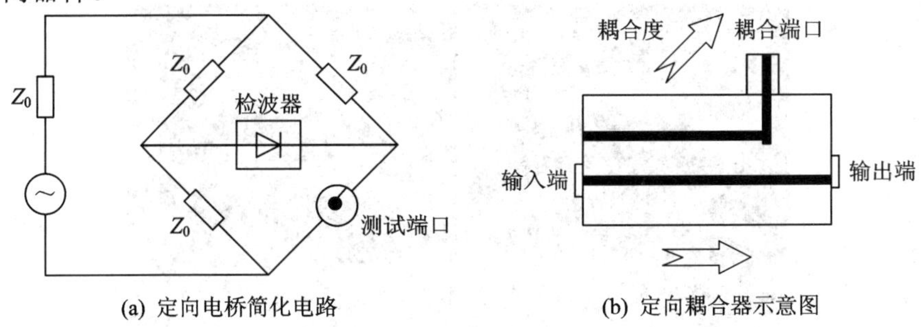

(a) 定向电桥简化电路　　(b) 定向耦合器示意图

图 8-15　定向器件

对于定向电桥，当测试端口所接的负载阻抗等于 Z_0 时，电桥处于平衡状态，检波器检测到的电压为 0，这表明输入与输出完全隔离，不存在反射波。当负载阻抗不等于 Z_0 时，电桥失衡，检波电压与负载的反射系数成正比，也称为反射电桥。图 8-16 为反射电桥实物与结构示意图。

(a) 反射电桥实物

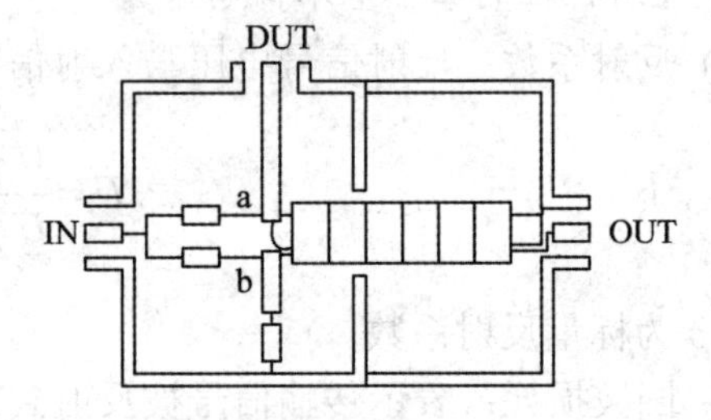

(b) 反射电桥结构示意

图 8-16　反射电桥实物与结构示意图

3) 反射参数测量系统

标量网络分析仪与定向电桥(或定向耦合器)可组成标量反射测量系统，如图 8-17 所示。

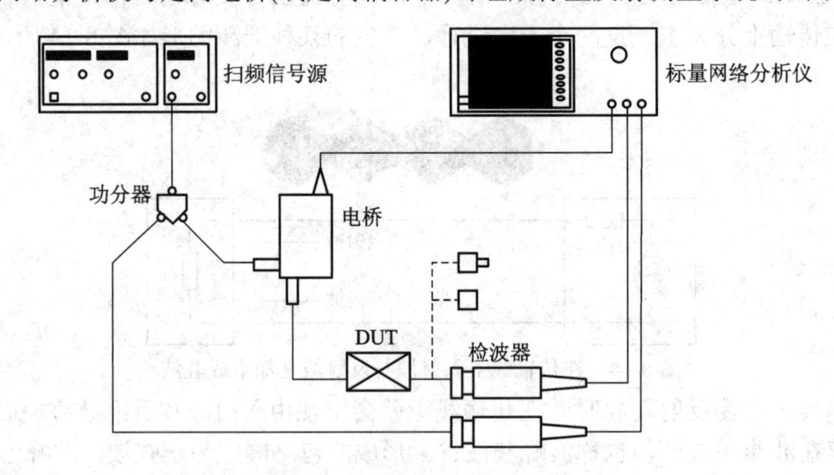

图 8-17　标量反射测量系统

在测试端口接被测件前，首先进行开/短路校准，即反射测量归一化。

以反射电桥为例，电桥 DUT 端分别接开路器和短路器，如图 8-18 所示，显示器上应显示一条基本水平的扫描线，且开路和短路扫描线的位置基本不变。根据实际使用的设备的功能操作，以这条扫描线为测量 DUT 端口的基准参照，100%反射，0 dB 回损，驻波比无穷大。

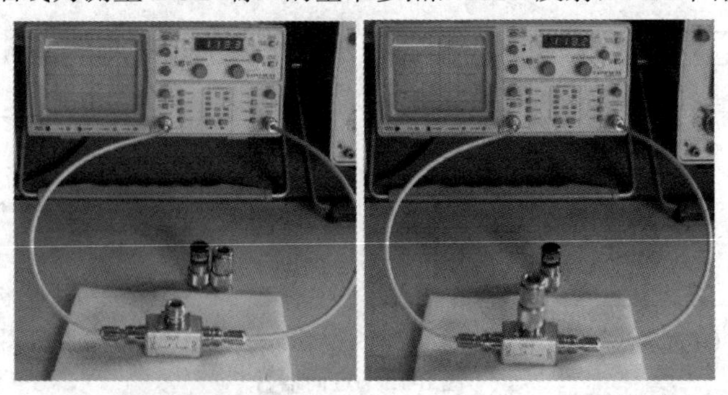

(a) 开路测试　　(b) 短路测试

图 8-18　反射电桥的开短路测试

8.3.2　标量网络分析仪的组成

标量网络分析仪的组成框图如 8-19 所示。

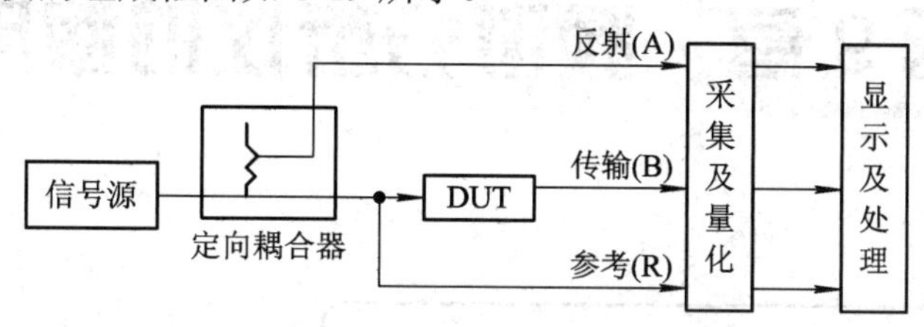

图 8-19　标量网络分析仪组成框图

射频信号源向被测网络提供入射信号和扫频信号；定向耦合器专门负责提取输入端反射信号；采集及量化部分将搜集的传输(B)或反射信号(A)与参考信号(R)进行比较；显示及处理部分对比较的结果进行处理，显示被测网络的频率特性曲线。

一体化标量分析系统内置高精度的扫频信号源，但没有集成信号分离部件，所以标量网络分析仪通常外配信号分离部件，如功率分配器、定向耦合器、定向电桥。

标量网络分析仪利用外部的二极管检波，所以标量网络分析仪需要外配检波器。完整的测量系统还应包括校准件、连接电缆、衰减器、转接器和连接被测件的各种转换装置。

第 9 章　频谱分析仪的使用

学习目标

1. 学会 GSP-827 型频谱分析仪的使用。
2. 掌握频谱分析仪的工作原理。
3. 了解频谱分析仪的工作特性。

9.1 概　　述

1. 信号的定义及种类

信号的概念广泛出现于各领域中，这里所说的信号均指电信号。按照信号随时间变化的特点，可分为确定信号与随机信号、连续时间信号与离散时间信号、周期信号与非周期信号。

科学发展到今天，我们可以用许多方法测量一个信号，不管它是什么信号。通常所用的最基本的仪器是示波器，用来观察信号的波形、频率、幅度等。但信号的变化非常复杂，许多信号是用示波器检测不出来的，如果我们要恢复一个非正弦波信号 F，从理论上来说，它是由频率为 f_1、电压为 U_1 的信号与频率为 f_2、电压为 U_2 的信号的矢量迭加(见图 9-1)。从分析手段来说，示波器的横轴表示时间，纵轴表示电压幅度，曲线是表示随时间变化的电压幅度，这是时域的测量方法。如果观察其频率的组成，就要用频域法，其横坐标为频率，纵轴为功率幅度。这样，我们就可以看到在不同频率点上功率幅度的分布，就可以了解这两个(或是多个)信号的频谱。有了这些单个信号的频谱，我们就能把复杂信号再现、复制出来。

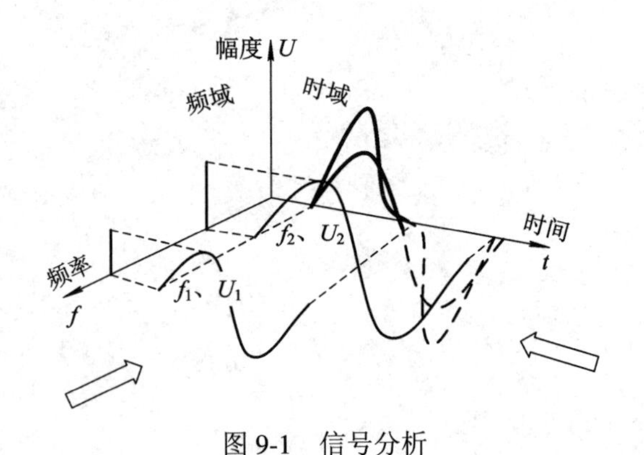

图 9-1　信号分析

从技术实现来说，目前采用两种方法对信号频率进行分析。

一种方法是对信号进行时域的采集，然后对其进行傅立叶变换，将其转换成频域信号。我们把这种方法叫做动态信号的分析方法。该方法的特点是比较快，有较高的采样速率和分辨率，即使是两个信号间隔非常近，用傅立叶变换也可将它们分辨出来。但由于其分析是用数字采样，所能分析信号的最高频率受其采样速率的影响，故限制了对高频的分析。

目前来说，最高的分析频率只是在 10 MHz 或是几十兆赫，也就是说其测量范围是从直流到几十兆赫，这是一种矢量分析方法。这种分析方法一般用于低频信号的分析，如声音、振动等。

另一方法的原理则不同。它是靠电路的硬件去实现的，而不是通过数学变换，它采用超外差接收机的工作方式，称为超外差接收直接扫描调谐分析仪，简称为扫描调谐分析仪，这也是本章主要介绍的一种仪器。

2．频谱及频谱测量

广义上，信号频谱是指组成信号的全部频率分量的总集；狭义上，一般的频谱测量中常将随频率变化的幅度谱称为频谱。

频谱测量即在频域内测量信号的各频率分量，以获得信号的多种参数。频谱测量的基础是傅立叶变换。

3．频谱的基本类型

频谱的基本类型包括：离散频谱(线状谱)，即各条谱线分别代表某个频率分量的幅度，每两条谱线之间的间隔相等；连续频谱，可视为谱线间隔无穷小，如非周期信号和各种随机噪声的频谱。

4．周期性信号的频谱特性

(1) 离散性：频谱是离散的，由无穷多个冲激函数组成。

(2) 谐波性：谱线只在基波频率的整数倍上出现，即谱线代表的是基波及其高次谐波分量的幅度或相位信息。

(3) 收敛性：各次谐波的幅度随着谐波次数的增大而逐渐减小。

5．信号频谱分析的内容

通常频谱分析是以傅立叶分析为理论基础的，可对不同频段的信号进行线性或非线性分析。信号频谱分析的主要内容包括两部分：

(1) 对信号本身的频率特性分析，如对幅度谱、相位谱、能量谱、功率谱等进行测量，从而获得信号在不同频率处的幅度、相位、功率等信息。

(2) 对线性系统非线性失真的测量，如测量噪声、失真度、调制度等。

9.2　GSP-827 型频谱分析仪的使用

9.2.1　GSP-827 型频谱分析仪

1．面板介绍

GSP-827 型频谱分析仪的面板结构如图 9-2 所示。

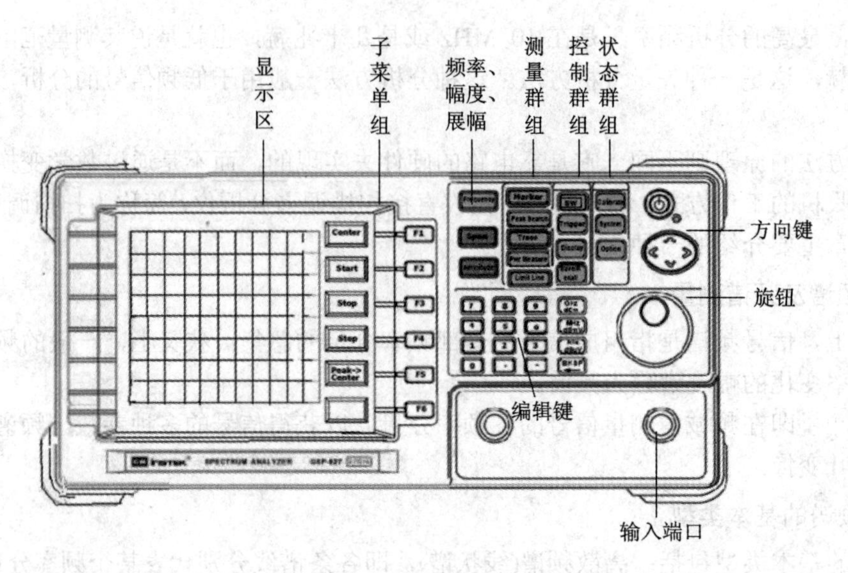

图 9-2　GSP-827 频谱分析仪面板结构

2．面板主要按键介绍

按下下列各按键，屏幕上就会出现 F1～F6 的相关子菜单，下面简单介绍。

(1) Frequency(频率功能)按键：可以通过数字键盘、上/下方向键、旋钮输入频率值。相关子菜单如下：

• Center(中心频率)：可设置中心频率的大小。

• Start(开始频率)：可设置扫频信号范围的起始频率。

• Stop(截止频率)：可设置扫频信号范围的停止频率。

• Step(步进)：选用上/下方向键调整频率时，每一步频率调整的大小由“Step”键控制。

• Peak→Center：在显示器上找到峰值信号，然后改变中央频率为峰值信号的频率。

(2) Span(扫频宽度)：界定测量的频率范围(即扫频信号的范围，该键的使用必须与“Center”键配合)。相关子菜单如下：

• Full Span(全展幅)：设定为开始频率为零，结束频率为 2700 MHz。

• Zero Span (零展幅)：会停止频率扫描并停留在中央频率的位置，也就是只测量中央频率。

• Last Span：回到最后设定的频宽。

(3) Amplitude (振幅)按键：用来设置扫频信号的幅度，同样可以通过数字键盘、上/下方向键、旋钮输入。相关子菜单如下：

• Ref Level(参考准位)：在显示器的最上层，建议信号的大小在 RefLeve 之下，以得到较精确的准位。

• Scale(刻度)：以 10—5—2—1 的顺序切换刻度，注意精确度不会随着不同刻度而改变，此为图像放大功能。

• Unit(单位)：包括 dBm、dBuv、dBmv 和 dBm/Hz。

(4) BW(频宽)按键：所有功能都有自动模式和手动模式，在自动模式下，这些参数都与 Span 互有关联，也就是说，在不同的 Span 设定下，机器会自动选择适当的 RBW(射频带宽)和 VBW(视频带宽)组合。相关子菜单如下：

- RBW(射频带宽)：在手动模式下，可选择 3 kHz、30 kHz、300 kHz、4 MHz。
- VBW(视频带宽)：在手动模式下，以 1～3 的顺序在 10 Hz～1 MHz 之间选择。
- SwpTm(扫描时间)：直接输入时，最少为 100 ms。

(5) Marker(光标)：可用来分析具体的频率和幅度。本机提供两种光标操作模式：单一光标模式和多种光标模式。多种光标模式可以开启高达 10 个光标，“Markers→Peaks”功能可使光标去寻找峰值信号，并将测量的频率和幅度显示在光标列表上。

(6) Peak Search(峰值搜索)：使用光标寻找峰值信号。相关子菜单如下：

- To Peak：按下此键，屏幕上会出现一个峰值标记信号，此信号会出现在第一个峰值信号上。
- Next Peak：标记自动跳到下一个峰值信号上。
- Peak Right：标记右移。
- Peak Left：标记左移。
- Mark to Center：标记移动到中心位置的谱线上。

该频谱仪上还设有一些其他按键，可参照说明书进行了解。

3. 主要按键说明

GSP-827 型频谱仪的主要按键包括 Frequency 频率控制、Span 展幅控制、Amplitude 振幅控制。

1) Frequency 频率控制

Frequency 频率控制的功能菜单如图 9-3 所示。

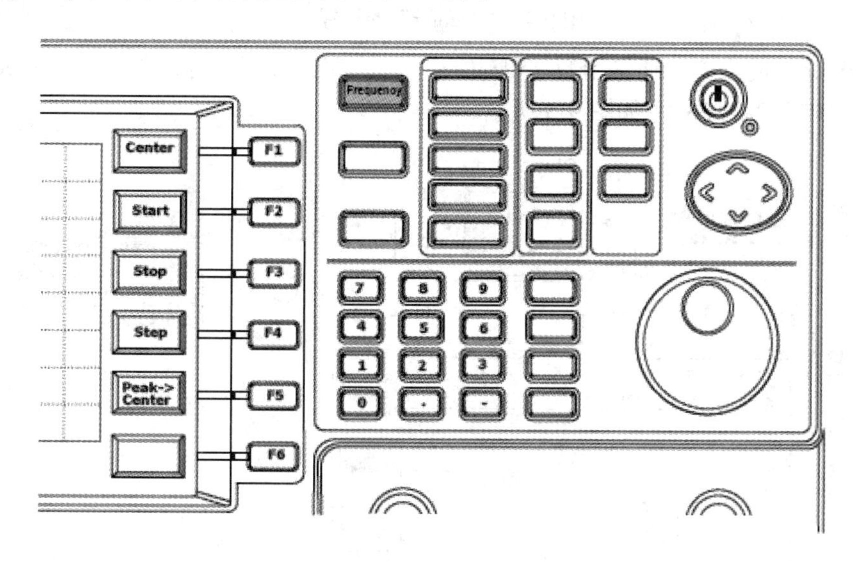

图 9-3 “Frequency”功能菜单

测量频率时有两种设置方法：“Center/Span”和“Start/Stop”。

Span 表示测量的频宽，在不知道测试频率时，通常使用“Center/Span”；在特定的测试频率中使用“Start/Stop”。

下面介绍具体操作。

如图 9-4 所示，“Center”设置如下：

(1) 可直接用数字键设定。

(2) 可用上/下方向键，向上或向下调整频率，每一调整步阶的频率大小已由“Step”功能设定。

(3) 调节旋钮以调整中心频率，每一调整步阶为频宽的 1/500。

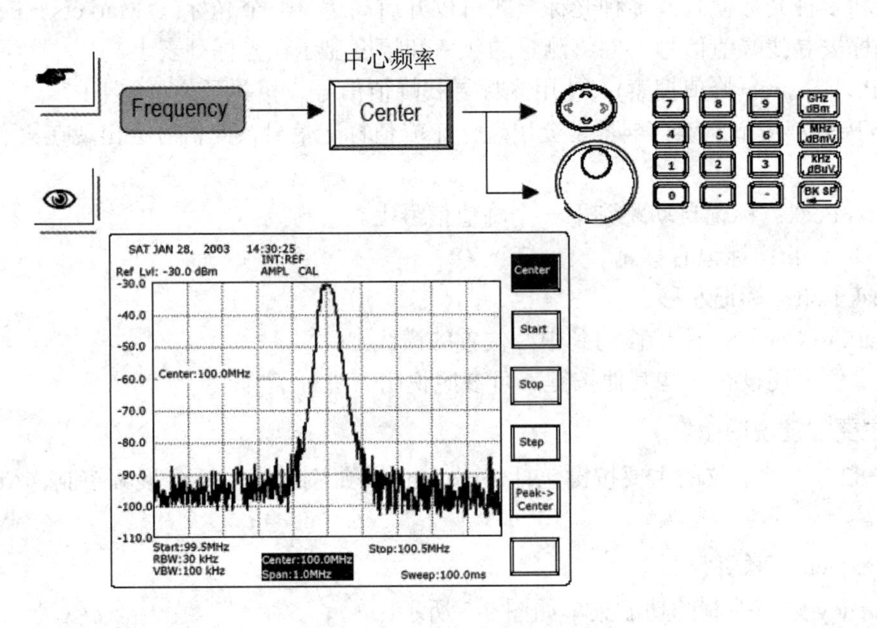

图 9-4 “Center”的设置

“Start/Stop”的设置，通常用数字键输入，也可通过上/下方向键和旋钮来完成，分别对应子菜单“F2”和“F3”，如图 9-5 所示。

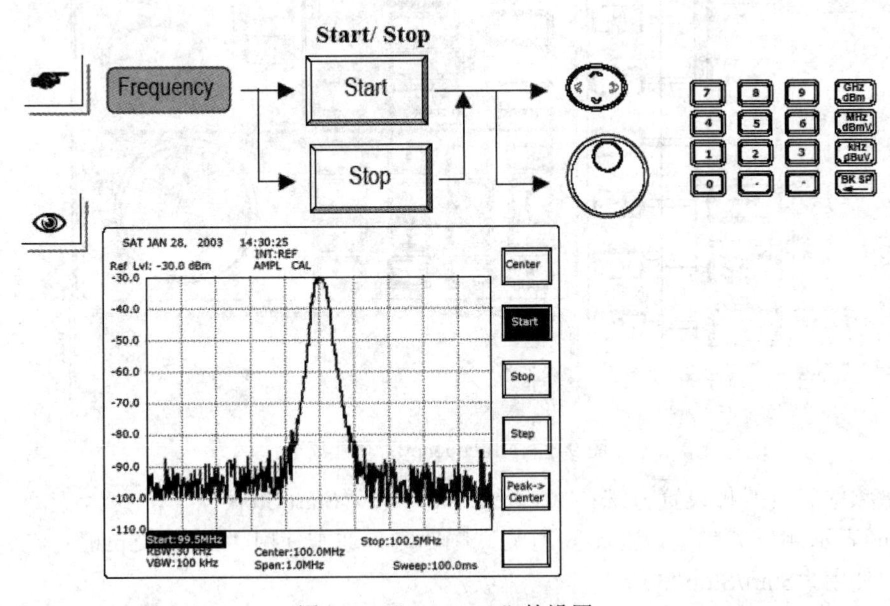

图 9-5 “Start/Stop”的设置

“Peak→Center”用于找到峰值信号的频率，然后改变中心频率为峰值频率，对应子菜单“F5”如图 9-6 所示。执行这个功能时，不是所有光标都能被开启。

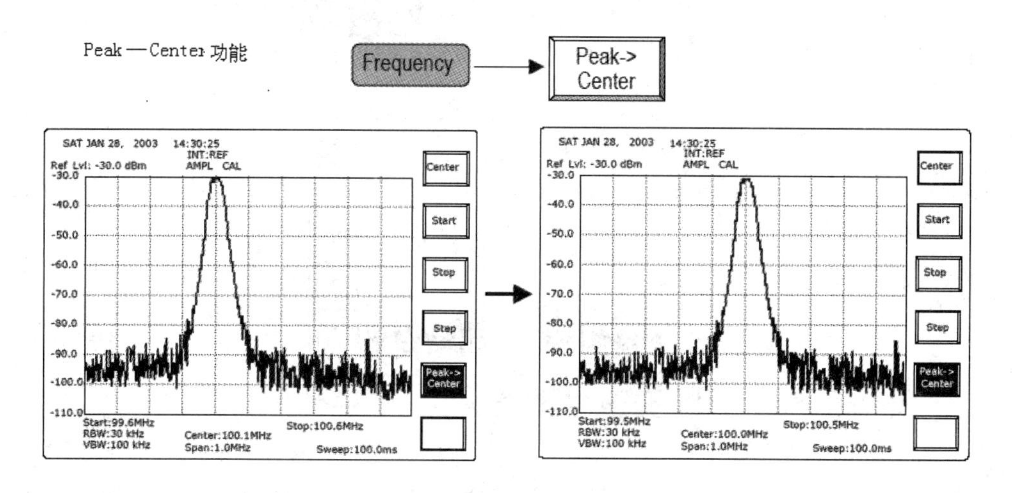

图 9-6　“Peak→Center”的操作

2) Span 展幅控制

Span 展幅控制的功能菜单如图 9-7 所示。

“Span”下又可分为以下几种功能：

(1) Full Span(全展幅)：设定为 2700 MHz，也就是开始频率为 0，结束频率为 2700 MHz，对应子菜单“F2”。

(2) Zero Span(零展幅)：停止频率扫描并停留在中心频率的位置，也就是只测量中心频率，对应子菜单“F3”。

(3) Last Span(末展幅)：最后一次的展幅，对应子菜单“F4”。

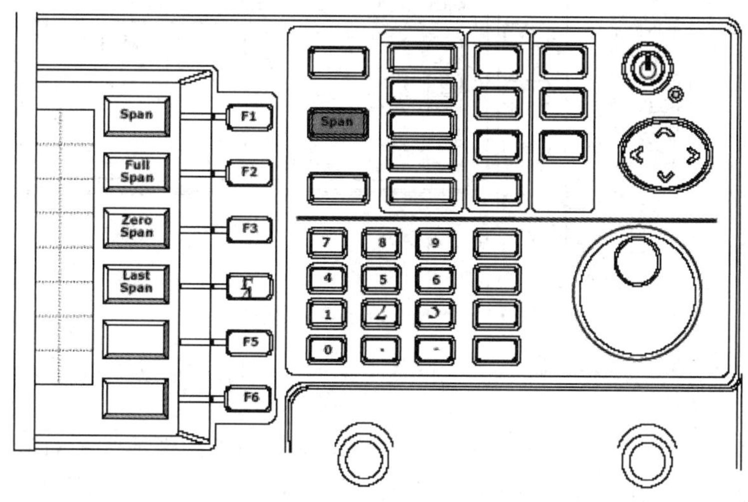

图 9-7　“Span”功能菜单

"Span"的具体操作如图 9-8 所示。

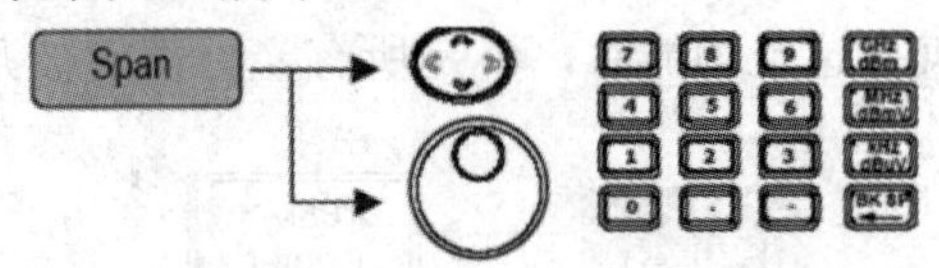

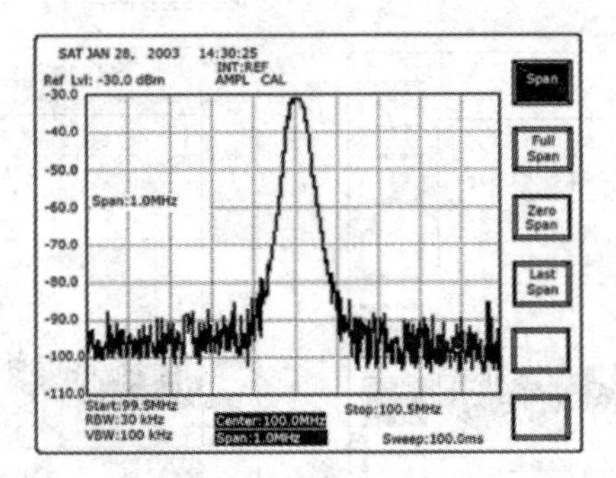

图 9-8 "Span"的操作

"Span"(展幅)通过上/下方向键和旋钮，以 1—2—5 的顺序进行调节，如 1 MHz、2 MHz、5 MHz、10 MHz、20 MHz、50 MHz……在 1 kHz 之前频宽为 0，在 2.5 GHz 之后为 2.7 GHz。

若要进行编辑，则可用数字键直接输入。

3) Amplitude 振幅控制

Amplitude 振幅控制的功能菜单如图 9-9 所示。

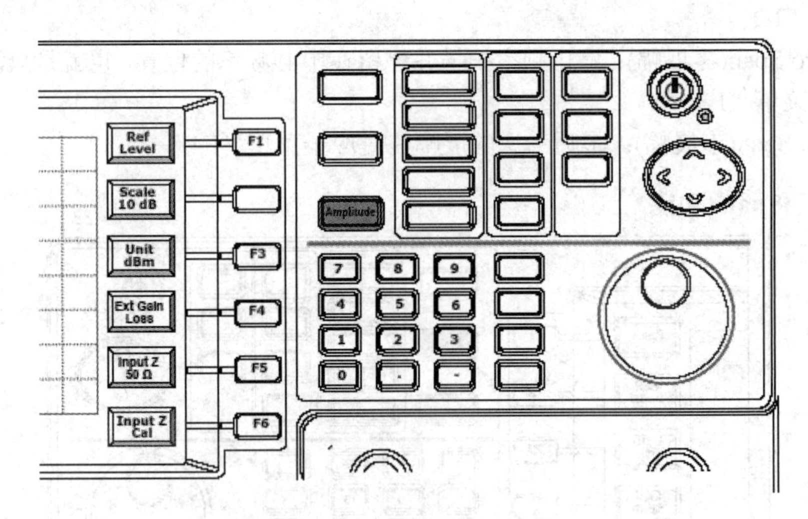

图 9-9 "Amplitude"功能菜单

(1) Ref Level(参考准位)：显示在屏幕最上层，一般在"Ref Level"之下输入信号，对应子菜单"F1"。

(2) Scale 10 dB 以 10—5—2—1 的顺序切换刻度，用于图像放大，对应子菜单"F2"。

(3) Unit(菜单)：包括 dBm、dBuV、dBmv 和 dBm/Hz，对应子菜单"F3"。

(4) Ext Gain/Loss(增益和消耗)：上/下方向键和旋钮每次以 0.1 dB 的偏移进行幅度调

节，对应子菜单“F4”。

(5) Input Z 50 Ω：可切换 50 Ω 和 75 Ω 间的输入阻抗，由软件调整，对应子菜单“F5”。

(6) Input Z Cal：可提供 75 Ω 转换器输入的补偿，理想的数字为 5.9 dB，对应子菜单“F6”。

“Ref Level”的操作如图 9-10 所示。

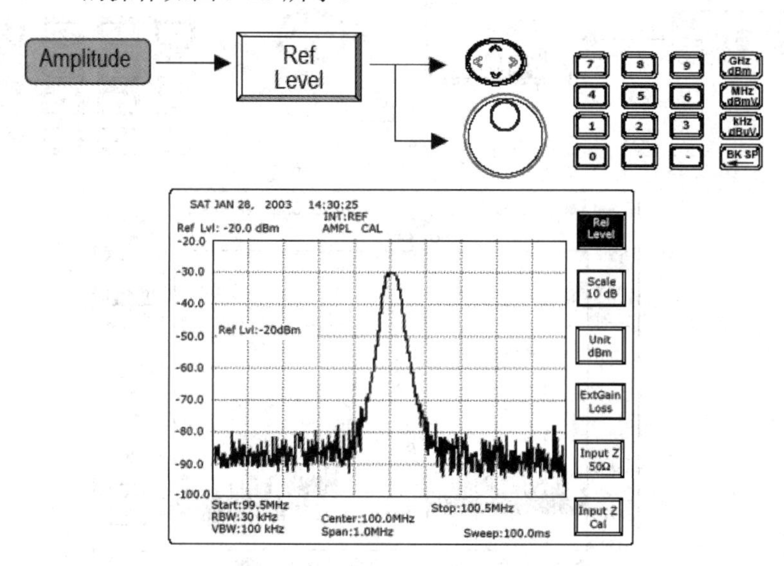

图 9-10 “Ref Level”的操作

“Scale 5 dB”的操作如图 9-11 所示。

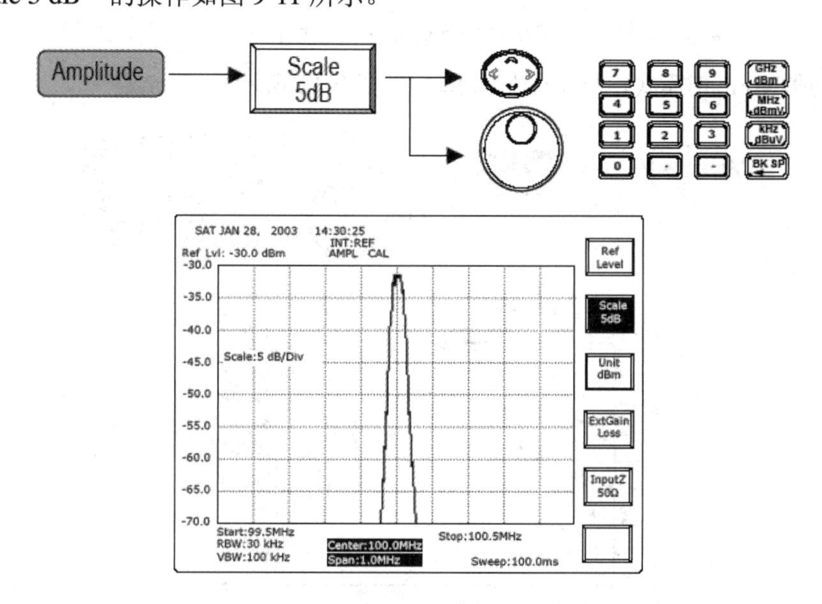

图 9-11 “Scale 5 dB”的操作

4．测量群组

测量群组包括光标(Marker)、峰值搜寻(Peak Search)、波形轨迹(Trace)、电源量测(Power

Measure)和限制线(Limit Line)等按键。下面主要介绍“Marker”和“Peak Search”按键。

1) “Marker”按键

该按键提供单一光标模式与多光标模式。单一光标模式只具有普通(Normal)模式，多光标模式还具有 ΔMkr 模式，如图 9-12 所示。

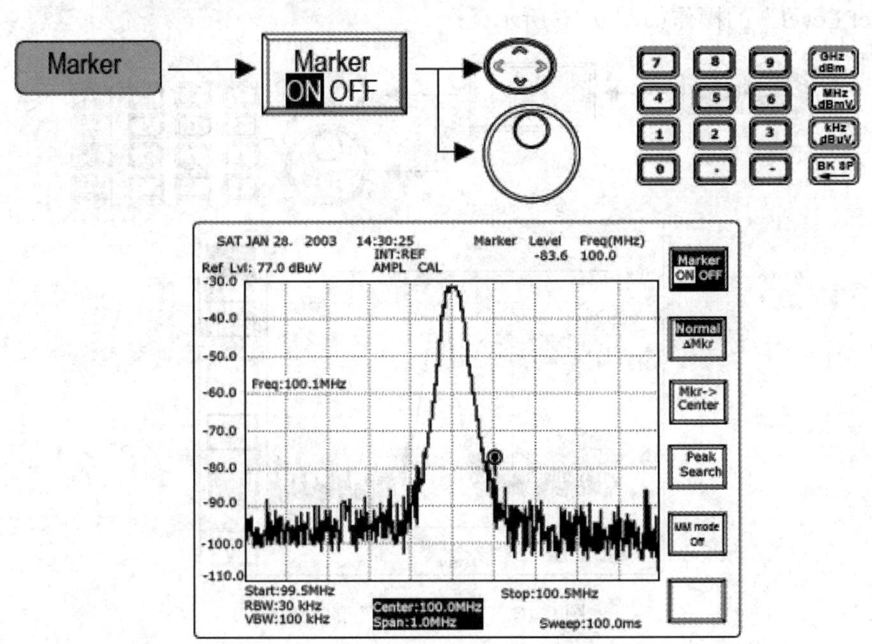

图 9-12 “Marker”的操作

选择一般(Normal)模式，指定光标频率，如图 9-13 所示。

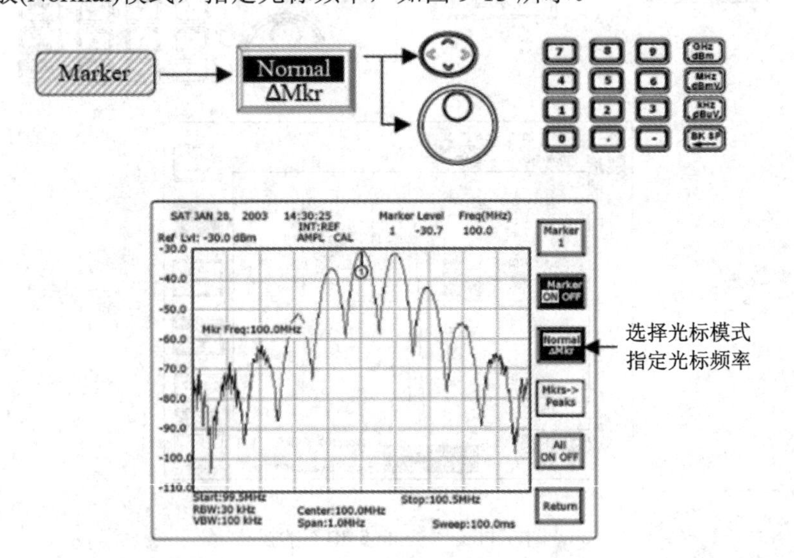

图 9-13 “Marker”的“Normal”模式

2) “Peak Search”按键

“Peak Search”按键及其相应的菜单如图 9-14 所示。

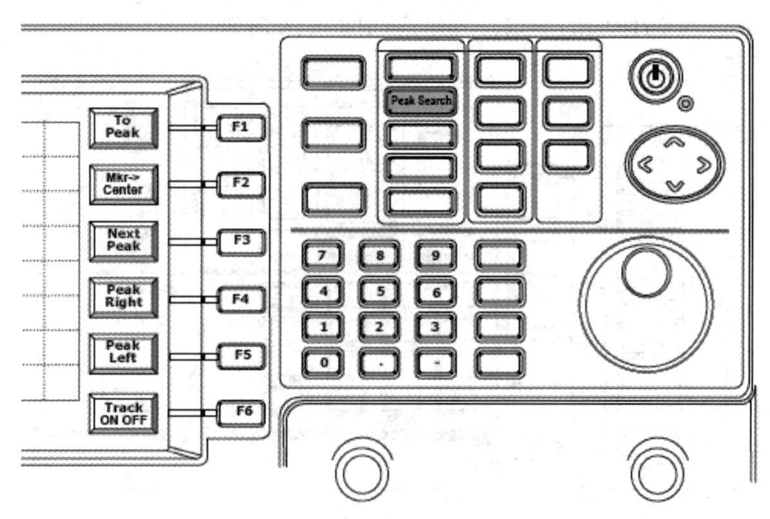

图 9-14 “Peak Search”的菜单

“Peak Search”的功能是用光标去寻找显示器上的峰值信号。

“To Peak”：让光标出现在第一个峰值信号上。

“Mkr→Center”：将中心频率变成光标所在的频率。

“Next Peak”：让光标去寻找显示器上下一个峰值信号。

“Peak Right”：让光标去寻找右边下一个峰值信号。

“Peak Left”：让光标去寻找左边下一个峰值信号。

“Track”：让光标一直不断地去寻找峰值信号并将其移到显示器的中央。

这里主要看一下“To Peak”的作用，如图 9-15 所示。

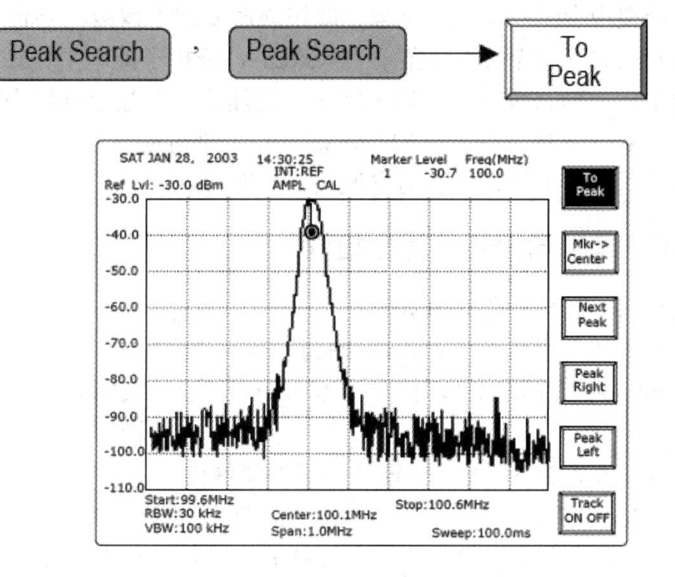

图 9-15 “To Peak”的作用

5．控制功能

控制功能包括频宽(BW)、触发(Trigger)、显示器(Display)、储存/呼出(Save/Recall)等功能。这里主要介绍频宽(BW)的应用，其组成如图 9-16 所示。

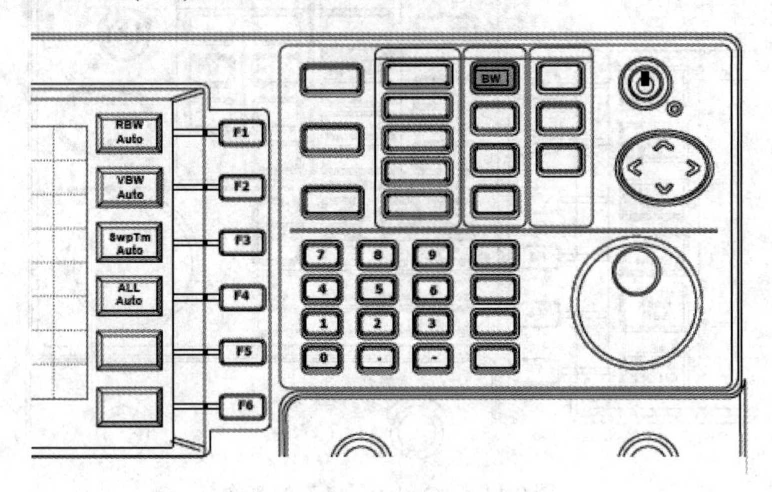

图 9-16　频宽(BW)菜单

BW 功能包括 RBW、VBW 和 SweepTime。所有功能都有自动(Auto)模式和手动(Manual)模式，在全自动模式下，这些参数都与展幅(Span)互有关联，也就是说，在不同的 Span 设定下，本机会自动选择最适当的 RBW 和 VBW 组合。BW 的每一参数都可分别以手动模式设定。

在手动模式下，RBW 的挡位有 3 kHz、30 kHz、300 kHz 和 4 MHz；VBW 以 1—3 的顺序，在 10 Hz～1 MHz 之间选择。

将“SweepTime”改为“Manual”模式，直接可输入扫描时间，最少为 100 ms。

一般用户在调整中会出现调乱的现象，即扫描速度越来越慢，Span 不知道正确的位置等。快速恢复的方法如下：先按系统菜单“System”，选择子菜单中“More”第二页，再按“F2”进行系统重置，即可恢复出厂时的状态，请注意这时显示屏的亮度会变暗一点，还要调整显示“Display”菜单下的“LCD Cntrst”，设置满意的亮度。

其他的操作这里不再赘述，具体可参照仪器说明书。

9.2.2　GSP-827 型频谱分析仪操作指导

测量信号的频谱，具体操作过程如下：

(1) 由“Frequency”设置频率，以确定扫描宽度(谱线轮廓在屏幕上基本可见)。

(2) 由“Amplitude”设置幅度，确定“Ref Levele”与“Unite”，保证谱线在屏幕上的高度合适。

(3) 将“RBW”设置为 3 kHz，保证谱线更加理想化。

(4) 由“Peak Search”设置峰值信号，以确定谱线的频率与幅度。

例　F40 型函数信号发生器输出频率为 2 MHz、幅度分为 $2V_{P\text{-}P}$ 的方波信号，用频谱分析仪观察基波及 7 次以内的谐波分量。

操作步骤如下：

(1) 按“Frequency”键，将子菜单 F2(Star)设为 0 kHz，F3(Stop)设为 16 MHz。

(2) 按“Amplitude”键，将子菜单 F1(Ref Level)设为 0 dB，F2(Scale)设为 10 dBm。

(3) 按“BW”键，将 RBW 手动设置为 3 kHz。

(4) 按“Peak Search”键，用光标去寻找显示器上的峰值信号，再按“Next Peak”键，让游标去寻找显示器上下一个峰值信号，并将每个峰值信号的参数显示于屏幕右上角。

9.2.3 GSP-827 型频谱分析仪操作练习

(1) 用 F40 型函数信号发生器输出频率为 2 MHz、幅度分为 $2V_{P-P}$ 或 10 mV_{P-P} 的方波信号，用频谱分析仪观察基波及七次以内的谐波分量。

(2) 用 F40 型函数信号发生器和 EE1641B 型函数信号发生器分别输出频率为 2 MHz、幅度为 200 mV_{P-P} 的正弦波信号，用频谱分析仪观察基波、二次谐波，三次谐波信号。

提示：理想的正弦波信号只有基波分量，二次以上谐波的幅度为零，现实中这是很难完全实现的，因此我们对正弦波信号定义了失真度，即谐波分量的有效值与基波分量有效值之比的百分比。我们可以通过失真度仪来测量信号的失真度，也可以对信号进行频谱分析观察其基波、二次谐波、三次谐波成分。频率设置时可选择“Start”低于需要观察的最低频率，“Stop”高于需要观察的最高频率。被观察的信号频谱完整地显示在屏幕上后，可以通过多光标功能来分析具体的频率和幅度，并依此比较两种信号源的性能。

(3) 用 F40 型函数信号发生器输出一调幅波信号：载波为正弦波，频率为 1 MHz，幅度为 10 mV_{P-P}，调制信号为正弦波，频率为 20 kHz，调制深度为 50%。用频谱分析仪观测其频谱分布。

提示：调幅是将低频的调制信号频率搬移到高频的载波信号附近，其频谱分析如图 9-17 所示。频率设置时“Center”可选择载波频率，“Span”应大于调制信号频率的两倍。参考准位的设置应考虑输入信号有效值的单位转换，如 10 mV_{P-P} 信号的有效值约为 3.57 mV_{rms}，阻抗匹配为 50 Ω 时，电平值约等于−36 dBm。

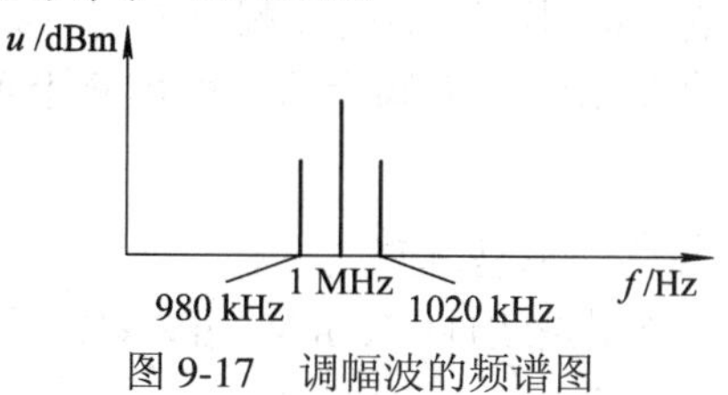

图 9-17　调幅波的频谱图

(4) 接收外部信号。外差扫频式频谱仪的频率变换原理与超外差式收音机相关，用它可接收广播信号、手机信号等。读者们可利用天线接收空中电磁波，通过测量仪器进行练习。

9.2.4 频谱分析仪的操作注意事项

影响频谱分析仪幅度谱线显示的因素有频率(横轴)、幅度(纵轴)两方面。

1. 频率

1) 与频率显示有关的频谱仪指标

频率范围：频谱仪能够进行正常工作的最大频率区间。例如：GSP-827 型频谱仪的频率范围为 9 kHz～2.7 GHz。

扫描宽度(Span)：频谱仪在一次测量(即一次频率扫描)过程中所显示的频率范围，可以小于或等于输入频率范围，通常根据测试需要自动调节或手动设置(利用"Star"与"Stop"功能设置)。

频率分辨率：能够将最靠近的两个相邻频谱分量(两条相邻谱线)分辨出来的能力。频率分辨率主要由中频滤波器的带宽(RBW)和选择性决定，但最小分辨率还受到本振频率稳定度的影响。在 FFT 分析仪中，频率分辨率取决于实际采样频率和分析点数。

扫描时间(ST)：进行一次全频率范围的扫描并完成测量所需的时间。通常希望扫描时间越短越好，但为了保证测量精度，扫描时间必须适当。与扫描时间相关的因素主要有扫描宽度、分辨率带宽、视频滤波。

相位噪声：反映频率在极短期内的变化程度，表现为载波的边带。相位噪声由本振频率或相位不稳定引起，本振越稳定，相位噪声就越低；同时它还与分辨率带宽(RBW)有关，RBW 缩小至原来的 1/10，相位噪声电平值减小 10 dB。通过有效设置频谱仪，相位噪声可以达到最小，但无法消除。

2) 与频率显示有关的频谱仪功能设置键

Span：设置当前测量的频率范围。

中心频率：设置当前测量的中心频率。

RBW：设置分辨率带宽。通常 RBW 的设置与 Span 联动。

2．幅度

1) 与幅度显示有关的频谱仪指标

动态范围：同时可测的最大信号与最小信号的幅度之比。通常动态范围是指从不加衰减时的最佳输入信号电平起，一直到最小可用的信号电平为止的信号幅度变化范围。

灵敏度：灵敏度规定了频谱仪在特定的分辨率带宽下或归一化到 1 Hz 带宽时的本底噪声，常以 dBm 为单位。灵敏度指标表示的是频谱仪在没有输入信号的情况下因噪声而产生的读数，只有高于该读数的输入信号才可能被检测出来。

参考电平：频谱仪当前可显示的最大幅度值，即屏幕上顶格横线所代表的幅度值(Ref Level)。

2) 与幅度显示有关的频谱仪功能设置键

纵坐标类型：选择纵坐标类型是线性(V、mV、μV 等)还是对数(dB、dBc、dBm、dBv、dBμv 等)。

刻度/div：选定坐标类型之后，选择每格所代表的刻度值。

参考电平：确定当前可显示的最大幅度值，该值的单位与已选择的坐标类型相同。

3．其他功能键

Marker：开启 Marker 功能，可以对当前显示迹线所对应的测量值进行多种标识。常用功能如：寻找峰值(Peak Search)，即把 Marker 指向迹线的幅度最大值处，并显示该最大幅度值以及最大幅值点的频率值；相对测量，使用两个 Marker，测量它们各自所在位置的幅度、频率差，等等。

保存：可以保存如当前参数设置、测量结果以及屏幕显示等各类数据，并提供多种保存方式，如可存为文本文件、ASCII 码文件、位图图片文件等。

输入键：用于输入将要设置的数值，如 Span、中心频率、RBW、参考电平等，可以使用数字、单位键，也可以扭动旋钮连续调节。

9.2.5 GSP-827 型频谱分析仪主要技术指标

(1) 频率范围：9 kHz～2.7 GHz。

(2) 频率相位噪声：−85 dBc/Hz(载波频率为 1 GHz、频偏为 20 kHz 处 1 Hz 带宽的噪声电平)。

(3) 振幅输入范围：RBW 设置为 3 kHz 时，−100 dBm～+20 dBm(扫频范围为 1 MHz～2.5 GHz)；−95 dBm～+20 dBm(扫频范围为 2.5 GHz～2.7 GHz)；−70 dBm～+20 dBm(扫频范围为 150 kHz～1 MHz)；−100 dBm～+20 dBm(扫频范围为 50 kHz～150 kHz)。

(4) 幅度参考准位：−30 dBm～+20 dBm，过载保护。

(5) 平均噪声：−130 dBm/Hz，1 MHz～2.7 GHz；−125 dBm/Hz，2.5 GHz～2.7 GHz；−105 dBm/Hz，150 kHz～1 MHz；−95 dBm/Hz，50 kHz～150 kHz。

(6) 输入阻抗：50 Ω/75 Ω。

(7) RBW 带宽选择：3 kHz、30 kHz、300 kHz、4 MHz。

(8) VBW 频宽：10 Hz～1 MHz，以 1—3 的步进变化。

(9) 扫描时间：100 ms～25.6 s。

9.3 频谱分析仪的基本原理

频谱分析仪是使用不同方法在频域内对信号的电压、功率、频率等参数进行测量并显示的仪器，一般采用实时分析法、非实时分析法两种实现方法。

非实时分析法，即在任意瞬间只有一个频率成分能被测量，无法得到相位信息。该方法适用于连续信号和周期信号的频谱测量。

通常用一系列窄带滤波器滤出被测信号在各个频率点的频谱分量，这种同时并行作业的测量方法称为实时分析。该方法需要大量的硬件支持。

根据工作原理，可将频谱分析仪分为模拟式与数字式两大类。模拟式频谱分析仪以模拟滤波器为基础，应用广泛，我们这里主要讨论模拟式频谱分析仪。

9.3.1 频谱分析仪的工作原理

1. 顺序滤波式频谱分析仪

顺序滤波式频谱分析仪由多个通带互相衔接的带通滤波器和共用检波器构成。多个频率固定且相邻的带通滤波器阵列用来区分被测信号的各种频率成分，因此得以全面记录被测信号。

顺序滤波式频谱分析仪的组成框图如图 9-18 所示。

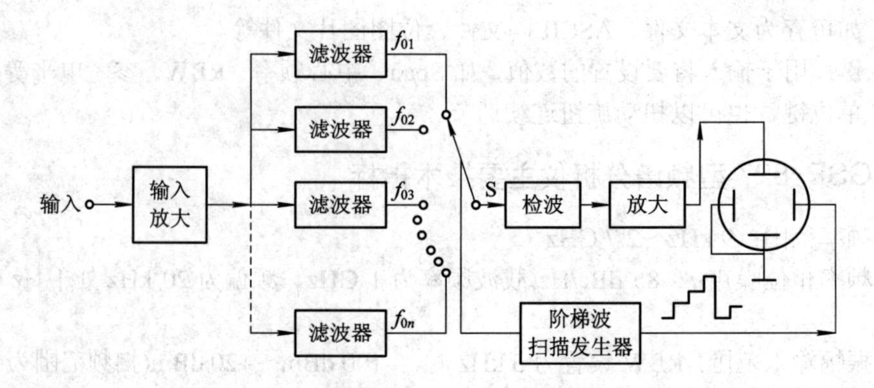

图 9-18 顺序滤波式频谱分析仪的组成框图

输入信号经放大后送入一组带通滤波器，这些滤波器的中心频率分别为 $f_{01}<f_{02}<\cdots<f_{0n}$，由各个滤波器选出的频率分量通过与阶梯波扫描电压同步的步进换接开关 S 顺序接入检波器，经检波、放大后加到示波管垂直偏转板。示波器水平偏转板上加的即是上述阶梯波扫描电压。

2．外差式频谱分析仪

外差式频谱分析仪的频率变换原理与超外差式收音机相同：利用无线电接收机中普遍使用的自动调谐方式，通过改变扫频本振的频率(扫描信号发生器的频率)来捕获待测信号的不同频率分量，故也称扫频外差式频谱分析仪。扫频外差式方案是实施频谱分析的传统途径，在高频段占据优势地位。

外差式频谱分析仪的组成框图如图 9-19(a)所示。

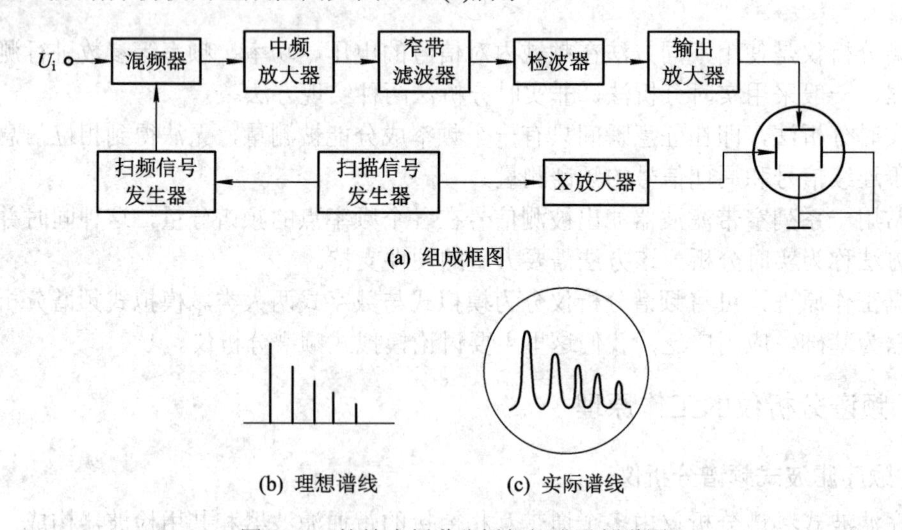

(a) 组成框图

(b) 理想谱线　　(c) 实际谱线

图 9-19 外差式频谱分析仪组成及频谱图

这种方法的中频窄带滤波器是固定的，只要改变本级振荡的扫频信号频率即能达到选频目的。输入信号中的各个频率成分在混频器中与扫频信号产生差频，它们依次落入窄带滤波器的通频带内，被滤波器选出，并经检波器加到示波管的垂直偏转板，即光点垂直偏移正比于该频率分量的幅值。同时，由于示波管的扫描电压就是扫频信号的调制电压，故水平轴已变成频率轴，屏幕上将显示输入信号的频谱图。

实际上，高、中频很难实现带通滤波和性能良好的检波，需要进行多级变频(混频)处理。第一混频实现高、中频频率变换，再由第二、三级甚至第四级混频将固定的中频逐渐降低。如图 9-20 所示，每级混频之后由相应的带通滤波器抑制高次谐波交调分量。

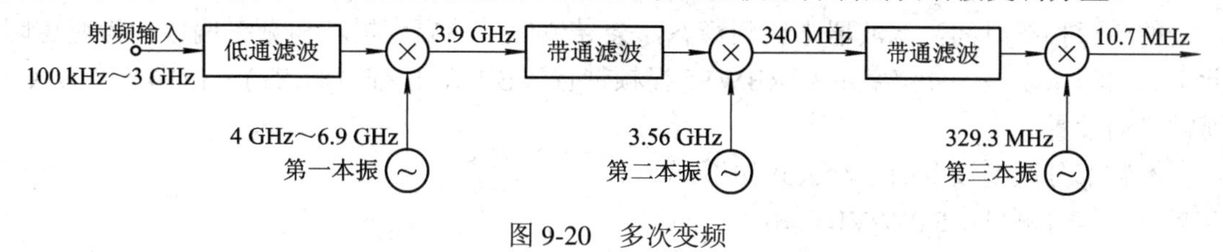

图 9-20　多次变频

1) 带通滤波器的影响

由于带通滤波器存在一定的带宽，所以显示的谱线并非理想的直线，而是一种窄带滤波器的动态幅频特性曲线。

带通滤波器的性能指标包括：

(1) 带宽：通常是指 3 dB 带宽，或称半功率带宽，如图 9-21 所示。

(2) 分辨率带宽(RBW)：反映了滤波器区分两个相同幅度、不同频率的信号的能力，如图 9-22 所示。

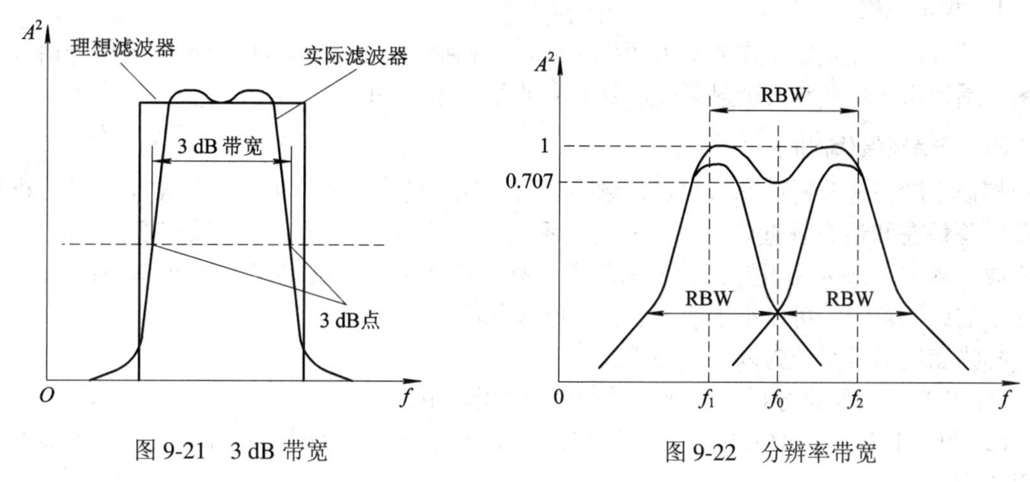

图 9-21　3 dB 带宽　　　　图 9-22　分辨率带宽

2) 检波器

在模拟式频谱分析仪中，采用检波器来产生与中频交流信号的电平成正比的直流电平，以获取待测信号的幅度信息。常用包络检波器来实现上述过程。最简单的包络检波器由一个二极管和一个并联 RC 电路串接而成。只要恰当地选择检波器的 R、C 值，就可获得合适的时间常数以确保检波器跟随中频信号的包络变化而变化。频率扫描速度的快慢也会对检波输出产生影响，扫描速度太快会使检波器来不及响应。

3) 视频滤波器

通常，检波器后面会有一级视频滤波器，用于对显示结果进行平滑或平均，以减小噪声对信号幅度的影响。视频滤波器的基本原理：视频滤波器实质上是低通滤波器，它决定了驱动显示器垂直方向的视频电路带宽。当视频滤波器的截止频率小于分辨率带宽时，视频系统跟不上中频信号包络的快速变化，因此使信号的起伏被“平滑”掉。视频滤波器主要应用于噪声测量，特别是在分辨率带宽(RBW)较大时。减小视频滤波器的带宽(VBW)将削弱或平滑噪声峰峰值的变化，当 VBW/RBW 小于 0.01 时，平滑效果非常明显。

由于使用了滤波器，扫描时间受限于中频滤波器和视频滤波器的响应时间。若不满足所需的最短扫描时间，滤波器未达到稳态，会导致信号的幅度损耗和频率偏移。为避免因此引起的测量误差，分辨率带宽(RBW)、视频带宽(VBW)、扫描时间(ST)及扫描宽度(Span)通常联动设置。

参数部分联动设置的经验公式如下：

正弦信号测量：RBW/VBW=0.3～1

脉冲信号测量：RBW/VBW=0.1

噪声信号测量：RBW/VBW=9

外差式频谱分析仪的频率范围宽、灵敏度高、频率分辨率可变，是目前频谱分析仪中数量最大的一种。由于被分析的频谱依次被顺序采样，因而这种分析仪不能进行实时分析，且只能提供幅度谱。

9.3.2 频谱分析仪的主要技术指标

1. 频率范围

频谱分析仪能正常工作的最大频率区间，由扫描本振的频率范围决定。现代频谱仪的频率范围通常可从低频段至射频段，甚至微波段，如 1 kHz～4 GHz。

2. 扫描宽度(Span)

扫描宽度另有分析谱宽、扫宽、频率量程、频谱跨度等不同叫法，通常指频谱分析仪显示屏幕最左和最右垂直刻度线内所能显示的响应信号的频率范围(频谱宽度)，可根据测试需要自动调节或人为设置。扫描宽度表示频谱仪在一次测量(也即一次频率扫描)过程中所显示的频率范围，可以小于或等于输入频率范围。

扫描宽度通常又分为以下三种模式：

(1) 全扫描：频谱分析仪一次扫描的有效频率范围。

(2) 每格扫描：频谱分析仪一次只扫描一个规定的频率范围。用每格表示的频谱宽度可以改变。

(3) 零扫描：频率宽度为零，频谱分析仪不扫频，变成调谐接收机。

3. 扫描时间(ST)

扫描时间即进行一次全频率范围的扫描并完成测量所需的时间，也叫分析时间。通常扫描时间越短越好，但为保证测量精度，扫描时间必须适当。与扫描时间相关的因素主要有频率扫描范围、分辨率带宽、视频滤波。现代频谱分析仪通常有多挡扫描时间可选择，最小扫描时间由测量通道的电路响应时间决定。

扫描速度：扫描宽度与分析时间之比就是扫描速度。

4. 频率分辨力

频率分辨力即能够分辨的最小谱线间隔，主要由中频滤波器的带宽(即 RBW)决定，通常定义其幅频特性的 3 dB 带宽为频谱仪的分辨力，但最小分辨率还受本振频率稳定度的影响。

由于中频滤波器的幅频特性曲线形状与扫描速度有关，故分辨力也与扫描速度有关，通常定义静态幅频特性曲线的 3 dB 带宽为“静态分辨力 Bq”，而在扫描工作时的动态幅频特性曲线的 3 dB 带宽为“动态分辨力 Bd”。一般，Bq 在仪器说明书中给出，而 Bd 与我们的使用条件有关。Bd 总是大于 Bq 的，而且扫描速度越快，Bd 越宽。

5. 测量范围

任何环境下频谱分析仪可以测量的最大信号与最小信号的比值称为测量范围。测量范围一般在 145 dB～165 dB 之间。

6. 灵敏度

灵敏度是指在给定分辨力带宽、显示方式和其他影响因素下，频谱分析仪显示最小信号电平的能力，以 dBm、dBu、dBv、V 等单位表示。超外差式频谱分析仪的灵敏度取决于仪器的内部噪声。当测量小信号时，信号谱线是显示在噪声频谱之上的。为了易于从噪声频谱中看清楚信号谱线，一般信号电平应比内部噪声电平高 10 dB。另外，灵敏度还与扫描速度有关，扫描速度越快，动态幅频特性峰值越低，导致灵敏度越低，并产生幅值差。

参 考 文 献

[1] 蒋焕文，孙续. 电子测量. 2 版. 北京：中国计量出版社，1988.
[2] 张乃国. 电子测量技术. 北京：人民邮电出版社，1985.
[3] 陆绮荣. 电子测量技术. 2 版. 北京：电子工业出版社，2005.
[4] 李春雷，管莉. 电子测量技术与电子产品检验. 北京：电子工业出版社，2003.
[5] 林占江. 电子测量技术. 北京：电子工业出版社，2003.
[6] 各种仪器的使用说明书.